机电类新技师培养规划教材

特种电机与控制

中国机械工业教育协会
全国职业培训教学工作指导委员会机电专业委员会　组编
王铁成　主编

机 械 工 业 出 版 社

本教材是根据中国机械工业教育协会和全国职业培训教学工作指导委员会机电专业委员会组织制定的技师教学计划和教学大纲编写的。本教材的主要内容包括：步进电动机、单相电动机、测速发动机、自整角机、旋转变压器、伺服电动机、无刷直流电动机、磁阻电机、直线电动机。

本教材的教学计划和大纲是依据《国家职业标准》中对技师的要求制定的，内容立足岗位，以必需够用为度，符合职业教育的特点和规律。本教材配有教学计划和大纲、电子教案，可供高级技校、技师学院、高等职业院校等教育培训机构使用。

图书在版编目（CIP）数据

特种电机与控制/王铁成主编. —北京：机械工业出版社，2009.7（2026.1重印）

机电类新技师培养规划教材

ISBN 978-7-111-27680-7

Ⅰ.特… Ⅱ.王… Ⅲ.电机—控制系统—技术培训—教材 Ⅳ.TM301.2

中国版本图书馆CIP数据核字（2009）第117792号

机械工业出版社（北京市百万庄大街22号 邮政编码100037）
策划编辑：王英杰 王振国 责任编辑：王华庆
版式设计：张世琴 封面设计：王伟光
责任印制：刘 媛
北京建宏印刷有限公司印刷
2026年1月第1版第13次印刷
184mm×260mm · 10.5印张 · 257千字
标准书号：ISBN 978-7-111-27680-7
定价：29.00元

凡购本书，如有缺页、倒页、脱页，由本社发行部调换
电话服务 网络服务
服务咨询热线：010-88379833 机 工 官 网：www.cmpbook.com
读者购书热线：010-88379649 机 工 官 博：weibo.com/cmp1952
教育服务网：www.cmpedu.com
金 书 网：www.golden-book.com

机电类新技师培养规划教材
编审委员会名单

本书主编　王铁成

本书参编　李　琦　李泽芳　康顺安　王雨婷

前言

随着全球知识经济的快速发展，我国工业化建设也呈现迅猛发展之势，因而技术工人十分缺乏。为了顺应形势的发展要求，我国出台了一系列大力发展职业教育的政策：劳动和社会保障部颁布了最新《国家职业标准》，继续实行职业准入制度，并将国家职业资格由三级（初、中、高）改为五级（初、中、高、技师、高级技师），对技术工人的工作内容、技能要求和相关知识进行了重新界定。教育部根据国务院“大力开展职业教育”的精神进行了职业教育的改革，高职学院、中职学校相应地改制、扩招，以培养更多的技术工人。

经过几年的努力，技术工人在数量上的矛盾在一定程度上得到缓解，但在结构比例上的矛盾突显出来。高级工、技师、高级技师等高技能人才在技术工人中的比重远远低于发达国家，而且他们年龄普遍偏大，文化程度偏低，学习高新技能比较困难。为打破这一局面，加快数量充足、结构合理、素质优良的技术技能型、复合技能型和知识技能型高技能人才的培养，劳动和社会保障部提出的“新技师培养带动计划”，即在完成“3 年 50 万”新技师培养计划的基础上，力争“十一五”期间在全国培养技师和高级技师 190 万名，培养高级技工 700 万名，使我国从“世界制造业大国”逐步转变为“世界制造业强国”。为此，劳动和社会保障部决定：除在企业中培养和评聘技师外，要探索出一条在技师学院中培养技师的道路来。中国机械工业教育协会和全国职业培训教学工作指导委员会经研究决定，制定机电行业的技师培养方案。

在上述原则的指导下，中国机械工业教育协会和全国职业培训教学工作指导委员会机电专业委员会组织 30 多所高级技校、技师学院和企业培训中心等单位，经过广泛的调研论证，决定首批选定五个工种（职业）——模具工、机修钳工、电气维修工、焊工、数控机床操作工作为在技师学院培养技师的试点。对学制、培养目标、教学原则、专业设置、教学计划、教学大纲、课程设置、学时安排、教材定位、编写方式等，参照《国家职业标准》中相关工种对技师和高级技师的要求，结合各校、各地区企业的实际，经过历时三年的充分论证，完成了教学计划和教学大纲的制定和审定工作，并明确了教材编写的思想。

使用本套“机电类新技师培养规划教材”在技师学院培养技师，招收的学员必须符合的条件：已取得高级职业资格（国家职业资格三级）的高级技校的毕业生，或具有高级职业资格证书的本职业或相近职业的人员。本套教材的编写充分体现“教、学、做”合一的职教办学原则，其特点如下：

（1）教材内容新，贴合岗位实际，满足职业鉴定要求。当今国际经济大格局的进程加快了各类型企业的先进加工技术、先进设备和新材料的使用，作为技师必须适应这种要求，教材中也相应增加了新知识、新技术、新工艺、新设备等方面的内容。另外，教材的内容以《国家职业标准》中对技师和高级技师的知识技能要求为基础，设置的实训项目或实例从岗位的实际需要出发，是生产实践中的综合性、典型性的技术问题，既最大限度地体现学以致用的目的，又满足学生毕业考工取得职业资格证书的需要。

(2) 针对每个工种（职业），均编写一本《相关工种技能训练》。随着全球化进程的加快，我国的生产力发展水平和职业资格体系应与国际相适应，因此技师应该是具有高超操作技能的复合型人才。例如，模具工技师不应仅是模具工方面的行家里手，还应懂得车、铣、数控、磨、刨、镗和线切割、电火花等加工，以适应现代制造业的发展趋势，故此《相关工种技能训练（模具工）》中，就包含上述内容。其他工种与此类似。

(3) 理论和技能有机结合。劳动和社会保障部颁布的“新技师培养带动计划”中明确指出“建立校企合作培养高技能人才”的制度，现在许多技师学院从企业中聘请具有丰富实践经验的工程技术人员作为技能课教师，各专题理论与实践融合在一起的编写方式，更适于这种教学制度。

(4) 单独编写了两本公共课教材——《实用数学》和《应用文写作》。新时代对技师的要求不仅是技术技能型人才，还应是知识技能型甚至是复合技能型的高技能人才，有一定的数学理论基础和写作能力是新技师必备的素质。《实用数学》运用微积分知识分析解决生产中的实际问题，少推理，重应用；《应用文写作》除介绍普通事务文书、经济文书、法律文书、日常事务文书的写法外，还教授科技文书的写法，其中科技论文的写法对于技师论文的写作会有很大裨益。

(5) 绝大部分书配有电子教案。电子教案包括教学计划、教学大纲、每章的培训目标、内容简介、重点难点，教师上课的板书，本章小结、配套习题及答案等等。

(6) 练习题是国家题库及各地鉴定考题的综合归纳和提升。

本套教材的编写得到了各技师学院、高级技工学校领导的高度重视和大力支持，编写人员都是职业教育教学一线的优秀教师，保障了这套教材的质量。在此，对为这套教材出版给予帮助和支持的所有学校、领导、老师表示衷心的感谢！

本教材由王铁成任主编，李琦、李泽芳、康顺安、王雨婷参编。

由于编写时间和编者水平所限，书中难免存在不足或错误，敬请广大读者不吝赐教！

中国机械工业教育协会
全国职业培训教学工作指导委员会
机电专业委员会

目录

第一章　步进电动机

本章应知

1. 了解步进电动机的工作特点、控制系统对步进电动机的要求。

2. 了解步距角的概念，如何获得小步距角，明确步距角大小的决定条件。

3. 了解步进电动机速度与方向如何改变。

4. 了解反应式步进电动机的工作原理以及三相单三拍、双三拍通电方式。

5. 了解步进电动机的动稳定区、最大负载转矩（起动转矩）。

6. 了解步进电动机的起动频率、连续运行频率。了解步进电动机的起动矩频特性和惯频特性。

7. 了解驱动电源的组成、各种驱动电源形式要求。

8. 进行三相单、双六拍单转向和双转向运行的步进电动机驱动电源的逻辑分析。

本章应会

1. 掌握反应式、永磁式、反应式永磁步进电动机实物结构。

2. 掌握反应式、永磁式反应式永磁步进电动机的结构特点、适用场合。

3. 掌握步进电动机的静态运行特性、静稳定区、最大静转矩。

4. 根据所选步进电动机类型，选用相应的驱动电源，确定步进电动机的相关项目和技术参数，进行步进电动机的运行调试。正确选用合适的步进电动机。

5. 步进电动机主要参数的检测方法，进行主要参数检测。

第一节　概　述

步进电动机是一种用电脉冲信号进行控制，并将电脉冲信号转换成相应的角位移或线位移的控制电动机。它由专门电源供给电脉冲，每输入一个脉冲，步进电动机就移进一步。它的运动形式是步进式的，所以称为步进电动机。又因其绕组上所加的电源是脉冲电压，有时也称其为脉冲电动机。步进电动机的工作状态相对不易受电源、环境条件及负载波动的影响，它可以工作于步进状态和连续状态。改变脉冲相序和频率可调整步进电动机的转向与转速。它的调速范围较宽且平滑性较好，步距误差无长期累积现象，结构简单，运行稳定可靠，广泛用于自动控制系统，尤其是在数字控制系统中作为执行元件。从应用方面来看，步进电动机在执行电动机中占有相当重要的位置。对步进电动机的要求包括：

1）步距角精度高，能够准确地将脉冲信号转换为角位移或直线位移。

2）起动频率和运行频率满足系统要求，运行稳定。连续调整工作频率时，步进电动机应能及时跟上工作频率的变化，不能出现“失步”及严重的振荡现象。

3）产品通用性强，功耗低，效率高。

4）具有较强的负载驱动能力。在某些场合，当步进电动机停转时，还要求有足够的定位转矩。

第二节 步进电动机的工作原理

以反应式步进电动机为例来说明步进电动机的工作原理。

反应式步进电动机是利用磁阻转矩使转子转动的，是我国目前使用最广泛的步进电动机形式。

图 1－1 所示为一台三相反应式步进电动机的工作原理。它的定子上有 6 个磁极，每个磁极上都装有控制绕组，每组相对的两极组成一相。4 个均匀分布的齿为转子齿，上面没有绕组。当 A 相控制绕组通电时，因磁通要沿着磁阻最小的路径闭合，将使转子齿 1、3 和定子极 A、A′对齐，如图 1－1a 所示。A 相断电、B 相控制绕组通电时，转子将在空间转过 30°，即步距角 $\theta_S=30°$。转子齿 2、4 与定子极 B、B′对齐，如图 1－1b 所示。如再使 B 相断电、C 相控制绕组通电，转子又在空间转过 $\theta_S=30°$，使转子齿 1、3 和定子极 C、C′对齐，如图 1－1c 所示。如此循环往复，并按 A—B—C—A 顺序通电，电动机便按一定的方向转动。电动机的转速取决于控制绕组与电源接通或开断变化的频率。若按 A—C—B—A 的顺序通电，则电动机将反向转动。

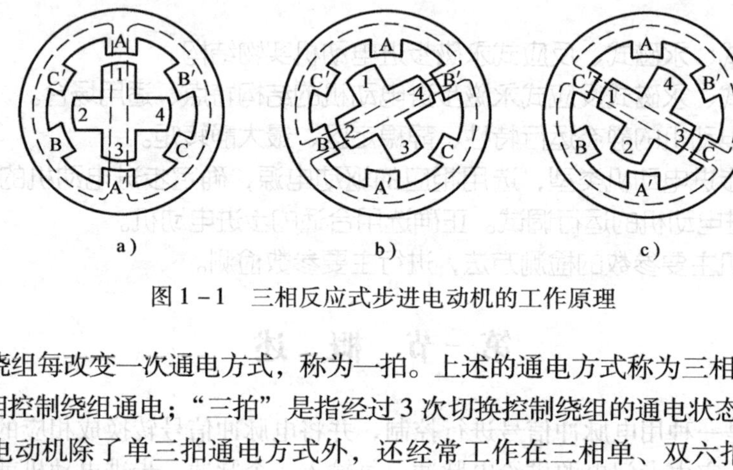

图 1－1 三相反应式步进电动机的工作原理

定子控制绕组每改变一次通电方式，称为一拍。上述的通电方式称为三相单三拍。“单”是指每次只有一相控制绕组通电；“三拍”是指经过 3 次切换控制绕组的通电状态为一个循环。

三相步进电动机除了单三拍通电方式外，还经常工作在三相单、双六拍通电方式，如图 1－2 所示。这时通电顺序为 A—AB—B—BC—C—CA，或是 A—AC—C—CB—B—BA—A。也就是说，先 A 相控制绕组通电；以后 A、B 相控制绕组同时通电；然后断开 A 相绕组，由 B 相控制绕组单独通电；再使 B、C 相控制绕组同时通电，依此进行。在这种通电方式下，定子三相控制绕组需经过 6 次切换通电状态才能完成一个循环，故称为“六拍”，并在通电时，有时是单个控制绕组通电，有时又为两个控制绕组同时通电，因此称为“单、双六拍”。

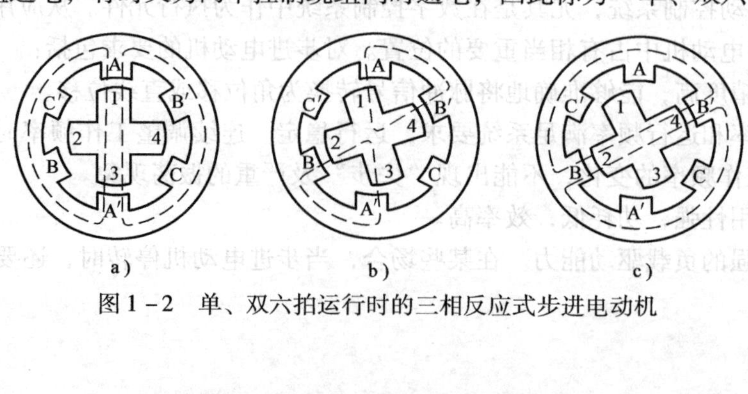

图 1－2 单、双六拍运行时的三相反应式步进电动机

在这种通电方式下，步距角也有所不同。如图 1－2 所示，当 A 相控制绕组通电时和单三拍运行的情况相同，转子齿 1、3 和定子极 A、A′对齐，如图 1－2a 所示。当 A、B 相控制绕组同时通电时，转子齿 2、4 在定子极 B、B′的吸引下使转子沿逆时针方向转动，直至转子齿 1、3 和定子极 A、A′之间的作用力与转子齿 2、4 和定子极 B、B′之间的作用力相平衡为止，如图 1－2b 所示。当断开 A 相控制绕组而由 B 相控制绕组通电时，转子将继续沿逆时针方向转过一个角度使转子齿 2、4 和定子极 B、B′对齐，如图 1－2c 所示。若继续按 BC—C—CA—A 的顺序通电，步进电动机就按逆时针方向转动。如通电顺序变为 A—AC—C—CB—B—BA—A 时，电动机将按顺时针方向旋转。

在单三拍通电方式中，步进电动机每一拍转过的步距角为 30°。采用单、双六拍通电方式后，步进电动机由 A 相控制绕组单独通电到 B 相控制绕组单独通电，中间还要经过 A、B 两相同时通电这个状态，也就是说要经过二拍转子才转过 30°。所以，在这种通电方式下，三相步进电动机的步距角 $\theta_S = 30°/2 = 15°$。

同一台步进电动机，因通电方式不同，运行时的步距角 θ_S 也是不同的。采用单、双六拍通电方式时，步距角要比单拍通电方式时减小 1/2。

在实际使用中，单三拍通电方式由于在切换时一相控制绕组断电而另一相控制绕组开始通电，容易造成失步。此外，由单一控制绕组通电吸引转子时，也容易使转子在平衡位置附近产生振荡，运行的稳定性较差，所以很少采用。通常将它改为“双三拍”通电方式，即按 AB—BC—CA—AC 的通电顺序运行。这时每个通电状态均为两相控制绕组同时通电。在双三拍通电方式运行时，它的步距角应和单三拍通电方式时相同，也是 30°。

上述这种简单结构形式的反应式步进电动机具有较大的步距角，如果使用在数控机床中就会影响到加工精度，为此，必须采用小步距角、特性较好的步进电动机。图 1－3 所示的结构是最常用的一种小步距角的三相反应式步进电动机。

图 1－3 所示的三相反应式步进电动机，它的定子上有 6 个极，上面装有 A、B、C 三相控制绕组。转子上均匀地分布着 40 个齿。定子每个极面上也各有 5 个齿，定、转子的齿宽和齿距都相同。当 A 相控制绕组通电时，电动机中产生沿 A 极轴线方向的磁场。因磁通要按磁阻最小的路径闭合，使转子受到磁阻转矩的作用而转动，直至转子齿和定子 A 极面上的齿对齐为止。因转子上总共有 40 个齿，每个齿的齿距为 360°/40 = 9°，而每个定子磁极的极距为 360°/6 = 60°，所以每一个极距所占的齿距数不是整数。从图 1－4 给出的三相反应式步进电动机定、转子齿展开图中可以看出，当 A 极面下的定、转子齿对齐时，B′极和 C′极面下的齿就分别和转子齿相错 1/3 的转子齿距，即 3°。

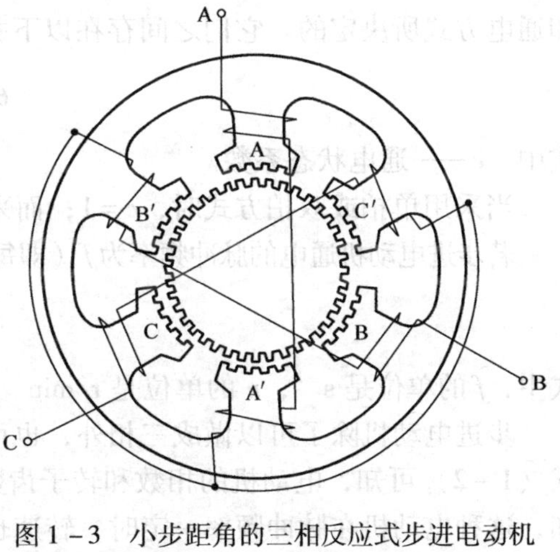

图 1－3　小步距角的三相反应式步进电动机

反应式步进电动机的转子齿数 Z_r 基本上是由步距角的要求所决定的。但是为了能实现“自动错位”，转子的齿数必须满足一定的条件，而不能是任意数值。当定子的相邻极为相邻相时，在某一极下，若定、转子的齿对齐时，则要求在相邻极下的定、转子齿之间应错开转子齿距的

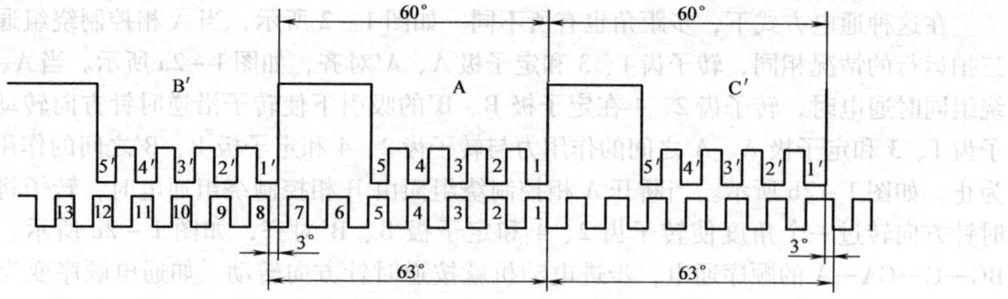

图 1-4　三相反应式步进电动机的定、转子齿展开图

1/m，即它们之间在空间位置上错开 $360°/mZ_r$。由此可得出这时转子齿数应符合式（1-1）的条件

$$Z_r = 2p\left(k \pm \frac{1}{m}\right) \tag{1-1}$$

式中　2p——反应式步进电动机的定子极数；

m——电动机的相数；

k——正整数。

从图 1-4 可以看出，若断开 A 相控制绕组而由 B 相控制绕组通电，这时的电动机中产生沿 B 极轴线方向的磁场。在磁阻转矩的作用下，转子按顺时针方向转过 3°，使定子 B 极面下的齿和转子齿对齐，相应定子 A 极和 C 极面下的齿又分别和转子齿相错 1/3 的转子齿距。当控制绕组按 A—B—C—A 顺序通电循环时，转子就沿顺时针方向以每一拍转过 3°的方式转动，此时为单三拍通电方式运行。

若采用三相单、双六拍通电方式运行，即按 A—AB—B—BC—C—CA—A 顺序循环通电，步距角也减小 1/2，即每拍转子仅转过 1.5°。

由以上分析可知，步进电动机的步距角 θ_S 的大小是由转子的齿数 Z_r、电动机的相数 m 和通电方式所决定的。它们之间存在以下关系

$$\theta_S = \frac{360°}{mZ_r c} \tag{1-2}$$

式中　c——通电状态系数。

当采用单拍或双拍方式时，c=1；而采用单、双拍方式时，c=2。

若步进电动机通电的脉冲频率为 f（即每秒的拍数或每秒的步数），则步进电动机的转速为

$$n = \frac{60f}{mZ_r c} \tag{1-3}$$

式中，f 的单位是 s^{-1}，n 的单位是 r/min。

步进电动机除了可以做成三相外，也可以做成二相、四相、五相、六相或更多相数。由式（1-2）可知，电动机的相数和转子齿数越多，则步距角 θ_S 就越小。从式（1-3）又可知，这种电动机在脉冲频率一定时，转速也越低。但电动机相数越多，相应电源就越复杂，造价也越高。所以，步进电动机一般最多做到六相，只有个别的电动机才做成更多的相数。

第三节　步进电动机的结构和分类

步进电动机种类繁多，按其运动形式分为旋转式步进电动机和直线式步进电动机两大

类；按其工作原理又可分为反应式、永磁式和感应子式永磁步进电动机3类。

一、反应式步进电动机

反应式步进电动机有单段式和多段式两种形式。

1. 单段式

单段式又称为径向分相式，它是目前步进电动机中使用最多的一种结构形式，如图1-3所示。定子的磁极数通常为相数的两倍，即$2p=2m$；每个磁极上都装有控制绕组，并接成m相；在定子磁极的极面上开有小齿；转子沿圆周也有均匀分布的小齿，它们的齿形和齿距完全相同。这种结构形式使电动机制造简便，精度易于保证；步距角又可以做得较小，容易得到较高的起动和运行频率。其缺点是：在电动机的直径较小而相数又较多时，沿径向分相较为困难。此外电动机消耗的功率较大，断电时无定位转矩。

2. 多段式

多段式又称为轴向分相式。按其磁路的特点不同，又可分为轴向磁路多段反应式和径向磁路多段反应式两种。

轴向磁路多段反应式步进电动机的结构如图1-5所示。定、转子铁心均沿电动机轴向按相数分段，每一组定子铁心中间放置一相环形的控制绕组；定、转子圆周上冲有齿形相近和齿数相同的均布小齿槽；定子铁心（或转子铁心）每相邻段错开$1/m$齿距。

这种结构使电动机的定子空间利用率较高，环形控制绕组绕制方便，转子的惯量较低，步距角也可以做得较小，因此起动和运行频率较高。但制造时铁心分段和错位工艺复杂，精度不易保证。

径向磁路多段反应式步进电动机的结构如图1-6所示。定、转子铁心沿电动机轴向按相数分段，每段定子铁心的磁极上均放置同一相控制绕组。定子的磁极数量是由结构考虑决定的，最多可与转子齿数相等，少则可为2极、4极、6极等。定、转子圆周上有齿形相近并且齿距相同的齿槽。每一段铁心上的定子齿都和转子齿处于相同的位置。转子齿沿圆周均布，并为定子齿数的倍数。定子铁心（或转子铁心）每相邻两段错开$1/m$齿距。这种结构相对于相数多而直径和长度又有限制的反应式步进电动机来说，在磁极的布置上要比以上两种结构灵活。它的步距角同样可以做得较小，并使电动机的起动和运行频率较高，但铁心段的错位工艺较复杂。

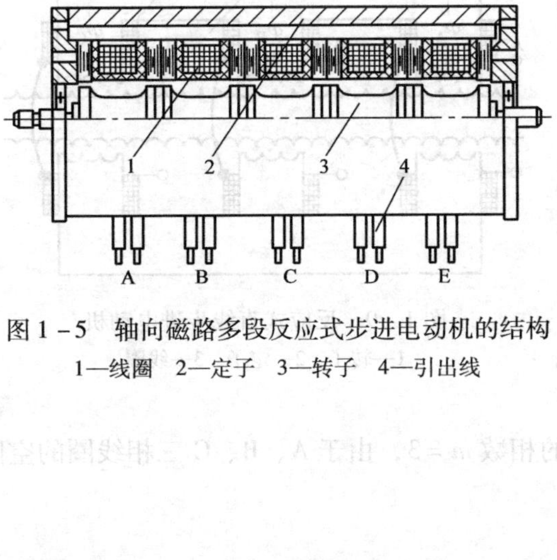

图1-5　轴向磁路多段反应式步进电动机的结构
1—线圈　2—定子　3—转子　4—引出线

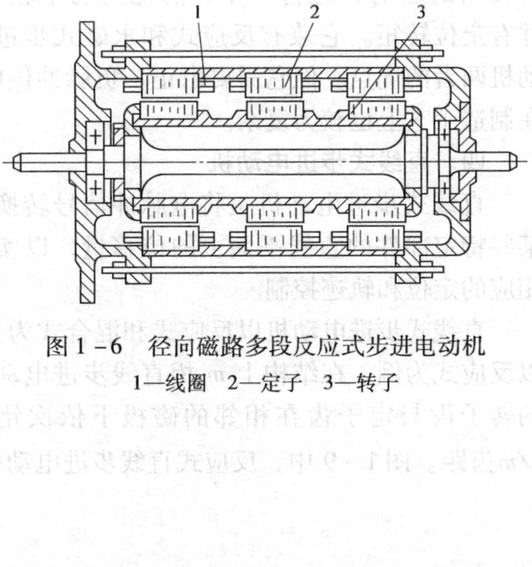

图1-6　径向磁路多段反应式步进电动机
1—线圈　2—定子　3—转子

二、永磁式步进电动机

永磁式步进电动机也有多种结构，图 1－7 所示为一种典型的结构，它的定子是凸极式，装设两相或多相绕组；转子是一对极或多对极的星形永久磁钢。转子的极数应与定子每相极数相同。图 1－7 中，定子为两相集中绕组，每相有 2 对磁极，因此转子也是 2 对极的永磁转子。

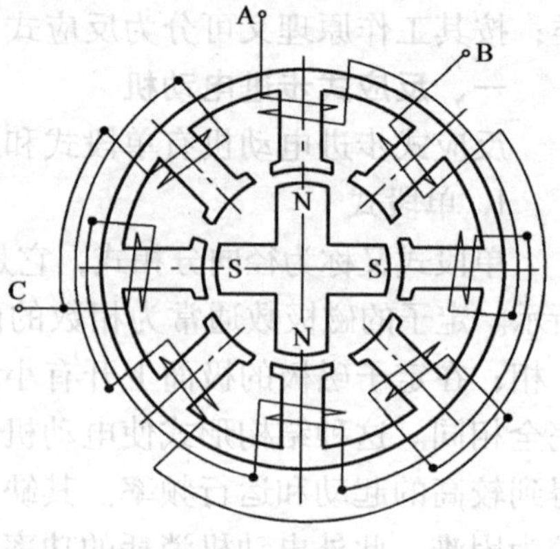

图 1－7　永磁式步进电动机

这种电动机的步距角较大，起动和运行频率均较低，并且还需要采用正、负脉冲供电。但它消耗的功率比反应式步进电动机小，又具有定位转矩。

三、感应子式永磁步进电动机

感应子式永磁步进电动机的结构如图 1－8 所示。它的定子结构与单段反应式步进电动机相同，转子由环形磁钢和两端铁心组成。两端转子铁心的外圆周上有均布齿槽，彼此相错 1/2 齿距。定、转子齿数的配合与单段反应式步进电动机相同。

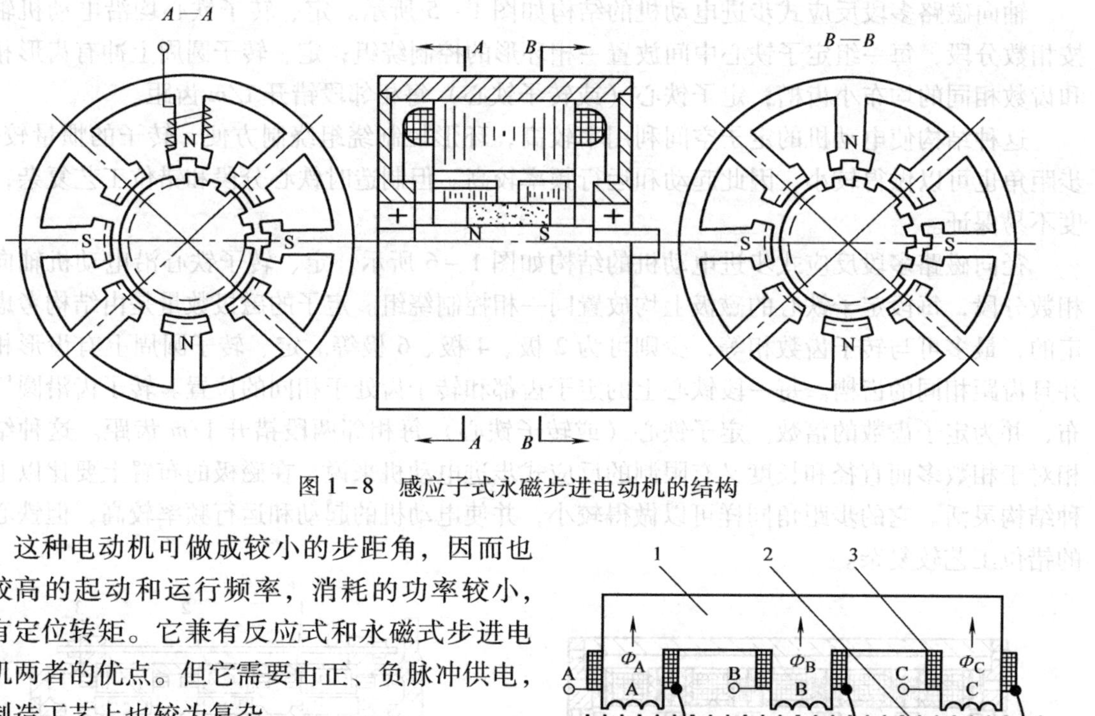

图 1－8　感应子式永磁步进电动机的结构

这种电动机可做成较小的步距角，因而也有较高的起动和运行频率，消耗的功率较小，并有定位转矩。它兼有反应式和永磁式步进电动机两者的优点。但它需要由正、负脉冲供电，在制造工艺上也较为复杂。

四、直线式步进电动机

直线式步进电动机是将电脉冲信号转换成某些特定部件的直线平面上的位移量，以实现相应的定位和轨迹控制。

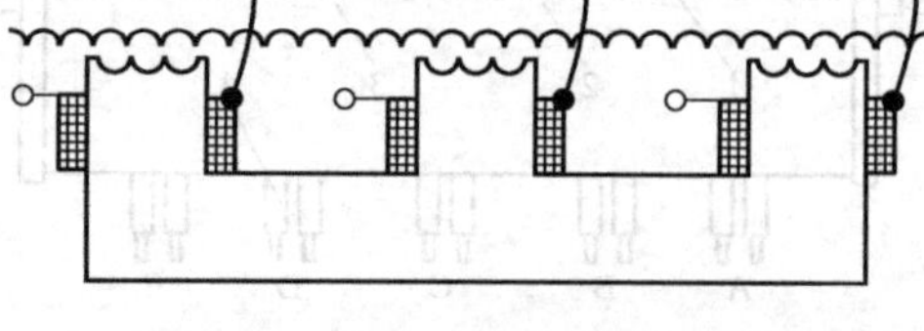

图 1－9　反应式直线步进电动机

1—转子　2—定子　3—线圈

直线式步进电动机以反应式和混合式为主。以反应式为例，在结构上 m 相直线步进电动机的转子齿与定子齿在相邻的磁极下依次错开 $1/m$齿距。图 1－9 中，反应式直线步进电动机的相数 $m=3$，由于 A、B、C 三相线圈的空间排列顺序已固定，所以电动机的直线步进方向取决于所加脉冲的相序。按 A—B—C 循环分配脉冲时，转子左移（定子相对右移）。若采用单、双六拍脉冲励磁时，步距角减半，方向控制与单三拍时相同。

多台直线式步进电动机配合气垫技术可构成平面步进电动机，用于高精度平面绘图仪或其他精密设备中实现轨迹控制。

第四节　步进电动机的运行特性

步进电动机的工作状态包括静态、稳态和过渡状态。静态是指定子绕组中通以直流电流且改变绕组通电方式的状态。稳态包括低频的步进状态和高频脉冲下的连续运行状态，一般限定脉冲频率低于连续运行的极限频率。如果连续运行频率与运行极限频率相等，则称为电动机处于极限频率状态。过渡状态主要出现于所施加的电脉冲有突然的变化时，电动机介于两种相对稳定状态之间的运行状态。典型的过渡状态包括电动机的起动、制动与反转过程的中间状态。下面以反应式步进电动机为例说明步进电动机的运行特性。

一、静态运行特性

步进电动机的静态运行是指通电状态不变，电动机处于稳定状态下。静态运行特性是分析步进电动机运行性能的基础，它包括电动机的矩角特性、最大静转矩及矩角特性族。

1. 矩角特性

（1）初始平衡稳定位置　它是指步进电动机在空载情况下，控制绕组中通以直流时转子的最后稳定平衡位置。从理论上讲，此时电动机的静转矩（电磁转矩）为零。

（2）失调角　它是指步进电动机偏离初始稳定平衡位置的电角度。在反应式步进电动机中，转子一个齿距所对应的电角度应为 2π。

（3）矩角特性　在不改变通电状态，也就是控制绕组电流不变时，步进电动机的静转矩与转子失调角的关系，即 $T=f(\theta)$，称为矩角特性。

静转矩的正方向取 θ 增大的方向。如图 1－10 所示，当一相通电，该极下定、转子正好对齐，即 $\theta=0$ 时，静转矩 $T=0$；若转子齿正对定子槽中间，既 $\theta=\pi$ 时，静转矩 $T=0$；当 $\theta>0$ 时，T 为负值；$\theta<0$ 时，T 为正值。

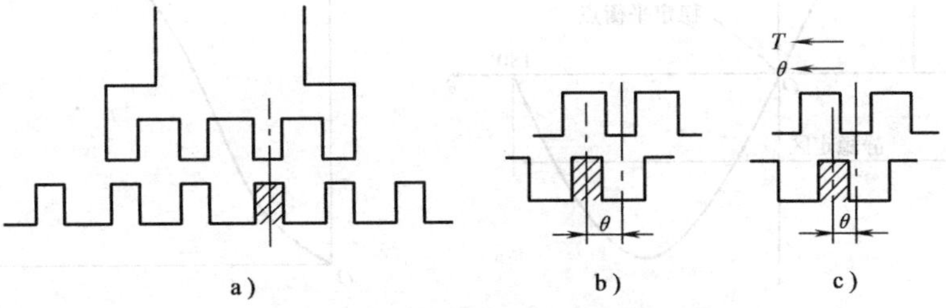

图 1－10　不同失调角时的静转矩

a) $\theta=0$，$T=0$　b) $\theta=\pi$，$T=0$　c) $\theta>0$，$T>0$

反应式步进电动机的静转矩可由电动机的机电能量转换原理得出。若不计电动机磁路铁心部分磁场能量变化的影响，则只需考虑气隙磁场能量的变化即可。若忽略定、转子铁心中的磁位降，则每极控制绕组的磁动势即是电动机单边气隙磁动势，再略去气隙比磁导中谐波

的影响，则可得出步进电动机的静转矩为

$$T = -Z_s Z_r L F_\delta^2 \lambda_1 \quad \sin\theta \tag{1-4}$$

式中 Z_s——定子每极的齿数；

Z_r——转子的齿数；

L——电动机铁心的长度；

F_δ——电动机的单边气隙磁动势；

λ_1——电动机的气隙比磁导的基波分量。

式（1－4）表示了步进电动机的静转矩 T 与失调角 θ 的关系，即矩角特性，如图 1－11 所示。理想的矩角特性曲线是一个正弦波形。

由步进电动机的矩角特性可知，在静转矩的作用下，转子有一定的稳定平衡位置。若电动机空载，则稳定平衡位置对应于 $\theta=0$ 处，而 $\theta=\pm\pi$ 处则为不稳定平衡位置。两个不稳定平衡点之间的区域即 $-\pi<0<\pi$，构成静稳定区，如图 1－11 所示。

2. 最大静转矩

矩角特性上，静转矩（绝对值）的最大值称为最大静转矩。由式（1－4）可知，当一相控制绕组通电时，在 $\theta=\pm90°$ 时有最大静转矩 T_{sm}，则

$$T_{sm} = Z_s Z_r L F_\delta^2 \lambda_1 \tag{1-5}$$

若为多相控制绕组同时通电状态时，最大静转矩为

$$T_{sm} = K Z_s Z_r L F_\delta^2 \lambda_1 \tag{1-6}$$

式中 K——转矩增大系数。

当两相控制绕组同时通电状态，$K=2\cos(\pi/m)$；当三相控制绕组同时通电状态，$K=1+2\cos(\pi/m)$。

在一定通电状态下，最大静转矩与绕组内电流的关系 $T_{sm}=f(I)$，称为最大静转矩特性，如图 1－12 所示。

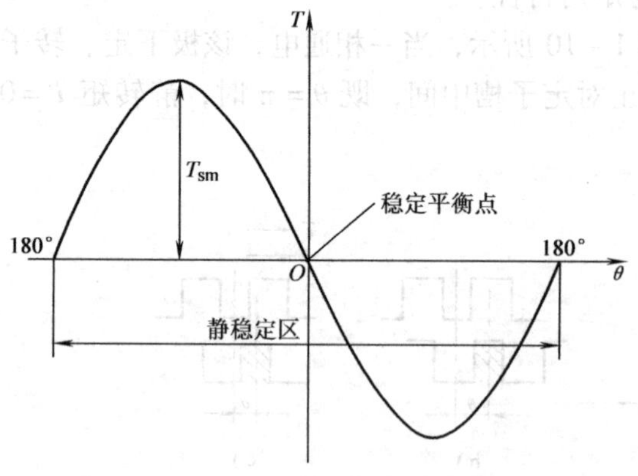

图 1－11 步进电动机的矩角特性

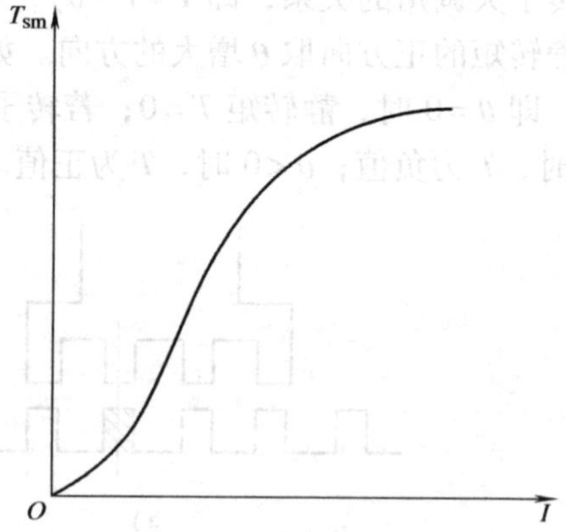

图 1－12 最大静转矩特性

由式（1－6）可看出，当电动机不饱和时，最大静转矩 T_{sm} 与控制绕组中电流 I 的二次方成正比。电流稍大时，由于受到磁路饱和的影响气隙磁动势 F_δ 增加变慢，最大静转矩 T_{sm} 的上升就低于电流的二次方关系；电流很大时，由于磁路过饱和，F_δ 增加很少，T_{sm} 也就上升甚微，呈饱和状态。这一变化趋势在图 1－12 中清楚可见。

3. 矩角特性族

对应于不同通电状态的矩角特性的总和，称为步进电动机的矩角特性族。图 1－13a 所示为一台转子齿数 $Z_r=2$ 的三相反应式步进电动机。如将失调角 θ 的坐标轴统一取在 A 相磁极的中心线上，显然，A 相通电状态时矩角特性如图 1－13b 中的曲线 a 所示，稳定平衡点为 O_A 点；B 相通电状态时，转子空载时的稳定平衡点为 O_B 处，即 $\theta=2\pi/3$，矩角特性如曲线 b 所示；C 相通电状态时的矩角特性如曲线 c 所示。a、b、c 三条曲线就构成 A—B—C—A 通电方式时的矩角特性族。同理得到三相六拍（A—AB—B—BC—C—CA—A）通电方式时的矩角特性族，如图 1－13c 所示。

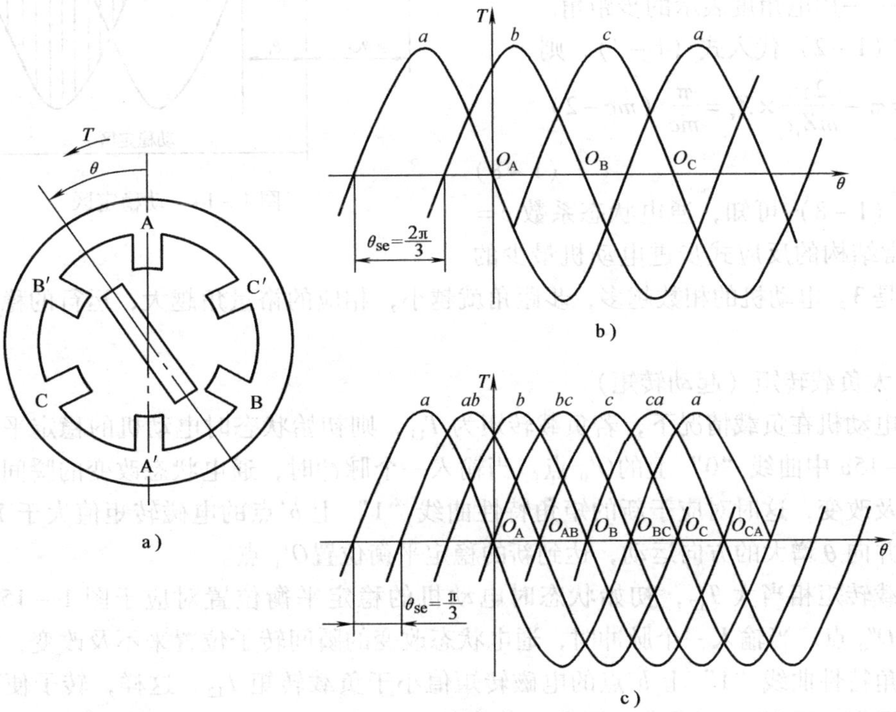

图 1－13 矩角特性族

通电相数相同的各状态下，特性族中与它们对应的每一曲线的波形一样，并有同样的最大静转矩值；而通电相数不同状态之间，曲线中的最大静矩值可能相近，也可能有明显的差别。

二、单脉冲运行

步进电动机的单脉冲运行是指电动机仅仅改变一次通电状态时的运行方式。

1. 动稳定区

动稳定区是指步进电动机从一种通电状态切换到另一种通电状态时，不致引起失步的区域。

步进电动机初始状态时的矩角特性如图 1－14 中曲线“0”所示。若电动机空载，则转子处于稳定平衡点 O_0 处。输入一个脉冲，通电状态改变后，矩角特性变为曲线“1”，转子新的稳定平衡点为 O_1。在改变通电状态时，只有当转子起始位置位于 ab 之间时才能使它向 O_1 点运动，达到稳定平衡位置。因此，区间 ab 称为电动机空载时的动稳定区，用失调角表

示为

$$(-\pi+\theta_{se})<\theta<(\pi+\theta_{se})$$

动稳定区的边界 a 点到初始稳定平衡位置 O_0 点的区域 θ_r 称为裕量角。裕量角越大，电动机运行越稳定，它的值如趋于零，电动机不能稳定工作，也就没有带负载的能力。裕量角 θ_r 用电角度表示为

$$\theta_r=\pi-\theta_{se} \tag{1-7}$$

式中 θ_{se}——用电角度表示的步距角。

将式（1-2）代入式（1-7），则

$$\theta_r=\pi-\frac{2\pi}{mZ_rc}\times Z_r=\frac{\pi}{mc}(mc-2) \tag{1-8}$$

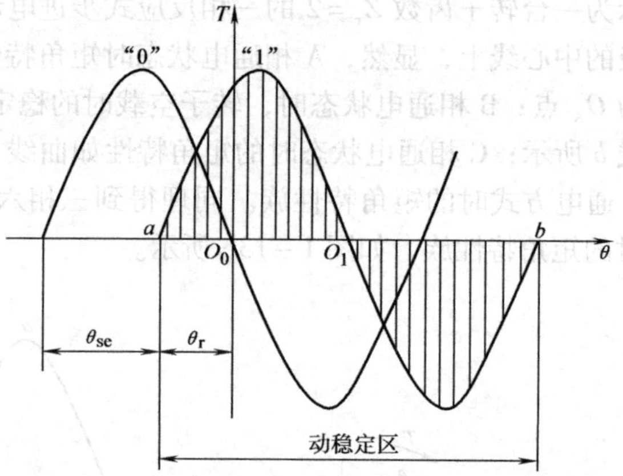

图 1-14 动稳定区

由式（1-8）可知，通电状态系数 $c=1$ 时，正常结构的反应式步进电动机最少的相数必须是 3。电动机的相数越多，步距角就越小，相应的裕量角越大，运行的稳定性也就越好。

2. 最大负载转矩（起动转矩）

步进电动机在负载情况下，若负载转矩为 T_{L1}，则初始状态时电动机的稳定平衡位置对应于图 1-15a 中曲线"0"上的O'_0点。当输入一个脉冲时，通电状态改变的瞬间，转子位置还来不及改变，这时对应于新的矩角特性曲线"1"上 b'点的电磁转矩值大于 T_{L1}，将使转子加速并向 θ 增大的方向运动，达到新的稳定平衡位置O'_1点。

若负载转矩相当大 T_{L2}，初始状态时电动机的稳定平衡位置对应于图 1-15b 中曲线"0"上的O''_0点。当输入一个脉冲时，通电状态改变的瞬间转子位置来不及改变，这时对应于新的矩角特性曲线"1"上 b''点的电磁转矩值小于负载转矩 T_{L2}。这样，转子便不能达到新的稳定平衡位置O''_1，而是向失调角 θ 减小的方向滑动。也就是说，尽管这时电动机的最大静转矩 T_{sm} 比负载转矩 T_{L2} 要大，电动机能在静态情况下保持稳定，但它却不能带动负载转矩 T_{L2} 做步进运动。

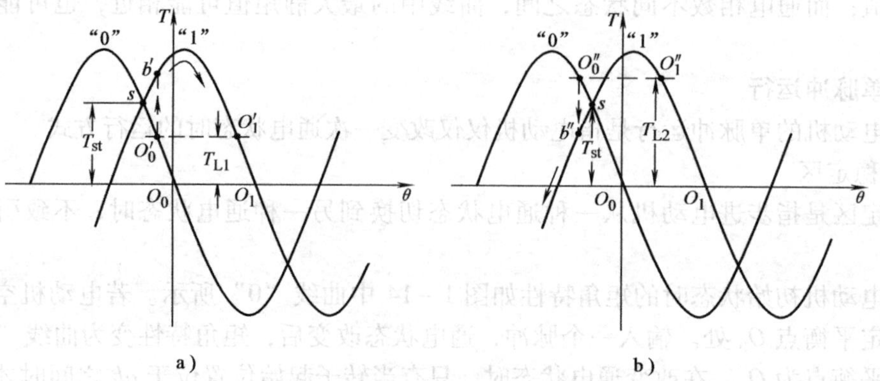

图 1-15 最大负载转矩

a) $T_{st}>T_{L1}$ b) $T_{st}<T_{L2}$

由以上分析可知，步进电动机能带动的最大负载转矩要比最大静转矩小。从图 1-15 可以看出，电动机能带动的最大负载转矩值可由矩角特性族上相邻的两条矩角特性曲线的交点决定，即图 1-15 中的 s 点。T_{st}就是最大负载转矩，有时也称它为步进电动机的起动转矩。

若矩角特性曲线为幅值相同的正弦波形时，可得出

$$T_{st}=T_{sm}\sin\frac{\pi-\theta_{se}}{2}=T_{sm}\cos\frac{\theta_{se}}{2}=T_{sm}\cos\frac{\pi}{mc} \tag{1-9}$$

T_{st}是步进电动机能带动的负载转矩极限值。在实际运行时，电动机具有一定的转速，因此，最大负载转矩值比 T_{st}还将有所减小，通常应使折合到电动机轴上的负载转矩 $T_L=(0.3\sim0.5)T_{sm}$。

三、连续脉冲运行

1. 起动频率

步进电动机的起动频率f_{st}是指在一定负载转矩下能够不失步起动脉冲的最高频率，它是步进电动机的一项重要技术指标。影响步进电动机起动频率的有关因素有：

1）按能起动的最短脉冲间隔时间 t_f 便可决定电动机的起动频率f_{st}，则

$$f_{st}=\frac{1}{t_f} \tag{1-10}$$

2）起动频率f_{st}的大小与电动机的步距角 θ_S 有关。电动机的相数及运行的拍数越多，步距角就越小，进而使裕量角 θ_r 越大，进入动稳定区越容易，电动机的起动频率f_{st}也就越高。

3）电动机的最大静转矩 T_{sm}越大，作用于电动机转子上的电磁转矩也越大，使加速度越大，转子达到动稳定区所需时间也就越短，起动频率f_{st}越高。

4）转子齿数 Z_r 增多，步距角 θ_r 就减小，故起动频率f_{st}也随之增高。

5）电动机转动部分的转动惯量（包括转子本身及负载）越小，同样的电磁转矩下产生的角加速度就越大，越容易进入动稳定区，起动频率f_{st}也越高。

6）负载转矩 T_L 增大时，使作用在转子的加速转矩减小，起动频率f_{st}也将降低。

7）电路时间常数增大，控制绕组中电流上升速度变慢，将使电磁转矩变小，起动频率f_{st}也有所降低。

8）电动机的内部或外部阻尼转矩增大时，相当于负载转矩有所增加，相应使起动频率f_{st}降低。

2. 起动特性

步进电动机的起动特性和一般电动机不同，它的起动特性是与不失步联系在一起的。

（1）起动矩频特性　当转动惯量 J 为常数时，起动频率f_{st}和负载转矩 T_L 之间的关系，即$f_{st}=f(T_L)$，称为起动矩频特性，如图 1-16 中的曲线 1 所示。

（2）起动惯频特性　当负载转矩 T_L 为常数时，起动频率f_{st}和转动惯量 J（主要是负载转动惯量）之间的关系，即$f_{st}=f(J)$，称为起动惯频特性，如图 1-17 所示。

起动惯频特性表明了负载转动惯量的大小对步进电动机的起动频率有很大的影响。这正是在起动特性方面步进电动机与一般电动机相比较为特殊的地方。在实际使用时，为了正确选用步进电动机，必须考虑到负载转动惯量的大小对电动机起动过程的影响。

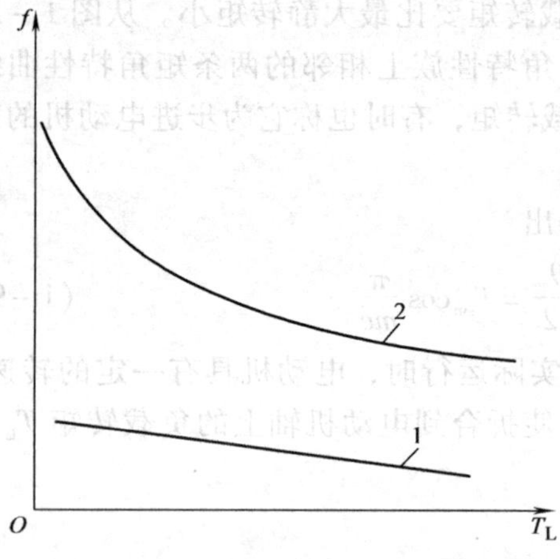

图 1-16 步进电动机的矩频特性
1—起动 2—连续运行

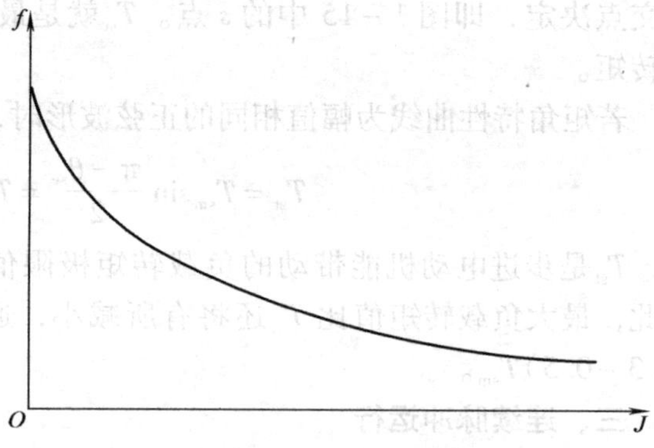

图 1-17 步进电动机的起动惯频特性

3. 连续运行频率

步进电动机起动后，当控制脉冲频率连续上升时，能不失步运行的最高频率 f_{suc} 称为该电动机的连续运行时的矩频特性，如图 1-16 中的曲线 2 所示。连续运行时的矩频特性为一条下降的曲线。

在一定的负载转矩下，影响连续运行频率提高的主要因素是控制绕组中电流的减小。为了提高连续运行频率，通常采用以下两种方法：一是在控制绕组电路中串入电阻，并相应提高电源的电压；二是采用高、低压驱动电路。第二种方法是在电压脉冲的起始部分提高电压，能够有效地改善电流波形的前沿，从而使控制绕组电流上升加快，电动机的连续运行频率可以大大提高。

步进电动机的连续运行频率 f_{suc} 要比起动频率 f_{st} 高得多。这是因为步进电动机在起动时除了要克服负载转矩以外，还要满足电动机加速的要求，即要保证一定的加速转矩 $J\dfrac{d\omega}{dt}$。在起动时，电动机的角加速度 $\dfrac{d\omega}{dt}$ 较大，它的负担远比连续运行时重。若起动时脉冲频率稍高，电动机转速就不易跟上，会在起动过程中发生失步。而连续运行时，电动机处于稳态情况，随着脉冲频率的升高，电动机的角加速度甚小，它便能随之正常升速。所以步进电动机的连续运行频率 f_{suc} 要高于起动频率 f_{st}。

第五节 步进电动机的驱动电源

步进电动机及其驱动电源是一个相互联系的整体。步进电动机的运行性能是电动机和驱动电源两者配合反映出来的综合效果。

一、对驱动电源的基本要求

1）驱动电源的相数、通电方式和电压、电流都要满足步进电动机的要求。

2）要满足步进电动机起动频率和连续运行频率的要求。

3）能最大限度地抑制步进电动机的振荡。

4）工作可靠，抗干扰能力强。

5）成本低、效率高、安装和维护方便。

二、驱动电源的组成

步进电动机的驱动电源，基本上包括变频信号源、脉冲分配器和脉冲放大器 3 个部分，如图 1－18 所示。

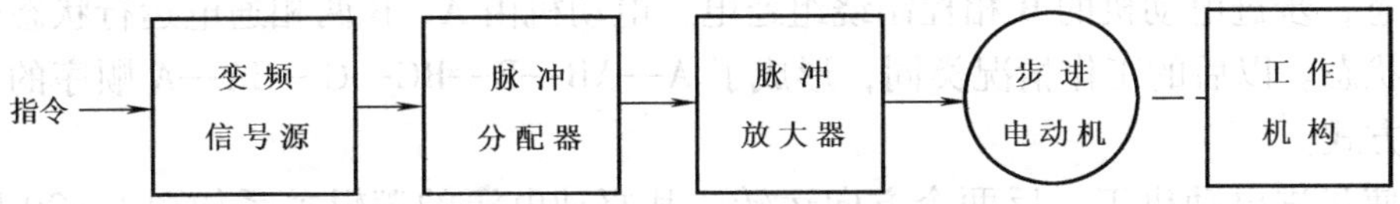

图 1－18　步进电动机驱动电源组成框图

变频信号源是一个脉冲频率由几赫到几十千赫可连续变化的信号发生器。变频信号源可以采用多种电路，最常见的有多谐振荡器和单结晶体管构成的张弛振荡器。它们都是通过调节电阻和电容的大小来改变电容充放电的时间常数，以达到选取脉冲信号频率的目的。

脉冲分配器是由门电路和双稳态触发器组成的逻辑电路，它根据指令把脉冲信号按一定逻辑关系加到脉冲放大器上，并使步进电动机按确定的运行方式工作。图 1－19 所示为一种三相单、双六拍单转向运行的反应式步进电动机驱动电源的逻辑关系。图 1－19 中，RS_1、RS_2、RS_3 为 RS 双稳态触发器，1～6 为与门。

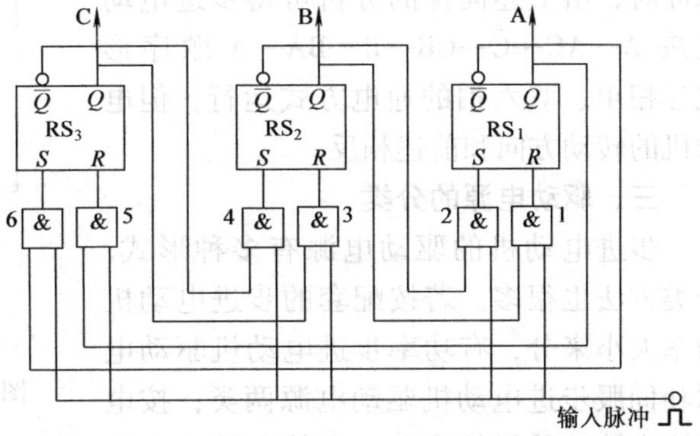

图 1－19　三相单、双六拍单转向运行的反应式步进电动机驱动电源逻辑关系

RS 双稳态触发器的真值见表 1－1。

表 1－1　RS 双稳态触发器的真值

R	0	1	0	1
S	0	0	1	1
Q	1　0	0	1	0
$\bar{Q}$	0　1	1	0	0

在图 1－19 中，假定初始状态为 A 相控制绕组通电，这时触发器 RS_1 的输出端 Q 为 1 态，$\bar{Q}$为 0 态；触发器 RS_2、RS_3 的输出端 Q 为 0 态，$\bar{Q}$为 1 态；当第一个脉冲输入后，各与门的输出端则为：1 是 0 态；2 是 1 态；3 是 0 态；4 是 1 态；5 是 1 态；6 是 0 态。这时对触发器 RS_1 来说，复位端 R 为 0 态，置位端 S 为 1 态；它仍保持其输出端 Q 为 1 态，$\bar{Q}$为 0 态。对触发器 RS_2 来说，复位端 R 为 0 态，置位端 S 为 1 态；它的输出端将翻转成 Q 为 1 态，$\bar{Q}$为 0 态。对触发器 RS_3 来说，复位端 R 为 1 态，置位端 S 为 0 态；它仍保持其输出端 Q 为 0 态，$\bar{Q}$为 1 态。由于触发器 RS_1、RS_2 的输出端 Q 为 1 态，步进电动机的 A、B 两相控制绕组同时通电，电动机由 A 相通电状态变成 AB 两相通电运行状态。

当第二个脉冲输入后，各与门的输出端则为：1 是 1 态；2 是 0 态；3 是 0 态；4 是 1 态；5 是 1 态；6 是 0 态。这时对触发器 RS_1 来说，其复位端 R 为 1 态，置位端 S 为 0 态；它的输出端将翻转成 Q 为 0 态，置位端 $\overline{Q}$ 为 1 态。对触发器 RS_2 来说，其复位端 R 为 0 态，置位端 S 为 1 态；它的输出端仍保持 Q 为 1 态，$\overline{Q}$ 为 0 态。对触发器 RS_3 来说，其复位端 R 为 1 态，置位端 S 为 0 态；它的输出端仍保持 Q 为 0 态，$\overline{Q}$ 为 1 态。由于触发器 RS_2 的输出端 Q 为 1 态，步进电动机的 B 相控制绕组通电，电动机由 A、B 两相通电运行状态变成 B 相通电运行状态。以后的工作情况类同，形成了 A—AB—B—BC—C—CA—A 顺序的单、双六拍的通电方式。

若要使步进电动机正、反两个方向运转，其驱动电源的逻辑关系如图 1－20 所示。图 1－20 中的正、反输入端是指电动机正、反转时的脉冲输入端。当电动机正向转动时，由与门 1～6 工作；而电动机反向转动时则由与门 7～12 工作。当由反向输入端输入脉冲时，由上述同样的分析可得步进电动机按 A—AC—C—CB—B—BA—A 顺序形成三相单、双六拍的通电方式运行，但电动机的转动方向和前述相反。

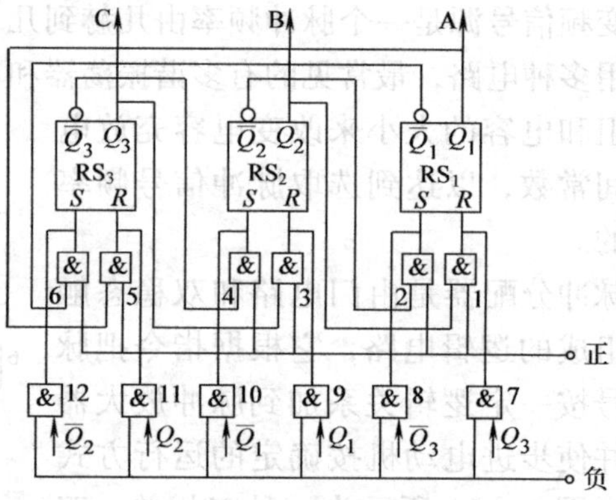

图 1－20　三相单、双六拍单转向运行的步进电动机驱动电源逻辑关系

注：↑Q_3 表示连接到触发器 RS_3 的 Q_3 输出端，其余类同。

三、驱动电源的分类

步进电动机的驱动电源有多种形式，分类方法也很多。若按配套的步进电动机功率大小来分，有功率步进电动机驱动电源和伺服步进电动机驱动电源两类；按电源输出脉冲的极性来分，有单向脉冲电源和正、负双极性脉冲电源两种，后者是作为永磁步进电动机或感应子式永磁步进电动机的驱动电源；按供出电脉冲的功率元器件来分，有晶体管驱动电源、高频晶闸管驱动电源和门极关断晶闸管驱动电源 3 种。

按脉冲的供电方式来分，有单一电压型电源；高、低压切换型电源；电流控制的高、低压切换型电源；细分电路电源等。

1. 单一电压型电源

单一电压型电源是最简单的驱动电源，其工作原理如图 1－21 所示。当信号脉冲输入时，晶体管导通，电容 C 在起动瞬间相当于将电阻 R 短接，使控制绕组电流迅速上升。当电流达到稳定状态后，利用串联电阻 R 来限流。在整个工作过程中只有一种电源供电。步进电动机的每一相控制绕组只需要由一只功率器件供出电脉冲。这种电路的特点是：结构简单，电阻 R 和控制绕组串联后可减小回路的时间常数。但由于电阻 R 上要消耗功率，导致电源的效率降低。用这种电源供电的步进电动机的起动和运行频率都不会太高。

2. 高、低压切换型电源

高、低压切型电源的工作原理如图 1－22 所示。步进电动机的每一相控制绕组需要有两只功率器件串联，分别由高压和低压两种不同的电源供电。高压供电是用来加速电流的上升速率，改善电流波形的前沿；而低压是用来维持稳定的电流值。低压电源中串联一个数值较小的电阻 R_1，其目的是为了调节控制绕组的电流值，使各相电流平衡。这种电源效率较高，起动和运行频率也比单一电压型电源要高。

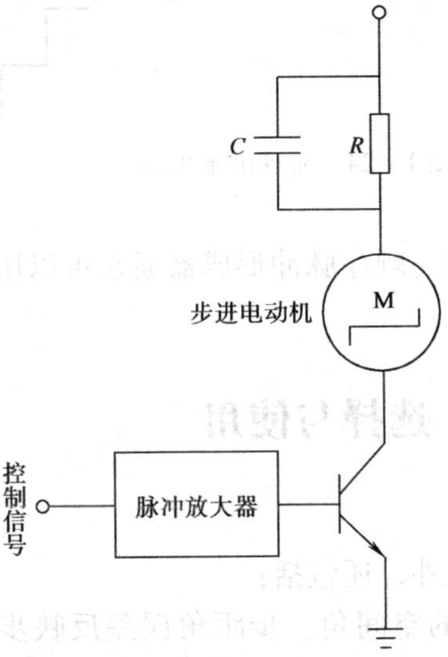

图 1－21　单一电压型驱动电源工作原理

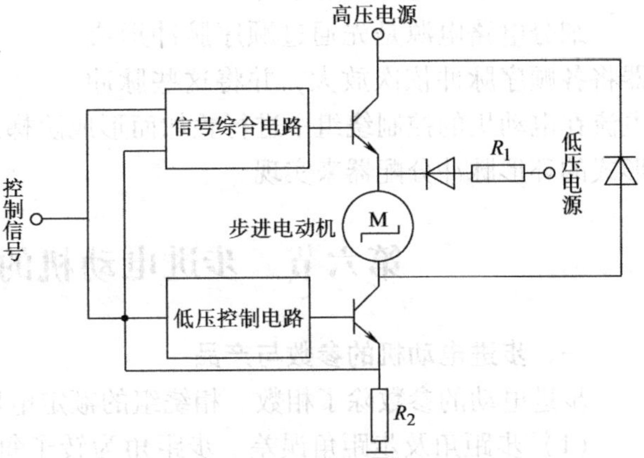

图 1－22　高、低压切换型驱动电源的工作原理

单一电压型电源和高、低压切换型电源均属于开环类型。

3. 电流控制的高、低压切换型电源

电流控制的高、低压切换型电源的工作原理如图 1－23 所示。它是在高、低压切换型电源的基础上使高压部分的电流断续加入，以补偿因步进电动机控制绕组中旋转电动势所引起的电流波峰、下凹造成的转矩下降。它是根据主电路电流的变化情况，反复地接通和关断高压电源，使电流波峰维持在要求的范围内，使步进电动机的运行性能得到了显著的提高，相应地使起动和运行频率升高。但因在电路中增加了电流反馈环节，使其结构较为复杂，成本提高。电流控制的高、低压切换型电源属于闭环类型。

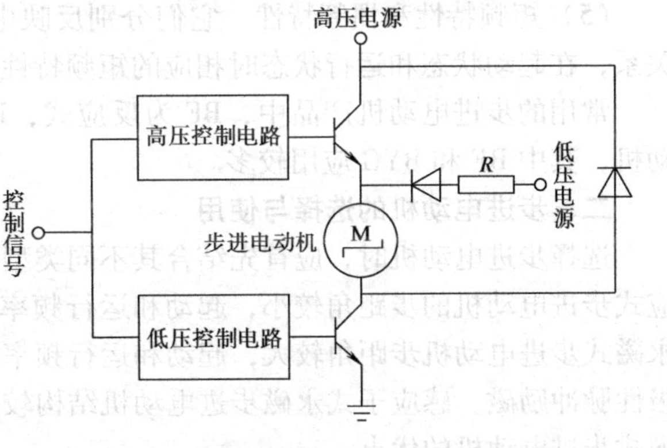

图 1－23　电流控制的高、低压切换型驱动电源的工作原理

4. 细分电路电源

细分电路电源是使步进电动机的步距角减小，从而使步进运动变成近似的匀速运动的一种驱动电源。这样，步进电动机就像伺服电动机一样平滑运转。为了减小步距角，设法将原来供电的矩形脉冲电流波形改为阶梯波形电流，如图 1－24 所示。这样在输入电流的每一个阶梯时，电动机的偏转角（即相应的步距角）减小，从而提高其运行的平滑性。这种供电方式就是细分电源驱动。

从图1-24可以看出，供给电动机的电流是由零经过5个均匀宽度和幅度的阶梯上升到稳定值；下降时，又是经过同样的阶梯从稳定值降至零。这样可以使电机内形成一个基本上连续的旋转磁场，使电动机基本上能接近于平滑运转。

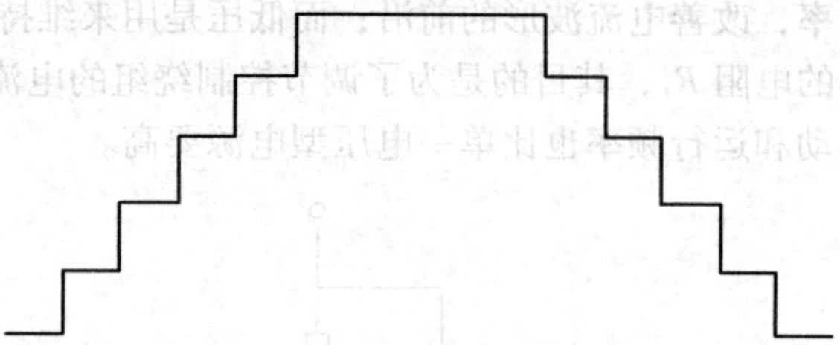

图1-24 阶梯波形电流

细分电路电源是先通过顺序脉冲形成器将各顺序脉冲依次放大，并将这些脉冲电流在电动机的控制绕组中进行叠加而形成阶梯波形电流。顺序脉冲形成器通常可以用移位形式的环形脉冲分配器来实现。

第六节 步进电动机的参数、选择与使用

一、步进电动机的参数与产品

步进电动的参数除了相数、相绕组的额定电压及电流外，还包括：

（1）步距角及步距角误差 步距角为转子每拍转过的空间角。步距角误差反映步距的理论值与实际值的偏差。

（2）最大静转矩 它是静态转角特性上的最大转矩值，在很大程度上影响着电动机的负载能力与运行稳定性。

（3）分配方式 它是规定的电动机通电运行方式，步进电动机产品性能指标一般指规定通电方式下的指标。

（4）极限起动、运行频率 它们分别反映电动机能够不失步地起动和运行时所能施加的最高脉冲频率值。

（5）矩频特性和惯频特性 它们分别反映电动机的转动惯量、转矩与脉冲频率之间的关系，在起动状态和运行状态时相应的矩频特性和惯频特性都会发生变化。

常用的步进电动机产品中，BF为反应式，BY为永磁式，BYG为感应子式永磁步进电动机，其中BF和BYG应用较多。

二、步进电动机的选择与使用

选择步进电动机时，应首先结合其不同类型的特点及所驱动负载的要求来进行选择。反应式步进电动机的步距角较小，起动和运行频率较高；但断电时无定位力矩，需带电定位。永磁式步进电动机步距角较大，起动和运行频率较低，断电后有一定的定位力矩，但需要双极性脉冲励磁。感应子式永磁步进电动机结构较复杂，需双极性脉冲供电，兼有反应式和永磁式步进电动机的优点。

确定所选用的步进电动机类型后需要确定以下项目：

1）步距角。结合每个脉冲负载需要的转角或直线位移及传动比加以考虑。

2）最大静转矩。考虑步进电动机的带负载运行能力和运行的稳定性，一般选择的最大静转矩不小于负载转矩的2～3倍。

3）结合负载起动与运行的条件选择步进电动机的起动与运行频率。

4）确定电动机的电压、电流、机座号与安装方式。

5）根据所选步进电动机产品型号选择驱动电源。

步进电动机使用中需注意的事项如下：

①电动机起动与运行频率均不能超出对应的极限频率，起动与停车时需要渐进地升降频率，防止失步或滑动制动。

②负载应在电动机的负载能力范围之内，电动机运行中尽量使负载均衡，避免由于突变而引起动态误差。

③注意电动机静态工作时的情况。步进电动机静态时电流较大，发热也比较严重，应注意避免电动机过热。

④步进电动机运行中出现失步现象时，应仔细查找具体故障的原因。负载过大或负载波动，驱动电源不正常、步进电动机自身故障，工作方式不当及工作频率偏高或偏低均有可能导致失步。

第七节　步进电动机的应用

步进电动机能够将脉冲量精确地转换成转角或直线位移。其本身就是典型的离散型执行元件，可方便地构成开环或闭环控制系统，能够与计算机配合进行数字化控制，广泛应用于各种设备或装置中实现转速、转角或位置及运动轨迹控制。例如在绘图仪中，可使用步进电动机对绘图笔进行 X、Y 轴方向的位置控制，使得绘图笔可以在精度允许范围内于平面上绘出需要的轨迹曲线，如图 1－25 所示。

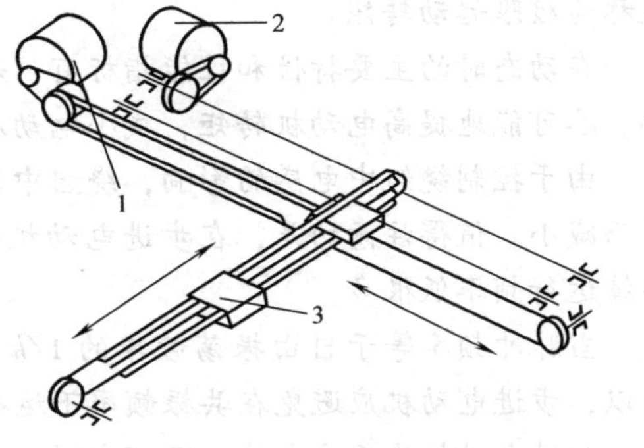

图 1－25　步进电动机应用于绘图仪

1—X 轴步进电动机　2—Y 轴步进电动机　3—笔爪架

步进电动机也广泛用于机械加工设备中，驱动机械运动部件。在数控机床中，要使工作台或刀架的驱动达到更高的运动或定位精度，可以采用能精确测量工作台或刀架位置和位移的传感器（如编码器、光栅或磁栅传感器、感应同步器等）进行位置反馈，也可用速度传感器或测速发电机反馈来控制电动机转速，如图 1－26 所示。

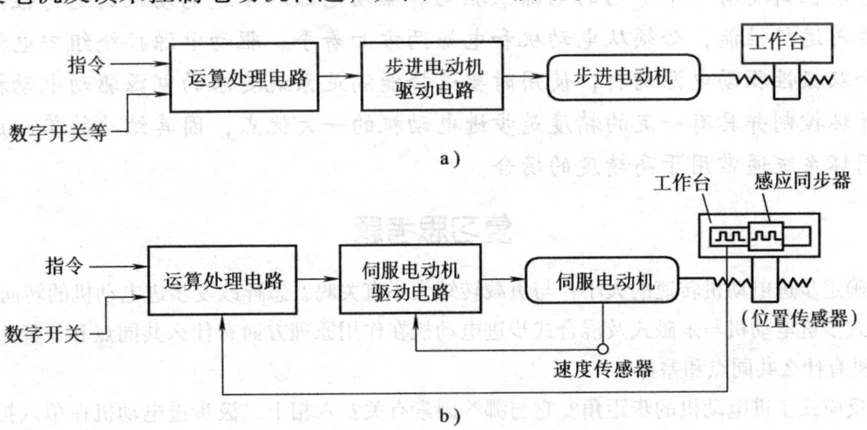

图 1－26　步进电动机用于位置控制

a）开环位置控制　b）闭环位置控制

上述示例仅反映了步进电动机的部分应用。实际上步电动机因控制灵活、性能好、运行可靠、误差不会长期累积，适于数字加工设备、自动生产线、自动控制仪表、计算机及办公自动化设备甚至家用电器中。

本章小结

步进电动机是将控制脉冲信号变换为角位移或直线位移的一种特殊电动机。反应式步进电动机的工作原理是建立在磁力线力图通过磁阻最小的的路径产生磁阻转矩来驱动转子转动上的。输出的角位移或线位移量与脉冲数成正比，转向取决于控制绕组中的通电顺序。

步进电动机每相绕组中的通电是脉冲式的，每输入一个控制脉冲信号，转子转过的角度称为步距角。步距角的大小由转子齿数和运行拍数所决定。由于同一台步进电动机既可用单相通电方式又可用两相通电方式运行，所以步进电动一般有两个步距角。

步进电动机静止时，转矩与转子失调角间的关系称为矩特性。在 $\theta = \pm\pi/2$ 时，有最大静转矩，它表示电动机承受负载的能力，一般增加通电相数能提高它的数值。

相邻两相矩角特性的交点所对应的转矩 T_{st} 是电动机作单步运行所能带动的极限转矩，也称为极限起动转矩。

在动态时的主要特性和性能指标有：起动矩频特性和运行矩频特性，起动频率和运行频率。尽可能地提高电动机转矩，减小电动机和负载的惯量，是改善动态性能的有效途径。

由于控制绕组中电感的影响，绕组中的电流不能突变，致使步进电动机的转矩随频率增高而减小。值得注意的是，在步进电动机起动时所能施加的最高频率（称为起动频率）比连续运行频率低很多。

当脉冲频率等于自由振荡频率的 $1/k$（k 为自然数）时，转子会发生振荡，甚至失步。所以，步进电动机应避免在共振频率下运行，并采用增大阻尼的方法削弱振荡。

步进电动机除反应式外，还有永磁式和感应子式永磁式（混合式），尤其是混合式步进电动机，由于其性能较好，发展较快。它的原理大致和反应式相似，所不同的是转子也有磁极，工作时两个磁动势共同作用在磁路上。

步进电动机需要有一个专门的电源来驱动。驱动电源对步进电动机的运行性能有很大的影响。要改善运行性能，必须从电动机和电源两方面着手。驱动电源按绕组中电流的流向分为单极性和双极性驱动电源两种，使用时要选择能满足系统要求的电源驱动电动机。

采用开环控制并具有一定的精度是步进电动机的一大优点，因其结构简单、成本低，应用较多。闭环系统通常用于高精度的场合。

复习思考题

1. 怎样确定步进电动机转速的大小？与负载转矩大小有关吗？怎样改变步进电动机的转向？

2. 反应式步进电动机与永磁式及混合式步进电动机在作用原理方面有什么共同点和差异？步进电动机与同步电动机有什么共同点和差异？

3. 何为反应式步进电动机的步距角？它与哪些因素有关？六相十二极步进电动机在单六拍、双六拍及单双十二拍通电方式下，步距角各为多少？

4. 一台五相反应式进步电动机步距是 1.5°/0.75°，试问：

（1）这是什么意思？

（2）转子齿数是多少？

（3）写出五相十拍运行方式时的一个通电顺序。

（4）在A相绕组中测得电流频率为600Hz，那么电动机每分钟的转速是多少？

5. 步进电动机的负载转矩小于最大静转矩时，电动机能否正常步进运动？为什么？

6. 为什么步进电动机的连续运行频率比起动频率要高得多？

7. 步进电动机在哪些情况下会发生失步、振荡？

8. 如果一台步进电动机的负载转动惯量较大，试问它的起动频率有何变化？

9. 试设计一个完整的三相步进电动机驱动控制系统电路，并进行系统调试。

第二章　单相电动机

本章应知

1. 了解单相异步电动机的特点、结构和分类，掌握单相异步电动机的工作原理。

2. 了解分相式单相异步电动机的特点、分相的各种方法以及电阻起动、电容起动、电容运行、电容起动与运行。

3. 了解罩极式单相异步电动机工作原理及结构特点。了解罩极式单相异步电动机的转向不能改变。

4. 了解单相异步电动机的调速方法和常用单相异步电动机的调速。

本章应会

1. 掌握如何解决单相异步电动机的起动。

2. 掌握各种分相起动方法的特点。

3. 掌握单相换向器式电动机的转向不能改变和单相换向器式电动机的结构特点。

4. 掌握常用单相异步电动机调速方法。

5. 掌握风扇、洗衣机、泵用单相异步电动机的应用和检修。

第一节　单相异步电动机的基本知识

一、单相异步电动机的特点

单相异步电动机采用单相交流电源供电，体积小、结构简单、价格低廉，广泛用于各种工业设备、家用电器、电动工具、医疗设备、泵类与风机类产品、仪器仪表装置及工业控制系统中。受自身结构、机械特性及相关技术性能的限制，单相异步电动机的功率较小，通常在0.6~1.5kW以下，一般用于小功率负载驱动。单相异步电动机还具有运行可靠、使用与维护方便的优点。其缺点主要包括起动能力和过载能力较差，功率因素与工作效率偏低，机械特性偏软，抗负载波动能力较差，工作稳定性、调速性能及效率较低。

二、单相异步电动机的分类与基本结构

按结构和运行方式的差异，一般可将常用的单相异步电动机分为分相式和罩极式两大类。分相式单相异步电动机功率相对较大且应用更普遍，具有相对较大的起动转矩和过载能力。它按起动与运行特征又可分为电阻起动式、电容起动式、电容起动与运行式和电容运行式4种类型。罩极式单相异步电动机体积和功率一般都较小，主要用于拖动小功率负载，如全自动洗衣机的排水电动机、仪器仪表装置的指示驱动部件、小型或微型风机等。此外，较常用的单相电动机中还有换向器式电动机。这种电动机装有电刷和换向部件，转矩脉动性较强，低速运行时转矩较大，过载能力大。单相换向器式电动机主要用于电动工具，如冲击电钻、吸尘器及电动扳手等。

单相异步电动机种类多，其传动方式、防护、冷却及安装形式有明显不同。它的总体结

构主要包括电路部分、磁路部分和辅助构件 3 大部分，具体包含了铁心、绕组、机壳、端盖、轴承，功率较大者常有风扇及风罩以加强散热。下面以分相式电动机为主介绍单相异步电动机的基本结构。

1）铁心。定子、转子铁心一般用冲压电工钢片叠成。单相电动机的转子大多为笼型铸铝转子。

2）绕组。分相式单相异步电动的定子绕组分为主绕组和辅助绕组两套。这两套绕组也常被称为工作绕组和起动绕组，它们空间上成 90°电角度。通常情况下，主绕组的线径较粗，匝数较多；辅助绕组线径较细，匝数较少。

3）机壳。功率较大的单相异步电动机多采用铸铁或铸铝机壳，有些小型或微型单相异步电动机使用简单的片状冲压机壳和端盖。功率较大的单相异步电动机大多采用球形或圆柱滑动轴承，这些轴承结构简单、成本低、噪声小。

三、单相异步电动机的工作原理

单相异步电动机多为笼型转子结构，其定子绕组一般由工作绕组和辅助绕组组成。如不考虑辅助绕组，则单相异步电动机工作原理如图 2－1 所示。外接交流电压 U_1 后，定子绕组单相励磁所产生的脉振磁场可以分解为两个旋转磁场的叠加。这两个旋转磁场共同作用于电动机转子，其旋转方向相反，但磁动势幅值、同步转速及旋转的起始位置相同。在转子绕组中感应产生电动势和电流，并分别产生电磁转矩 T_{st}^{+} 和 T_{st}^{-}。对于正常运行时仅有一个绕组（工作绕组）通电励磁的电动机而言，其实际机械特性从理论上说就是正向分解磁场和反向分解磁场单独作用时机械特性的合成，如图 2－2 所示。

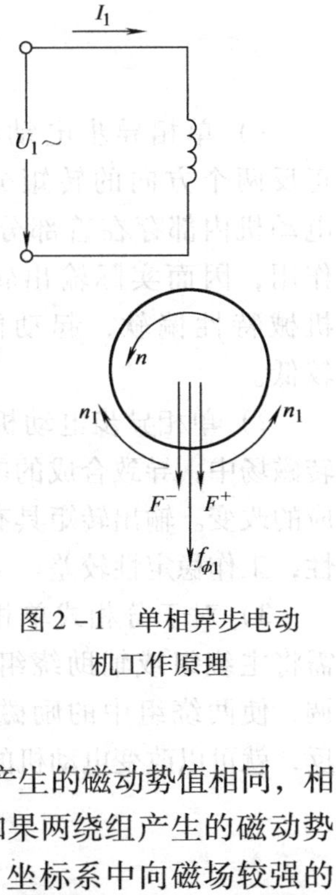

图 2－1 单相异步电动机工作原理

由合成机械特性可反映出以下特征：在 $n=0$ 情况下给电动机通电，合成起动转矩为 $T_{st}=T_{st}^{+}+T_{st}^{-}=0$，电动机无法自行起动。因此，单相电动机需要解决起动转矩及其方向问题。实际的单相异步电动机采用添加辅助磁场的办法来解决。

定子槽中的主绕组（工作绕组）和辅助绕组（起动绕组）通正弦交流电后，产生的脉振磁场在电角上垂直。如果主绕组和辅助绕组产生的磁动势值相同，相互之间有 90°相位差，则合成磁场为圆形旋转磁场，转速为 $60f_1/p$。如果两绕组产生的磁动势不完全对称，则合成磁场为椭圆形旋转磁场，合成机械特性在 $T-n$ 坐标系中向磁场较强的一侧偏移。合成磁场的旋转方向取决于主绕组和辅助绕组中励磁电流的相位关系。它总是从相应超前磁动势的正方向转向另一磁动势的正方向，使主绕组和辅助绕组中的励磁电流错开一定的相位角，称为“分相”。实际的分相式单相电动机一般采用电容分相，因而辅助绕组中的励磁电流一般超前于主绕组中的励磁电流。

四、单相异步电动机的机械特性

总体而言，分相式或罩极式单相异步电动机一般工作在椭圆形旋转磁场状态下，其正向与反向机械特性不对称，这样就提供了一定方向的起动转矩。图2－3中，曲线 1、2、3 分别代表正向、反向、与合成机械特性。

需要说明的是：

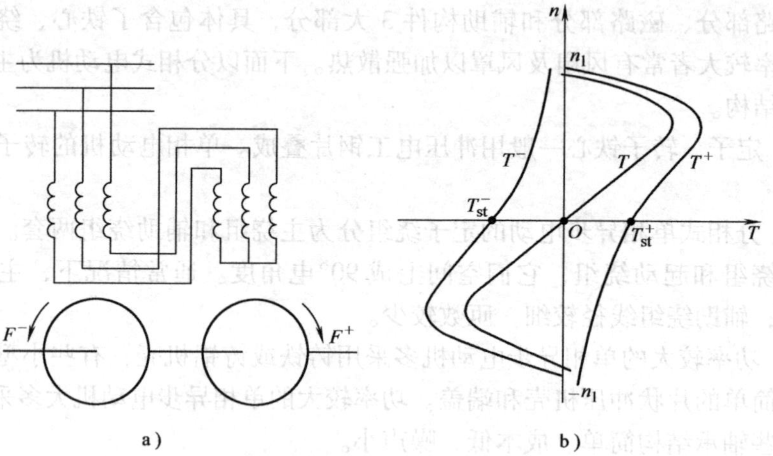

a）　　　　　　　　　　　　　　　　b）

图 2－2　脉振磁场作用及机械特性

a）模型等效　b）机械特性

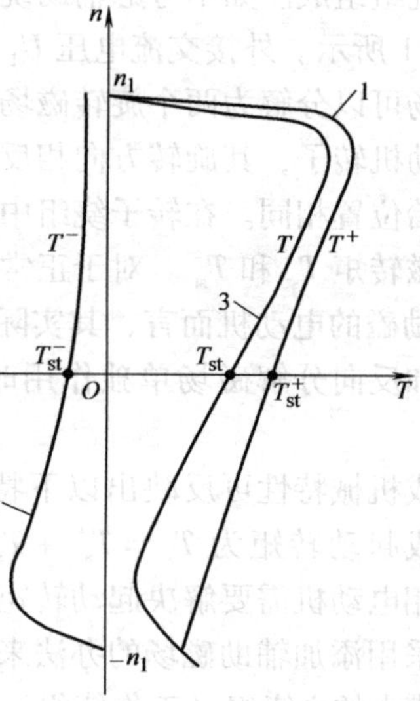

图 2－3　单相异步电动机的机械特性

1）单相异步电动机输出的转矩是正反两个方向的转矩分量叠加的结果。电动机内部存在着部分转矩相互抵消的作用，因而实际输出转矩相对比较小，机械特性偏软，起动能力和过载能力较低。

2）单相异步电动机工作于椭圆形旋转磁场中，导致合成的电磁转矩也发生相应的改变。输出转矩具有一定程度的脉动性，工作稳定性较差。

3）对于分相式单相异步电动机，只需将主绕组或辅助绕组的两个进线端对调，使两绕组中的励磁电流相位关系相反，就可以改变电动机的旋转方向。

第二节　分相式单相异步电动机

一、电阻起动单相异步电动机

电阻起动单相异步电动机采用细导线绕制的起动绕组，有时为达到增加起动绕组电阻的目的，对部分起动绕组采用双向并绕的无感绕法。这样可使起动绕组的感性特征小于工作绕组，从而使其电流超前于工作绕组电流，产生“分相”作用。起动绕组一般按短时工作设计，当电动机起动转速达到一定值时，开关元件将起动绕组从电路中切除。由于电阻移相作用不明显，内部反向旋转磁场的作用相对较强，这种电动机的起动能力和过载能力均较低。为充分利用电动机的磁路容量，增大输出功率，一般按 2∶1 的比例将定子槽分配给工作绕组和起动绕组。电阻起动单相电动机接线与机械特性如图2－4所示，曲线 1、2 分别表示起动和运行时的机械特性。

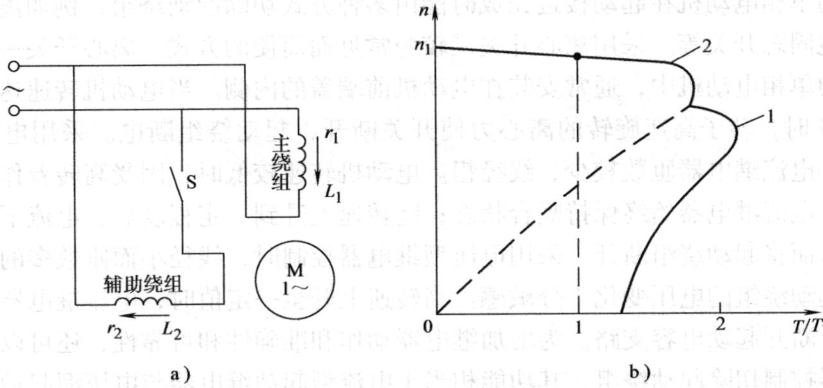

图 2-4　电阻起动单相电动机接线与机械特性

a) 接线　b) 机械特性

国产电阻起动单相异步电动机的基本系列为 YU 系列（旧型号为 BO2 系列），采用“220V　50Hz”工频交流供电，常见为 2、4 极，过载能力 1.8。

二、电容起动单相异步电动机

采用电容元件可产生良好的移相效果。在起动绕组中串入起动电容可大幅度增加工作绕组与起动绕组中励磁电流的相位差。在功率与绕组参数配合得当时，能使两绕组电流的相位差接近 90°，形成近似于圆形的旋转磁场，这样既可以提高电动机的起动能力又可以降低电动机的起动电流。电容起动式单相电动机是应用比较广泛的分相式异步电动机。

电容起动单相异步电动机的机械特性与接线如图 2-5 所示。

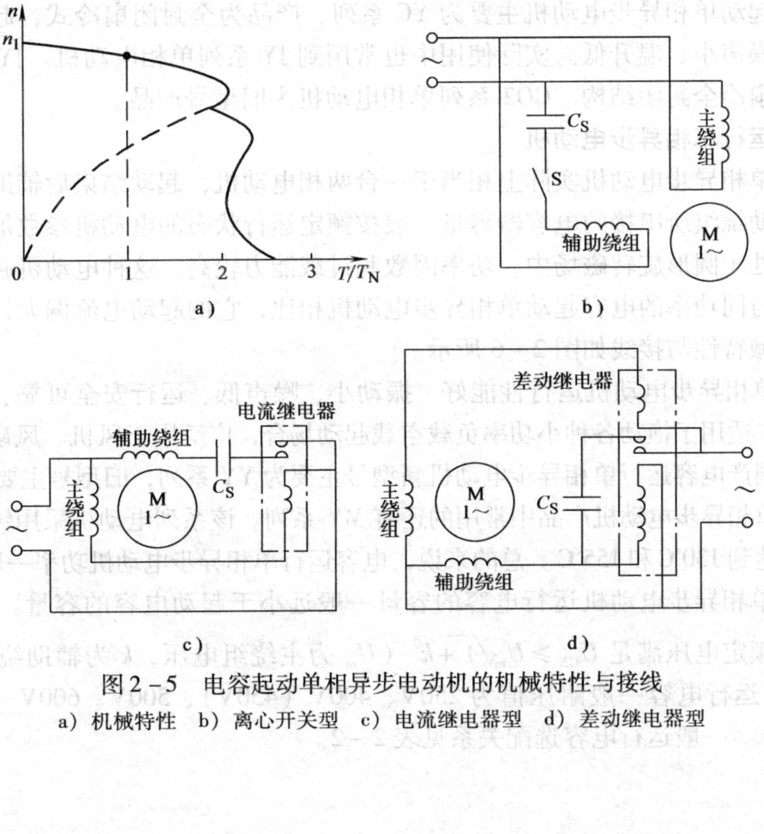

图 2-5　电容起动单相异步电动机的机械特性与接线

a) 机械特性　b) 离心开关型　c) 电流继电器型　d) 差动继电器型

电容起动单相电动机在起动接近完成时能由多种方式切除起动绕组，例如离心开关起动断电器或其他固态开关等。采用离心开关是较为常见而简便的方式。离心开关一般用于功率与体积较大的单相电动机中，通常安装在电动机前端盖的内侧。当电动机转速达到额定转速的75%～85%时，转子高速旋转的离心力使开关断开，起动绕组断电。采用电流型起动继电器控制时，电流继电器匝数较少、线径粗。电动机转速较低时，因受高转差作用，工作绕组电流较大，电流继电器始终保持吸合状态；随转速上升到一定程度后，电流下降，导致继电器释放，从而将起动绕组断开。采用电压型继电器控制时，线径小而匝数多的电压线圈对起动过程中起动绕组的电压变化十分敏感。当转速上升至一定值时，电压继电器吸合，使常闭触点跳开，断开起动电容支路。为增加继电器动作和准确性和可靠性，还可以由差动电磁式起动继电器控制切除起动绕组，其功能相当于电流型起动继电器与电压型起动继电器的有机结合。其接线方法如图2-5所示。

起动电容一般采用电解电容器。一般用途单相异步电动机的功率与电容配合关系见表2-1。

表2-1　一般用途单相异步电动机的功率与电容配合关系

电动机功率/W	120、180	250、370	550	750	1100	1500	2200
起动电容/μF	75	100	150	200	300	400	500

电容起动单相异步电动机适用于对起动电流有一定的限制同时又要求较大起动转矩的场合中。其过载能力中等，运行性能良好，可广泛用于拖动各种小功率负载和小型车床、空气压缩机、制冷设备、医疗设备及各种要求满载起动的机械。

国产电容起动单相异步电动机主要为YC系列，产品为全封闭扇冷式，起动转矩大、运行平稳可靠、噪声小、温升低。实际使用中也常用到JY系列单相电动机。JY系列采用铸铁或铸铝外壳，扇冷全封闭结构。CO2系列单相电动机为旧型号产品。

三、电容运行单相异步电动机

电容运行单相异步电动机实际上相当于一台两相电动机，起动结束后辅助绕组并不从电路中切除。辅助绕组所串接的电容器容量一般按额定运行状态的电动机参数加以选择。电动机运行时近似处于圆形旋转磁场中，功率因数和过载能力较高。这种电动机起动时的旋转磁场为椭圆形，与同功率的电容起动单相异步电动机相比，它的起动电流偏大，但起动转矩却比较小。其机械特性与接线如图2-6所示。

电容运行单相异步电动机运行性能好、振动小、噪声低、运行安全可靠、体积小、重量轻、维修简便，适用于拖动各种小功率负载空载起动场合，广泛用于风机、风扇、小型机械和家用电器中。国产电容运行单相异步电动机新型号主要为YY系列，旧型号主要有DO2、JX系列。电容运行单相异步电动机产品中常用的还有MY系列。该系列电动机采用铸铝外壳，极限工作温度分别达到130℃和155℃。总的来说，电容运行单相异步电动机功率一般都比较小。

电容运行单相异步电动机运行电容的容量一般远小于起动电容的容量。选配运行电容时，要求电容额定电压满足 $U_{CN} \geqslant U_m\sqrt{1+k^2}$（$U_m$ 为主绕组电压，k 为辅助绕组与主绕组的有效匝数比），运行电容一般耐压值为250V、400V（450V）、500V、600V（650V），允许容量差额为5%。一般运行电容选配关系见表2-2。

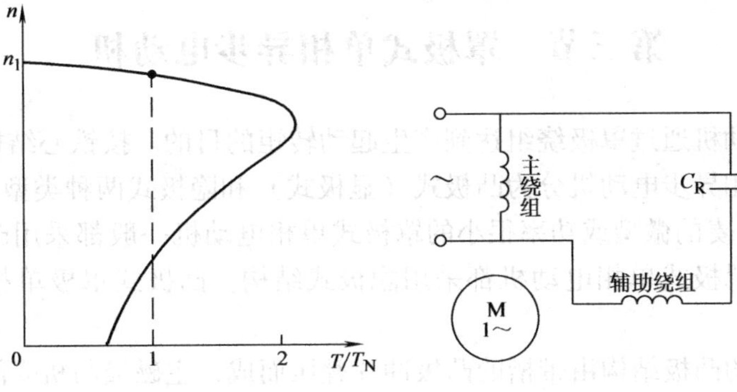

a)　　　　　　　　b)

图 2-6　电容运行单相异步电动机机械特性与接线

a) 机械特性　b) 接线

表 2-2　运行电容选配关系

电动机功率/W	10 以下	16~40	90~120	180	250
起动电容/μF	1	2	4	6	8

四、电容起动与运行单相异步电动机

电容起动与运行单相异步电动机综合了电容起动式和电容运行式单相电动机的优点。起动时，起动电容与运行电容并联，总电容量较大，使起动中的旋转磁场接近于圆形，因而具有较强的起动能力，起动转矩大且起动电流小；起动结束后，起动电容自电路中断开，在运行电容作用下，电动机可运行于近似圆形的旋转磁场环境中，使电动机具有良好的过载能力及运行的稳定性。

电容起动与运行单相异步电动机的机械特性和接线如图 2-7 所示。

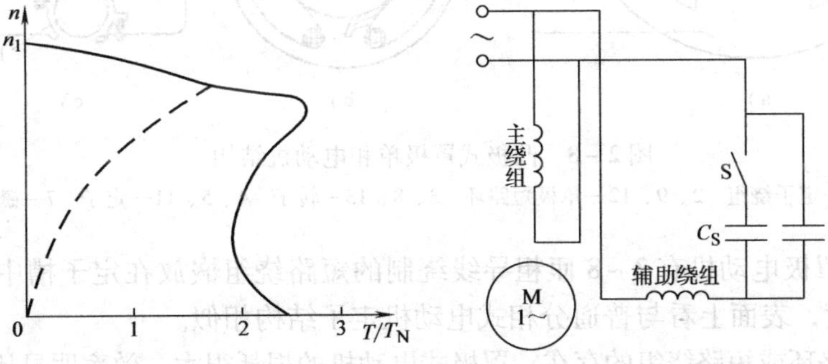

a)　　　　　　　　b)

图 2-7　电容起动与运行单相异步电动机的机械特性和接线

a) 机械特性　b) 接线

电容起动与运行单相电动机通常也被称为双值电容单相异步电动机，是一种比较理想的单相异步电动机。国产电容起动与运行单相异步电动机产品中，常用的主要有 YL、MC 和 ML 系列。YL 系列电动机为扇冷封闭式，适用于“220V　50Hz”条件下拖动各种小功率机械负载；MC、ML 系列单相电动机采用铸铝外壳，扇冷，性能好，噪声低，振动小，运行安全可靠。

第三节 罩极式单相异步电动机

罩极式单相电动机通过罩极绕组达到产生起动转矩的目的。按铁心结构或罩极绕组的特征，可将罩极式单相异步电动机分为凸极式（显极式）和隐极式两种类型。极数少（例如2极或4极）、结构紧凑的微型或功率很小的罩极式单相电动机一般都采用凸极式结构；功率与结构尺寸稍大的罩极式单相电动机都采用隐极式结构。凸极式罩极单相电动机结构如图2－8所示。

凸极式电动机的凸极结构由带槽的凸极冲片叠压而成，主磁极与机壳间安装集中绕组用于励磁。主磁极一侧1/3～1/2极面距离跨度的槽中嵌放罩极短路环，作用相当于辅助绕组，如图2－8所示。定子绕组通电励磁后产生穿过主要极面的脉振磁能 Φ_1，部分磁通与罩极短路环的感应磁通在罩极部分叠加构成 Φ_2。Φ_2 与 Φ_1 夹空间角度接近于90°电角度，在相位上落后于 Φ_1，于是满足了有关磁动势的空间分布与相位条件，可以合成旋转磁场。短路环通常只有1～2个，有效匝数很少，磁通 Φ_2 较弱，所以合成旋转磁场的椭圆率很大，反向分解磁场分量强，再加其他谐波磁场的作用，使电动机的性能指标很低，输出转矩小，过载能力差。由于 Φ_2 始终落后于 Φ_1 的变化，因此确定了转子按相同的方向旋转，不能像分相式电动机那样可根据需要而改变。

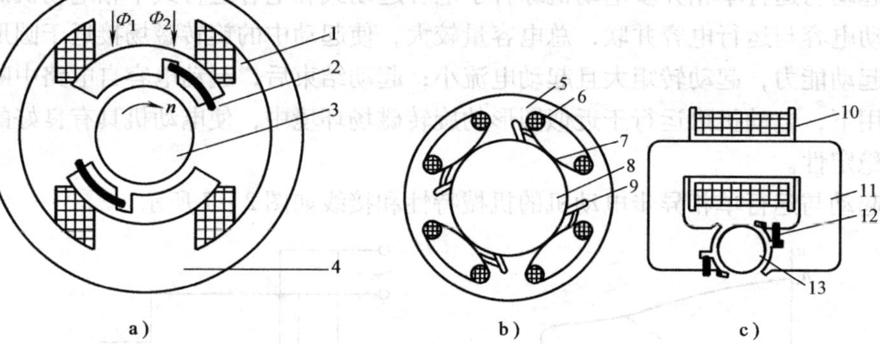

图2－8 凸极式罩极单相电动机结构

1、6、10—定子绕组 2、9、12—罩极短路环 3、8、13—转子 4、5、11—定子 7—磁分路片

隐极式单相罩极电动机有3～8匝粗导线绕制的短路绕组嵌放在定子槽中，与主绕组的夹角为90°电角度，表面上看与普通分相式电动机定子结构相似。

由于罩极短路环或短路绕组的存在，罩极式电动机的损耗很大，效率明显比其他种类的电动机低很多。同时，短路环或绕组中的强感应电流也使定子绕组电流相对较大，其起动性能与运行性能都比较差，在大椭圆率旋转磁场作用下，其机械特性软，抗负载波动能力差。为改善电动机性能，罩极式电动机产品中通常采用磁分路片改善磁场，或使用斜柄槽笼型转子。

罩极式电动机广泛用于拖动小功率机械（如电扇、小型风机、仪用风扇及一些小功率家用电器等）负载的空载或轻载起动，在工业上应用相对较少，但仍具有结构简单、成本低、适合于批量生产的优点。它也可以承受较长时间的过载，运行噪声低，电磁干扰相对较少。极小功率的罩极式电动机有SDS、SDR系列产品。

第四节 单相换向器式电动机

单相换向器式电动机结构相对简单，体积小，特性很软，但它的起动转矩很大，价格低廉，广泛用于各种要求起动转矩大或负载变化明显的场合，如电动工具、医疗器械、家用电器等。

单相换向器式交流电动机常采用串励励磁方式，也常称为单相串励电动机。其结构主要包括定子、转子、电刷换向器装置、端盖、机壳，部分产品还附带有齿轮减速机构。

单相换向器式电动机的定子和转子铁心一般由小磁阻硅钢片叠压而成。磁极采用凸极结构，定子绕组为集中绕组，匝数较少，电枢绕组采用单叠短距绕组，匝数较多。为改善换向性能，单相串励电动机大多将换向片与线圈元件的接线位置沿转子方向偏移一定距离。单相串励电动机原理如图 2－9 所示。其接线形式如图 2－10 所示。

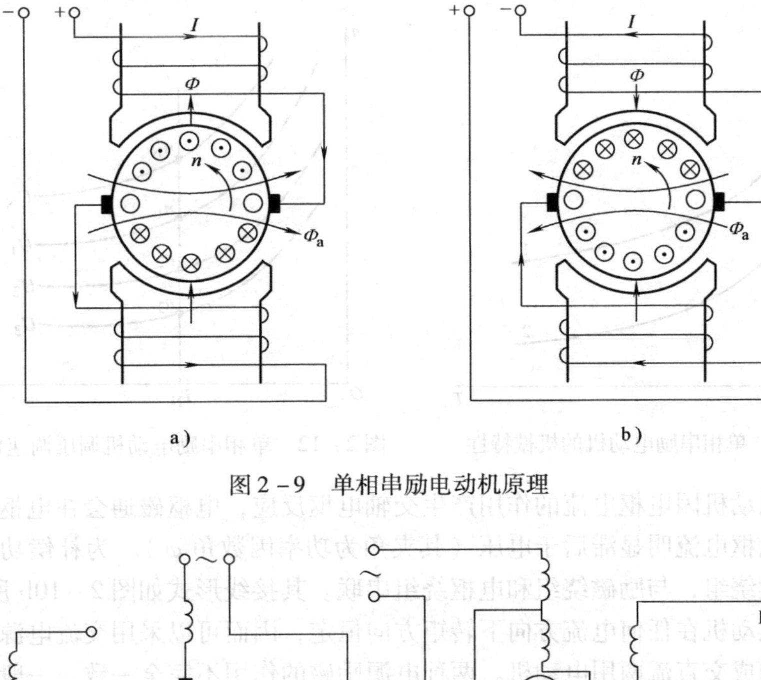

图 2－9 单相串励电动机原理

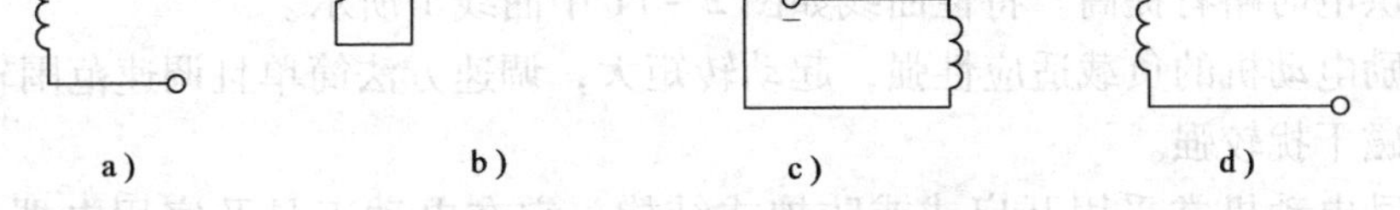

图 2－10 单相串励电动机接线形式

a) HC 系列电动机的接线 b) 加补偿绕组的接线 c) 交直流两用电动机的接线 d) 派生系列电动机的接线

无论电枢电流方向如何，单相串励电动机都能产生恒定转向的电磁转矩，其特性表达式为

$$n=\frac{\sqrt{2}}{C_e\Phi}\left[U\cos\varphi-\frac{\sqrt{2}(R_a+R_e)}{C_m\Phi}I_a\right]$$

式中 C_m、C_e——电磁转矩常数、电动势常数；

U——定子电压；

I_a——电枢电流；

R_a、R_e——电枢绕组及励磁绕组电阻；

Φ——每极磁通最大值；

$\cos\varphi$——电动机功率因数。

单相串励电动机的机械特性很软（如图 2－11 所示），负载稍有增加，电动机转速即有明显下降。

单相串励电动机的电磁转矩受电枢电流或励磁电压的影响较明显，恒转矩负载时可通过调节定子电压在较大范围内改变电动机转速。其调速特性如图 2－12 所示。

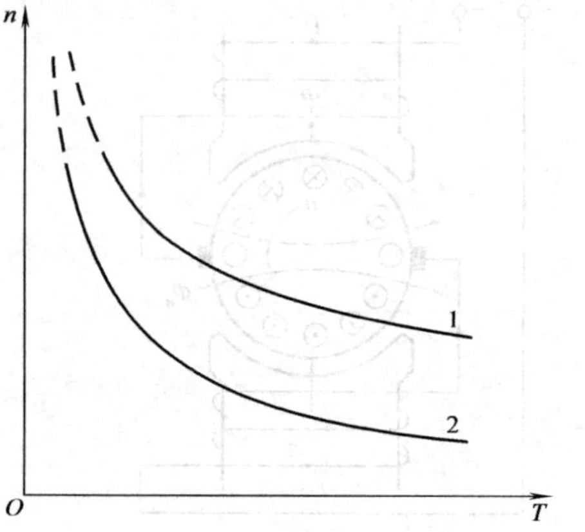

图 2－11 单相串励电动机的机械特性

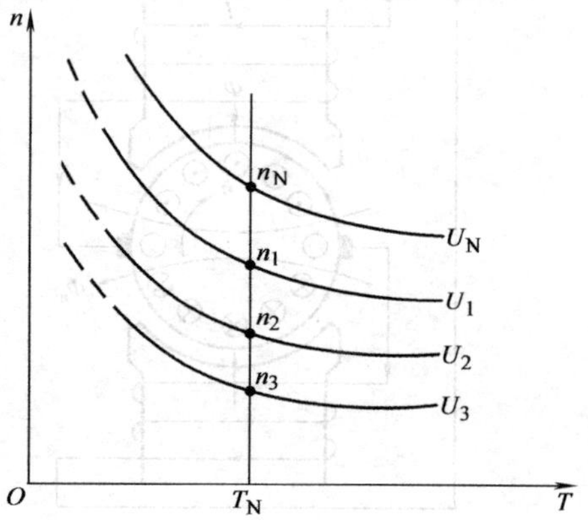

图 2－12 单相串励电动机调压调速机械特性

单相串励电动机因电枢电流的作用产生交轴电枢反应，电枢磁通会在电枢线圈中产生感应电动势，使电枢电流明显滞后于电压（其夹角为功率因数角 φ）。为补偿功率因数，有些电动机加装补偿绕组，与励磁绕组和电枢绕组串联。其接线形式如图 2－10b 所示。

单相串励电动机在任何电流方向下转矩方向恒定，因而可以采用交流电源也可以采用直流电源供电，构成交直流两用电动机。两种电源励磁的作用不完全一致，一般在交流励磁时励磁绕组匝数较少，直流励磁时使用匝数较多的绕组。其接线形式如图 2－10c 所示。部分交直流电动机也可加装补偿绕组并嵌放于磁极面的槽中，直流供电时，电动机转速及输出功率均比交流供电时略有提高。特性曲线如图 2－11 中曲线 1 所示。

单相串励电动机的负载适应性强，起动转矩大，调速方法简单且调速范围较宽，工作中噪声大，电磁干扰较强。

单相串励电动机常采用开启式或防护式结构，它在电动工具及家用电器（如手电钻、吸尘器、食品加工机、电动缝纫机等）中使用时常采用装入式结构。

常用的单相串励电动机主要为 HC 系列；交直流两用电动机有 SU 系列，还有 HC 系列派生的部分产品。HC 系列电动机的接线如图 2－10a 所示，派生系列电动机的接线如图 2－10d 所示。

第五节 单相异步电动机的调速控制

由于受到结构和工作原理方面的限制，单相异步电动机调速方法相对较少。常用的调速方法主要是变电压调速，例如外接电抗器调速、自耦变压器调速、晶闸管调速、抽头调速等；少数场合下也使用变极调速的多极单相异步电动机。下面主要介绍分相式单相异步电动机常见的调速方法及应用。

一、自耦变压器调速

采用自耦变压器调速时，不同的降压比例下单相电动机转速不同。这种调速方法适用于功率较大的单相异步电动机。单相电动机自耦变压器调速方案如图 2－13 所示。图 2－13a 所示电路在变电压时，电动机的主、辅助绕组电压变化比例相同，调速范围相对较小，调速时转矩变化明显，低压时电动机的起动能力差；图 2－13b 中，主绕组在调速时电压变化明显，调速范围稍大，机械特性软；图 2－13c 所示接线方式下，对应不同的转速起动绕组的电压不变，只需调整主绕组电压，电动机具有较强的性能。

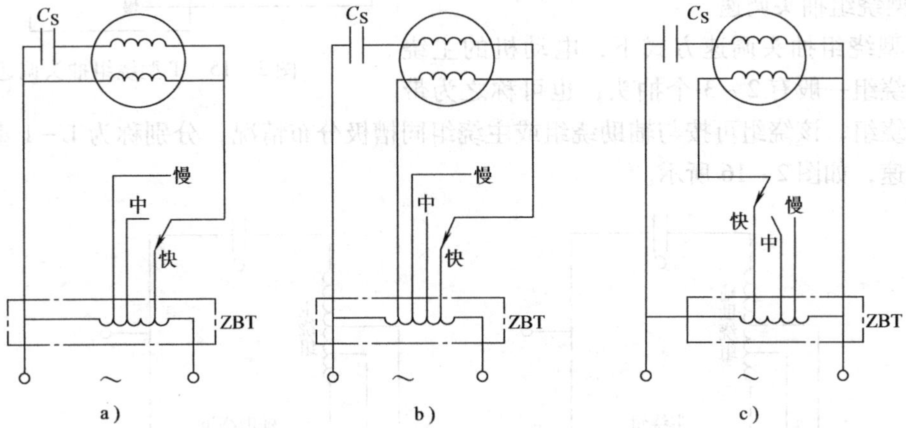

图 2－13 单相电动机自耦变压器调速方案

二、外接电抗器、电容器调速

外接电抗器、电容器调速如图 2－14 所示。这种调速方式是利用外接调速器中的电抗或电容作为分压元件的，在不同转速挡下分压不同，电动机转速也不相同。外接电抗器调速能耗较大；外接电容调速能耗小，低速起动性能好，总体功率因数较高。

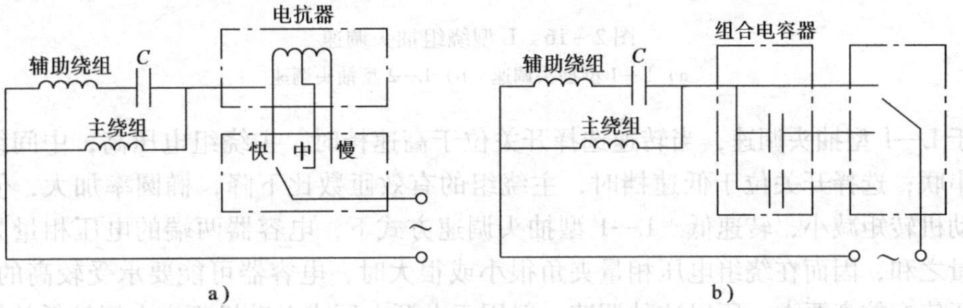

图 2－14 外接电抗器、电容器调速

三、抽头调速

定子绕组抽头调速利用抽头在不同换接方式下改变主、辅助绕组的有效匝数比，直接或间接地改变外电压在两绕组上的分配关系。这样可以调整单相电动机旋转磁场的强弱及其分布，从而改变电动机的运行转速。抽头调速相当于将外接的调速电抗器移至电动机内部。除了电动机接线较多、嵌放定子绕组不太方便外，抽头调速具有成本低、耗电少、使用简便等优点，多用于小功率2极或4极单相电动机中。

1. T型绕组抽头调速

采用T型绕组抽头调速的电动机的调速绕组与主绕组同槽嵌放，调速绕组、主绕组和辅助绕组之间作T型连接，由转速选择开关选择调速绕组接入电路的匝数，同时改变主绕组与辅助绕组上的电压值，如图2-15所示。T型绕组抽头调速时，不同转速下电动机的磁场强弱不同，但分布情况基本不变，电动机运行平稳，噪声小，低速起动时的转矩小。

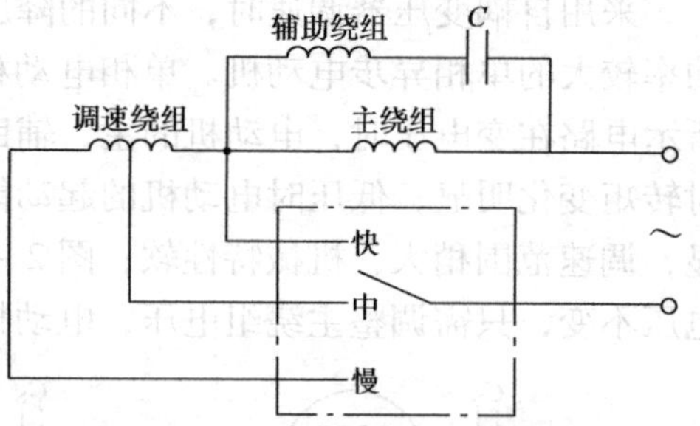

图2-15 T型绕组抽头调速

2. L型绕组抽头调速

在L型绕组抽头调速方式下，电动机的主绕组或辅助绕组一般有2~3个抽头，也可称之为带中间抽头绕组。该绕组可按与辅助绕组或主绕组同槽极分布情况，分别称为L—1型和L—2型抽头调速，如图2-16所示。

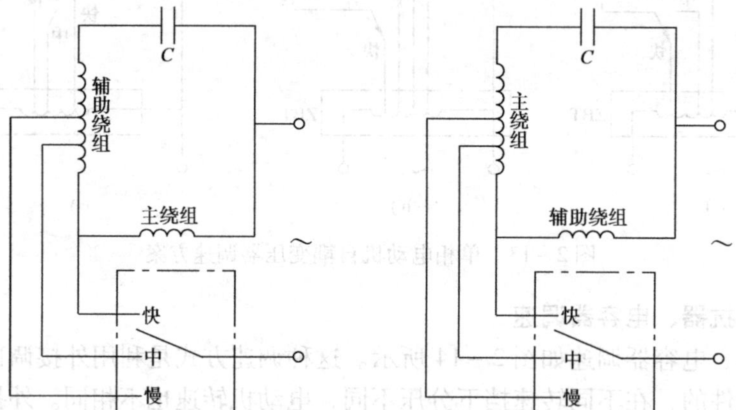

图2-16 L型绕组抽头调速

a）L—1型抽头调速 b）L—2型抽头调速

对于L—1型抽头调速，当转速选择开关位于高速档时，主绕组电压高，中间绕组与辅助绕组串联；选择开关位于低速档时，主绕组的有效匝数比下降，椭圆率加大，使磁场变弱，电动机转矩减小，转速低。L—1型抽头调速方式下，电容器两端的电压相量为各绕组电压相量之和，因而在绕组电压相量夹角很小或很大时，电容器可能要承受较高的电压值，对其耐压值有较高要求。所以这种调速一般用于电源电压或电动机额定电压较低的场合，如用在110V或更低交流电压条件下。L—2型抽头调速与L—1型抽头调速道理基本相同。

L型绕组抽头调速主要调整磁场的椭圆程度，辅以磁场强弱变化，其电能利用没有T型绕组抽头调速合理。定子绕组抽头调速常用于各种台扇、转叶扇及其他小功率高转速单相电动机中。

四、晶闸管调压调速

利用晶闸管导通的可控制性可以比较方便地调节电路电压或电流的波形，改变其等效电压值。这种调压方法可用于调节单相异步电动机转速。常见的小功率单相异步电动机晶闸管调压调速电路与波形如图2－17所示。

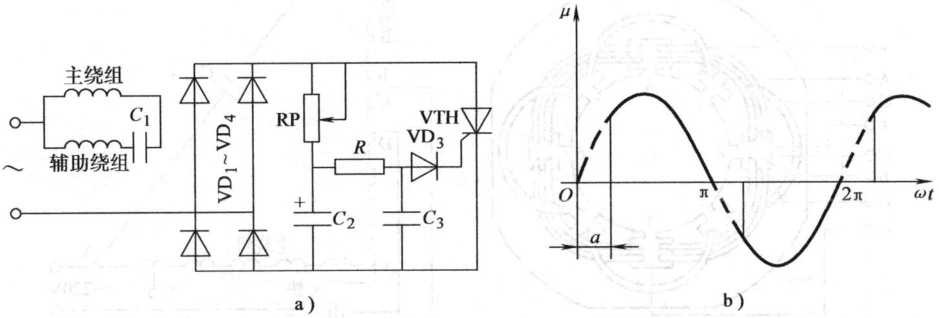

图2－17 小功率单相异步电动机晶闸管调压调速与波形

a）调速电路 b）电压波形

上述电子调速电路中，RP为调速电位器。RP阻值增大时，由RP、C_2和R、C_3构成的交流放电速度变慢，VD_5延迟导通，晶闸管VTH的触发延迟角加大，导通角减小，电动机获得的等效交流电压值下降，转速降低。这种调速方法电路简单，可以实现无级平滑调速。但电压波的突变特征包含了多种谐波成分，有较明显的电磁干扰，电动机的运行性能有所下降，损耗加大，效率降低，运行中（尤其是在低速运行状态下）有电磁噪声。

第六节 单相异步电动机的应用

单相异步电动机具有便于小批量生产、工作可靠、价格便宜、结构简单、使用和维护简便、适应性强等诸多优点，可广泛用于各种家用电器、小型工业与民用机械、电动工具、医疗设备、仪器仪表等产品或设备中。下面以单相异步电动机应用于日常生活中的常见实例加以简要说明。

一、通风换气用单相异步电动机

通风换气用单相异步电动机主要用于在较小的空间内加速空气对流或空气交换，以实现相应的散热降温、排气、换气，或辅助其他设备工作，包括风机、电风扇等。下面以电风扇为例介绍通风换气用单相异步电动机的应用。

电风扇的结构、类型各不相同，可作为单独的产品使用，也可作为与家用电器配套的散热部件使用，如台扇、吊扇、换气扇、转叶扇、微风扇、空调风扇、取暖器风扇等。大多数电风扇都采用电容运行式电动机拖动，少数功率很小的也有采用罩极式电动机来拖动的。风扇正常工作时，风量、风压和电动机功耗与电动机的转速分别有线性、二次方、三次方的变化关系。在设计和选配电动机时需要重点关注风量、功耗及噪声三个因素。

电风扇用单相异步电动机主要要求调速范围较宽，对其他要求不高，一般仅需要有 2 ~ 4 挡转速即可。采用外接电源、电容器调速或抽头调速较多。台扇电动机以 4 极为主。吊扇电动机极数较多，可达 12 ~22 极。图 2 –18 所示为 8 槽 4 极台扇电动机的定子绕组与接线（L—2 型调速，G 接指示灯）。

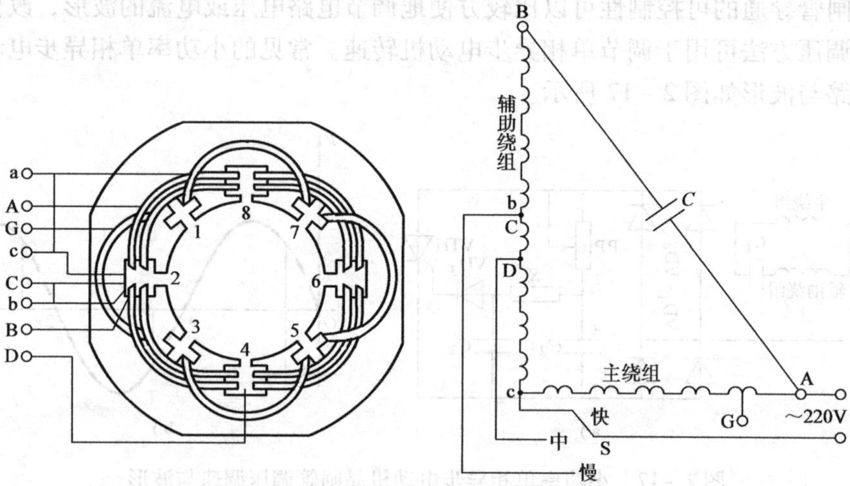

图 2 –18　8 槽 4 极台扇电动机定子绕组与接线

二、洗衣机用单相异步电动机

家用洗衣机可划分为滚筒式、波轮式两个主要的类型。波轮式洗衣机主要利用单相电容运行电动机拖动波轮旋转带动衣物和水流相互作用而工作，效率较高、价格便宜。滚筒式洗衣机利用电动机拖动沿水平轴线旋转的滚筒带动衣物和水流在垂直方向旋转而工作，洗涤效果好、功能多、省水，但耗电大、价格高。

波轮式洗衣机对电动机的一般要求是：运行可靠、噪声低，可频繁起动和正反转，具有较强的起动能力，使用、维护方便，价格便宜，易于批量生产。单、双缸及全自动洗衣机一般采用主、辅绕组同规格的电容运行式单相异步电动机驱动，功率一般在 90 ~500W。其正反转过程由定时器根据所选择的洗涤模式加以控制，主要是控制电动机的方向、起停与工作时间的组合，个别模式下也需要改变波轮的转速。转向控制时，定时器控制主、辅绕组轮流切换与电器的连接方式。主辅绕组采用 L 型接线方式居多。洗衣机电动机的转向控制电路如图 2 –19 所示。常用的电容运行式洗衣机电动机有 XD 系列（XDL、XDS）。

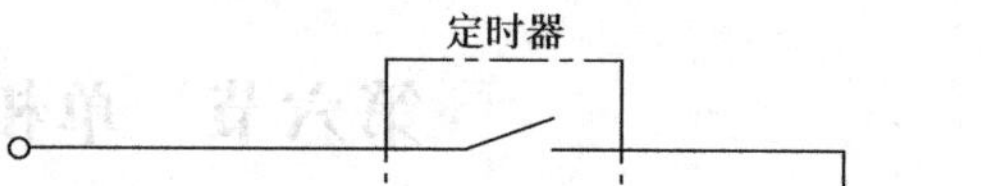

图 2 –19　洗衣机电动机的转向控制电路

三、泵用单相异步电动机

小型或微型泵是各行业中广泛应用的产品，常用的有潜水泵、清水泵、离心泵、化工泵、污水泵等多种。这些泵主要是由单相异步电动机或小功率三相异步电动机拖动的，由电动机、泵体和附属部件组成。以潜水泵为例，潜水泵包括电动机、水泵和密封3部分，电动机位于上部，干式结构，并在内部附有热保护开关，当电动机温升过高时可自动切断电源。潜水泵价格便宜，使用与维护简便，能满足一般家用和小规模排灌需要，主要有QD系列产品。

本章小结

单相异步电机运转时，有椭圆形旋转磁场，可以产生电磁转矩和输出机械功率；但在起动时，在脉振磁场作用下，没有起动转矩和没有固定的转向。因此单相异步电动机除主绕组外，还要设置辅助绕组。辅助绕组的磁动势与主绕组的磁动势在空间上和时间上有相位差，可以形成旋转磁场，产生起动转矩，并有确定的方向。

因为单相异步电动机运行时存在反转磁场和反转转矩，故与同功率的三相异步电动机相比，其效率低、体积大。但因其结构简单，只需单相电源，使用方便，所以在小功率异步电动机中得到广泛应用。

一般可将常用的单相异步电动机分为分相式和罩极式两大类。分相式异步电动机按起动和运行特征又可分为电阻起动式、电容起动式、电容起动与运行式、电容运行式4种类型，具有相对较大的起动转矩和过载能力。罩极式单相电动机体积和功率一般都较小，主要用于拖动小功率负载。

此外，较常用的单相电动机中还有换向器式电动机（单相串励电动机）。这种电动机装有电刷和换向器部件，转矩脉动性较强，低速运行时转矩较大，过载能力大，主要用于电动工具，如冲击电钻、吸尘器及电动扳手等。

对于分相式异步电动机，只需将主绕组或辅助绕组的两个进线端对调，就可以改变电动机的旋转方向；而对罩极式和换向器式单相电动机的转向是固定的，不能根据需要改变。

单相电动机常用的调速方法主要是变电压调速，例如自耦变压器调速、外接电抗器或电容器调速、晶闸管调速、抽头调速等。

复习思考题

1. 如何解决单相异步电动机的起动问题？
2. 如何改变单相电容电动机的转向？罩极式单相电动机的转向能不能改变？为什么？
3. 一台Y联结的笼型异步电动机轻载运行时，若一相引出线突然断掉，电动机能否继续运行？停下来后能否重新起动？
4. 以分相式单相异步电动机为例，说明其调速方法有哪些。
5. 作分相式单相异步电动机的修理。
6. 作台扇或转叶扇调速系统的修理。
7. 试设计一个小功率单相异步电动机晶闸管调压调速电路，并实际调试。

第三章　测速发电机

本章应知

1. 了解自动控制系统中对测速发电机性能特性和参数的要求。
2. 了解直流测速发电机的工作原理、结构和分类。
3. 了解交流同步测速发电机的结构、分类和工作原理。
4. 了解霍尔元件的性质。
5. 测量异步测速发电机线性误差和相位误差。
6. 了解霍尔效应测速发电机的工作原理。
7. 了解测速发电机作为测速元件的作用，了解测速发电机作为解算元件时的应用。

本章应会

1. 掌握测速发电机性能方面的测试。
2. 掌握直流测速发电机产生误差的原因和改进方法。
3. 掌握异步测速发电机产生误差的原因及改进方法，了解剩余电压的产生、危害及消除方法。
4. 掌握负载阻抗对输出特性的影响。
5. 掌握霍尔效应无刷直流测速发电机的工作原理。
6. 掌握实际的机床调试、检测。

第一节　测速发电机的作用和要求

测速发电机可将轴转速信号变换为电压输出，其输出电压与转速成正比，广泛用于速度调节自动控制系统中作为转速反馈元件。计算元件或阻尼元件对测速发电机的要求主要集中于特性和参数方面，具体包括以下几个方面：

1）输出电压应能在较大的范围内与转速之间保持线性关系。

2）输出电压对转速变化具有一定的敏感性。当轴转速发生较小幅度的改变时，测速发电机输出电压有明显的变化，电压变化量与转速变化量的比值较大且恒定。

3）电压—转速特性对称性强，正反向输出特性的一致性高。

4）输出电压误差小，受温度变化影响小，脉动成分小。

5）转动惯量小，动作迅速，运行平稳。

测速发电机总体可分为直流测速发电机和交流测速发电机两大类。直流测速发电机因换向的原因，结构相对复杂，价格比交流测速发电机高，其特性在一定程度上受换向影响。但直流测速发电机对转速变化敏感，无剩余电压，容易进行特性的温度补偿。交流测速发电机结构简单、特性对称一致性强、转动惯量小、阻尼作用小、精度高，但存在一定程度的剩余电压和相位误差，负载性质变化对特性影响较大。

第二节 直流测速发电机

直流测速发电机包括永磁式和他励式两种，其结构和工作过程与普通永磁或他励直流发电机相近。永磁式直流测速发电机采用永磁材料励磁，结构简单、使用方便，但在长时间使用过程中，永磁体磁性的衰减会使发电机的输出特性斜率下降，对转速变化的灵敏度下降。他励式直流测速发电机的特性则主要受可调节的励磁电流影响，因而在高精度系统中应用相对较多。

一、直流测速发电机的工作原理

直流测速发电机的工作原理与一般直流发电机相同，如图 3－1 所示。在恒定磁场中，电枢绕组旋转切割磁力线，并产生感应电动势。由电刷两端引出的电枢感应电动势为

$$E_a = nC_e\Phi = nK_e \tag{3-1}$$

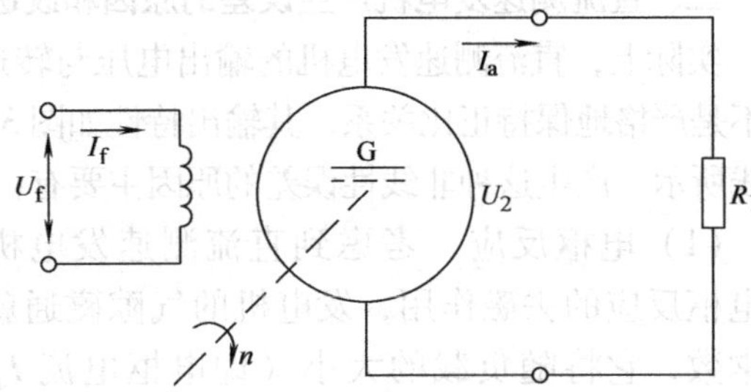

图 3－1 直流测速发电机工作原理

空载时，电枢电流 $I_a=0$，直流测速发电机的输出电压和电枢感应电动势相等，由式（3－1）可得，输出电压与转速成正比。

负载时，因电枢电流 $I_a \neq 0$，直流测速发电机的输出电压为

$$U_a = E_a - I_aR_a \tag{3-2}$$

式中 R_a——电枢回路的总电阻。它包括电枢绕组电阻、电刷和换向器之间的接触电阻。在理想情况下，若不计电刷和换向器之间的接触电阻，则 R_a 就为电枢绕组电阻。

带负载后，测速发电机的输出电压比空载时小，这是由电阻 R_a 的电压降造成的。

负载时电枢电流为

$$I_a = \frac{U_2}{R_L} \tag{3-3}$$

式中 R_L——测速发电机的负载电阻。

将式（3－3）代入式（3－2），可得

$$U_2 = E_a - \frac{U_2}{R_L}R_a \tag{3-4}$$

则测速发电机的输出电压为

$$U_2 = \frac{E_a}{1+\frac{R_a}{R_L}} \tag{3-5}$$

将式（3－1）代入式（3－5）可得

$$U_2 = \frac{K_e}{1+\frac{R_a}{R_L}}n = Cn \tag{3-6}$$

式中

$$C = \frac{K_e}{1 + \frac{R_a}{R_L}} \tag{3-7}$$

C 为测速发电机输出特性的斜率。在 R_a、Φ 及负载电阻 R_L 均为常数时，斜率 C 也就为常数。由式（3-6）可知，直流测速发电机负载时的输出特性仍是一族直线，如图 3-2 中实线所示。

从图 3-2 或式（3-7）中可看出，对于不同的负载电阻 R_L，测速发电机的输出特性的斜率也就不同，它将随负载电阻的减小而变小。

二、直流测速发电机产生误差的原因和改进方法

实际上，直流测速发电机的输出电压与转速之间并不是严格地保持正比关系，其输出特性如图 3-2 中虚线所示。产生这种非线性误差的原因主要有：

（1）电枢反应　考虑到直流测速发电机负载时电枢反应的去磁作用，发电机的气隙磁通就不再是常数，它将随负载的大小（即电枢电流 I_a 的大小）而改变，可以近似认为

$$\Phi = \Phi_0 - \Phi_{dem} \tag{3-8}$$

式中　Φ_0——空载时发电机的气隙磁通；

Φ_{dem}——电枢反应的去磁磁通。

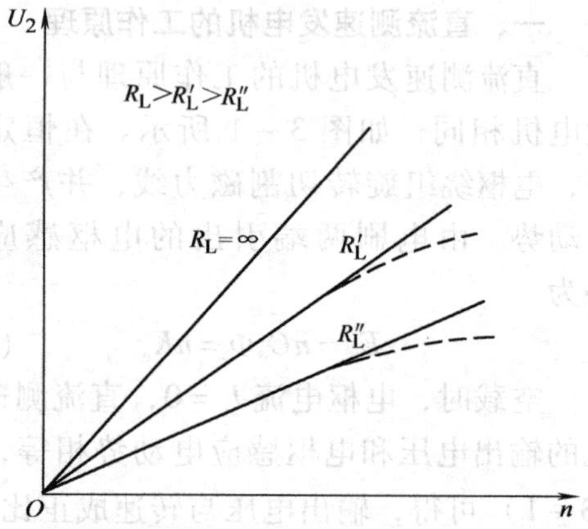

图 3-2　直流测速发电机的输出特性

负载时电枢绕组的感应电动势为

$$E_a = nC_e\Phi = nC_e(\Phi_0 - \Phi_{dem}) \tag{3-9}$$

假设负载时电枢的去磁磁通中 Φ_{dem} 与电枢电流成正比，即

$$\Phi_{dem} = K_1 I_a = K_1 \frac{U_2}{R_L} \tag{3-10}$$

式中　K_1——比例常数。

将式（3-10）代入式（3-9），则

$$E_a = nK_e - nC_e K_1 \frac{U_2}{R_L} \tag{3-11}$$

再把式（3-11）代入式（3-5），经整理后可得

$$U_2 = \frac{Cn}{1 + K\frac{n}{R_L}} \tag{3-12}$$

式中

$$K = \frac{C_e K_1}{1 + \frac{R_a}{R_L}} \tag{3-13}$$

将式（3-6）和式（3-12）比较可知，负载时由于电枢反应去磁作用的影响，它的输出电压 U_{2i} 已不再和转速 n 成正比。因式（3-12）的分母上存在 Kn/R_L 项，致使输出特性向下弯曲，如图 3-2 中虚线所示。

若以 U_{2i} 表示理想情况下的输出电压，考虑了电枢反应的去磁作用，输出电压所引起的

相对误差为

$$\Delta U=\frac{U_{2i}-U_2}{U_{2i}}=\frac{Cn-\dfrac{Cn}{1+Kn/R_L}}{Cn}=\frac{1}{1+\dfrac{R_L}{Kn}} \tag{3-14}$$

由式（3-14）可知，当 K、n 越小和 R_L 越大时，输出电压的相对误差 ΔU 就越小。

为改善输出特性，必须削弱电枢反应的去磁影响，尽量使发电机的气隙磁通保持不变。通常可以采取下列措施：

1）对电磁式直流测速发电机，可以在定子磁极上安装补偿绕组。

2）在设计时，应选取较小的线负荷，并适当加大发电机的气隙。

3）在使用时，负载电阻不应小于规定值。

（2）电刷接触压降　设电刷的接触压降为 ΔU_b，则输出电压为

$$U_2=E_a-I_aR_a-\Delta U_b=K_en-\frac{U_2}{R_L}R_a-\Delta U_b$$

$$U_2=\frac{K_e}{1+\dfrac{R_a}{R_L}}n-\frac{\Delta U_b}{1+\dfrac{R_a}{R_L}}=Cn-\frac{C}{K_e}\Delta U_b \tag{3-15}$$

由于电刷接触电阻的非线性，当发电机转速较低时，相应电枢电流也较小，电刷接触电阻较大，这时测速发电机的输出电压变得很小。只有当转速较高，电枢电流较大时，电刷电压降才可以认为是常数。考虑电刷接触电压降的影响，直流测速发电机的输出特性如图3-3所示。在转速较低时，发电机的输出特性上出现一个不灵敏区，即在这一转速范围内，测速发电机虽有输入信号（转速），但输出电压甚低。

为了减小电刷接触电压降的影响，即缩小不灵敏区，在直流测速发电机中常采用接触电压降较小的铜-石墨电刷。在高精度直流测速发电机中也有采用铜电刷的，并在它与换向器相接触的表面上镀有银层。

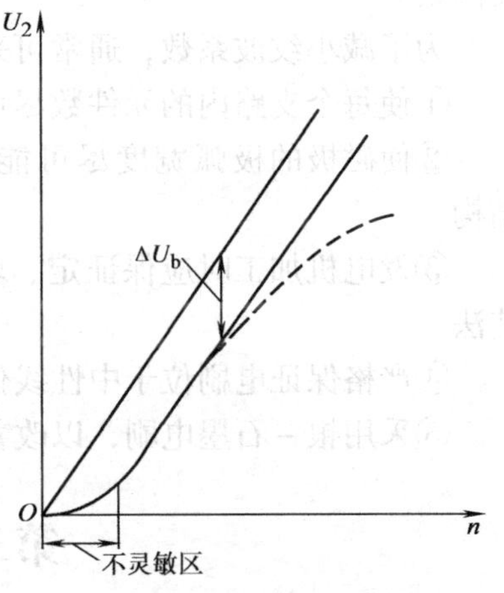

图 3-3　考虑电刷接触电压降后直流测速发电机的输出特性

考虑电枢反应和电刷接触电压降的影响后，直流测速发电机的输出特性应如图 3-3 中的虚线所示。它在低速时，存在不灵敏区；转速较高时，又向下弯曲。

（3）温度的影响　在电磁式直流测速发电机中，因励磁绕组中长期通过电流而发热，它的电阻值随之增大致使励磁电流减小，由此引起发电机气隙磁通 Φ_0 下降，并导致电枢绕组的感应电动势和输出电压减小。计算表明，铜绕组温度每升高 25℃，其电阻值相应增大 10%。所以，铜绕组温度的变化，对电磁式直流测速发电机输出特性会有较大的影响。

为了减小温度对励磁电流的影响，实际使用时可在直流测速发电机的励磁绕组回路中串联一个较大电阻值的附加电阻。附加电阻可用温度系数较低的康铜或锰铜材料制成。这样当励磁绕组温度升高时，它的电阻值虽有增加，但励磁回路的总电阻值却变化甚微，

励磁电流几乎不变。采用附加电阻后，相应励磁电源的电压也需增高，励磁功率就随之增大。

此外，设计时也可使用发电机磁路处于较饱和状态，这样即使励磁电流有较大的变化，发电机的气隙磁通却变化甚小。

（4）纹波影响　直流测速发电机因换向片数是有限的，电枢绕组电动势是每一支回路中有限个元件感应电动势的叠加，因此输出电压是脉动的，如图3-4所示。直流测速发电机输出电压脉动的大小通常用波纹系数来衡量，它是指发电机在一定转速下，输出电压交变分量的有效值与输出电压的直流分量之比。输出电压中的交变分量对于测速发电机用于速度反馈和加速度反馈系统是很不利的，特别是在高精度的解算装置中更是不允许的。

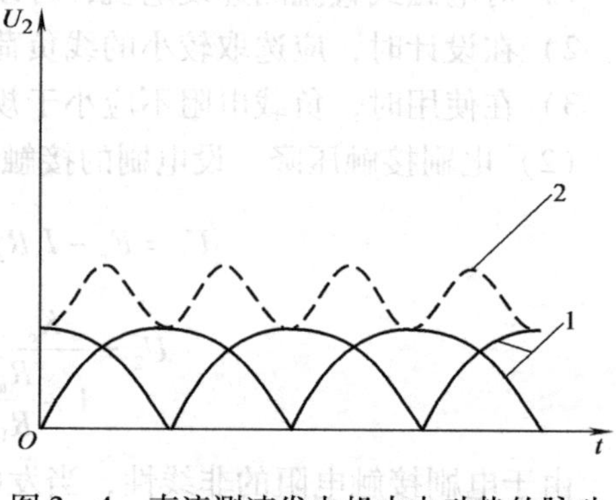

图3-4　直流测速发电机中电动势的脉动
1—元件电动势波形　2—合成电动势波形

引起电压脉动的因素很多，一般可大致归纳为4类：

1）直流测速发电机速度的变化。输出电压中，交变分量的幅值和频率均与发电机的转速有关，并随转速的升高而增大。对于电磁式直流测速发电机来说，还有励磁电源电压变化的影响。

2）由于发电机换向器表面粗糙，与电刷接触不良引起的电刷跳动。

3）换向的影响。

4）设计、工艺和材料方面的原因，如每个支路内的元件数、齿槽效应、气隙不均匀、铁心材料的导磁性能各向相异等。其中后两项是主要因素。

为了减小纹波系数，通常可采用以下一些措施：

①使每个支路内的元件数尽可能多，并为奇数。

②使磁极的极弧宽度尽可能为整数倍电枢齿距。此外还可以采用磁极桥和电枢斜槽结构。

③发电机加工时应保证定、转子的同轴度，尽量减小椭圆率。铁心叠片可采用旋转叠装法。

④严格保证电刷位于中性线位置，并减小电刷的宽度，以减小气隙磁通的变化。

⑤采用银-石墨电刷，以改善电刷和换向器的滑动接触。

第三节　交流测速发电机

交流测速发电机可分为同步测速发电机和异步测速发电机两大类。

一、同步测速发电机

同步测速发电机又可分为永磁式、感应子式和脉冲式3种。永磁式交流测速发电机实质上就是一台单相永磁转子同步发电机，定子绕组感应的交变电动势大小和频率都随着输入信号（转速）的变化而变化，即

$$\begin{cases} f=\dfrac{pn}{60} \\ E=4.44fNK_{\mathrm{W}}\Phi_{\mathrm{m}}=4.44\dfrac{p}{60}NK_{\mathrm{W}}\Phi_{\mathrm{m}}n=K'n \end{cases} \tag{3-16}$$

式中　K'——常系数，其表达式为 $4.44\dfrac{p}{60}NK_{\mathrm{W}}\Phi_{\mathrm{m}}$ 单位为 $\mathrm{V/(r\cdot min^{-1})}$；

p——发电机极对数；

N——定子绕组每相匝数；

K_{W}——定子绕组基波绕组系数；

Φ_{m}——发电机每极基波磁通的幅值。

永磁式交流测速发电机，因感应电动势的频率随转速而改变，致使发电机本身的阻抗及负载阻抗均随转速变化，因此这种测速发电机的输出电压不再与转速成正比关系。尽管永磁式交流测速发电机的结构简单，又没有滑动接触，但仍不适用于自动控制系统，通常只是作为指示式转速计。

感应子式测速发电机和脉冲式测速发电机的工作原理基本相同，都是利用定、转子齿槽位置相对变化而使输出绕组中的磁通发生脉动，从而感应出电动势。它和永磁式同步测速发电机一样，因电动势的频率随转速变化，致使负载阻抗和发电机本身的阻抗均随转速的变化而变化，所以也不宜在自动控制系统中用作为交流测速发电机。将感应子式测速发电机和整流、滤波电路结合后，可作为一台性能良好的直流测速发电机应用，但其直流输出电压的极性是由整流电路决定的，与发电机转子的转向无关。

脉冲式测速发电机是以脉冲频率作为输出信号的。其特点是输出信号的频率相当高，即使在较低的转速下也能输出较多的脉冲数。它适用于速度较低的调节系统，如鉴频锁相的速度控制系统。

二、异步测速发电机

异步测速发电机的结构和两相伺服电动机相像，目前在自动控制系统中广泛应用的是空心杯型转子异步测速发电机。空心杯转子结构形式可使测速发电机输出特性有较高的精度，又因其转子的转动惯量较小，能够满足系统快速性的要求。同时为了获得较好的线性输出特性并使其性能稳定，其转子电阻要比空心杯型两相伺服电动机更大。空心杯转子异步测速发电机通常由电阻率较大和温度系数较低的材料制成，如磷青铜、锡锌青铜、硅锰青铜等。我国生产的这种测速发电机的型号为CK。

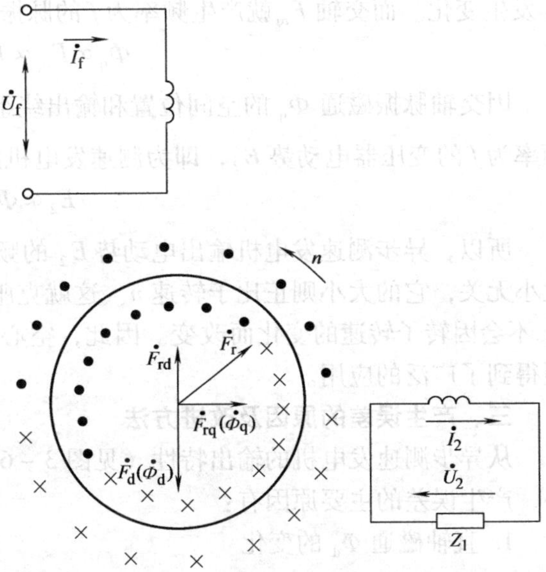

图 3-5　空心杯型转子异步测速发电机的工作原理

空心杯型转子异步测速发电机的工作原理如图 3-5 所示。定子两相绕组应在空间位置上严格保持90°电角度，其中一相作为励磁绕组，施加恒频恒压的交流电源励磁；另一相作为输出绕组，其两端的电压则为测速发电机的输出电压 U_2。

当发电机的励磁绕组施加恒频恒压的交流电源 $\dot{U}_f$ 时，便有电流 $\dot{I}_f$ 通过绕组，产生以电源频率 f 脉振的磁动势 $\dot{F}_d$ 和相应的脉振磁通 $\dot{\Phi}_d$。磁通 $\dot{\Phi}_d$ 在空间按励磁绕组轴线方向（称为直轴 d）脉振。

转子不动（$n=0$）时，直轴脉振磁通只能在空心杯型转子中感应出变压器电动势，因输出绕组的轴线和励磁绕组轴线空间位置相差 90°电角度，它与直轴磁通并不匝链，故不产生感应电动势，输出电压为零。

转子转动后，即 $n\neq0$，转子切割直轴磁通 $\dot{\Phi}_d$，并在转子杯中产生感应电动势 $\dot{E}_r$，在图 3－5 所示瞬间，转子杯上电动势 $\dot{E}_r$ 的方向如图中外圈的符号所示。由于直轴磁通 $\dot{\Phi}_d$ 为交变磁通，电动势 $\dot{E}_r$ 亦为交变电动势，其交变频率即为磁通 $\dot{\Phi}_d$ 的脉振频率 f。它的大小应为

$$E_r = C_2 n \Phi_d \tag{3-17}$$

式中　C_2——常数；

Φ_d——d 轴每极磁通的幅值。

若磁通 Φ_d 恒定时，电动势 E_r 就与转子的转速 n 成正比关系。

因转子杯为短路绕组，电动势 $\dot{E}_r$ 就在转子杯中产生短路电流 $\dot{I}_r$，电流 $\dot{I}_r$ 为频率 f 的交变电流，其大小正比于电动势 $\dot{E}_r$。若考虑到转子杯中漏抗的影响，电流 $\dot{I}_r$ 将在时间相位上滞后电势 $\dot{E}_r$ 一个电角度。在同一瞬间，转子杯中电流的方向如图 3－5 中内圈符号所示。

转子杯中的电流 $\dot{I}_r$ 产生脉振磁动势 $\dot{F}_r$，其脉振频率也为 f，而它的大小则正比于电动势 $\dot{E}_r$。磁动势 $\dot{F}_r$ 在此瞬间的空间方向如图 3－5 所示。磁动势 $\dot{F}_r$ 可分解为两个空间分量，即直轴磁动势 $\dot{F}_{rd}$ 和交轴磁动势 $\dot{F}_{rq}$。其中直轴磁动势 $\dot{F}_{rd}$ 将影响励磁磁动势 $\dot{F}_d$，使励磁电流 $\dot{I}_f$ 发生变化。而交轴 $\dot{F}_{rq}$ 就产生频率为 f 的脉振磁通 $\dot{\Phi}_q$，且

$$\Phi_q \propto F_{rq} \propto F_r \propto E_r \propto n$$

因交轴脉振磁通 $\dot{\Phi}_q$ 的空间位置和输出绕组的轴线方向一致，它将在输出绕组中感应出频率为 f 的变压器电动势 $\dot{E}_2$，即为测速发电机的输出电动势，则

$$E_2 \propto \Phi_q \propto n$$

所以，异步测速发电机输出电动势 $\dot{E}_2$ 的频率即为励磁电源的频率 f，而与转子转速 n 的大小无关，它的大小则正比于转速 n。这就克服了同步测速发电机存在的缺点，使负载阻抗 Z_1 不会因转子转速的变化而改变。因此，空心杯型转子异步测速发电机在自动控制系统中便得到了广泛的应用。

三、产生误差的原因及改进方法

从异步测速发电机的输出特性（见图 3－6）可以看出，输出电压和转速并不成正比关系，产生误差的主要原因有：

1. 直轴磁通 Φ_d 的变化

由于转子旋转切割直轴磁通 $\dot{\Phi}_d$ 后，将在发电机中产生交轴磁动势 $\dot{F}_{rq}$，并建立交轴磁

场 $\dot{\Phi}_d$；又转子旋转切割交轴磁场 $\dot{\Phi}_q$ 产生直轴磁势，将使励磁绕组的电流 $\dot{I}_f$ 发生变化。当励磁绕组施加恒频恒压交流电源 $\dot{U}_f$ 时，电流 $\dot{I}_f$ 的变化将引起励磁绕组漏阻抗电压降的改变，使直轴磁通 $\dot{\Phi}_d$ 也随之变化，破坏了输出电压与转子转速的正比关系。通常是采用增大转子电阻的方法来减小输出电压的误差。

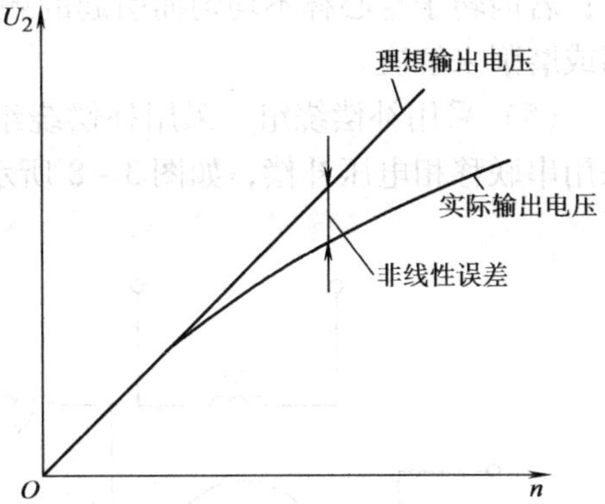

图 3－6　异步测速发电机的输出特性

此外，增高测速发电机励磁电源的频率 f，即增大异步测速发电机的同步转速 n_s，对于一定的转速 n，则其相对转速将减小，进而减小输出电压的误差。故异步测速发电机大都采用 400Hz 的中频励磁电源。

2. 剩余电压

当测速发电机由恒频恒压的交流电源励磁，且发电机的转速为零时，仍有一个很小的输出电压，称之为剩余电压。它的存在使输出特性曲线不再从坐标原点开始。剩余电压对输出特性的影响如图 3－7 所示。

异步测速发电机输出电压中的剩余电压会给系统带来不利的影响。剩余电压的基波同相分量可以成为假信号输入放大器，使系统产生误动作；剩余电压的基波正交分量及高频分量又能使高增益放大器饱和，以致发热，使放大倍数受到影响，从而使随动系统的灵敏度降低。通常采用如下一些措施，以减小异步测速发电机的剩余电压。

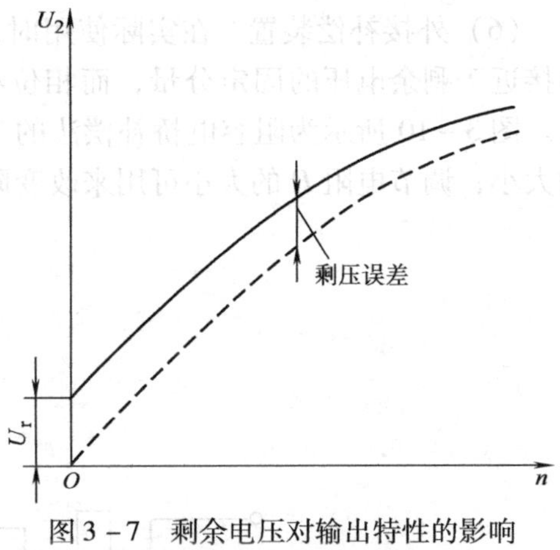

图 3－7　剩余电压对输出特性的影响

（1）选用较低的铁心磁通密度　选用较低的铁心磁通密度降低磁路的饱和度，从而使剩余电压的高频分量也相应减小。

（2）采用单层集中绕组和可调铁心结构　因单层集中绕组每极下只有一个线圈，容易保证磁路对称，且不会因匝间短路而引起椭圆形磁场，使剩余电压的旋转分量和变压器分量都可以减小。通常还将输出绕组和励磁绕组分别放置在内、外定子铁心上，并选取外定子铁心的齿数为内定子铁心齿数的偶数倍，构成“无磁耦合”结构。这样励磁绕组产生的磁通仅能通过内定子的齿部，并不与输出绕组匝链，故剩余电压也随之降低。

此外，采用内定子铁心相对于外定子铁心位置可调的结构，利用人为的电磁不对称性来补偿原来发电机中的电磁不对称，使剩余电压明显减小。

（3）定子铁心采用旋转叠装法　即采用每张冲片错过一个齿槽的旋转叠装法，以保证铁心的导磁性能各向同性。在选用导磁材料时，选取磁导率均匀、比损耗小的材料，如在高精度测速发电机中就采用铁镍软磁合金片。

（4）修补定子铁心和转子空心杯　在异步测速发电机中，还可在定子铁心上开沟槽和修正槽口等补偿措施来校正原有发电机中存在的磁路不对称性，以减小剩余电压的固定分量；若因转子空心杯不均匀而引起的剩余电压交变分量，也可通过对转子空心杯进行局部修刮或磨削来解决。

（5）采用补偿绕组　采用补偿绕组可以有效地降低剩余电压的固定分量。补偿电路可采用串联移相电压补偿，如图 3－8 所示；或采用磁通补偿，如图 3－9 所示。

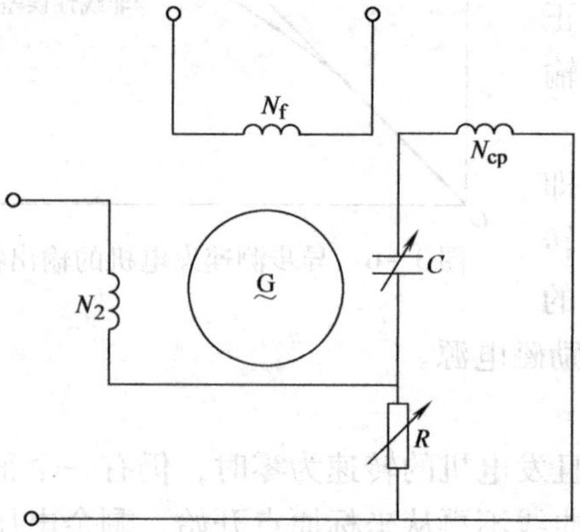

图 3－8　串联移相电压补偿

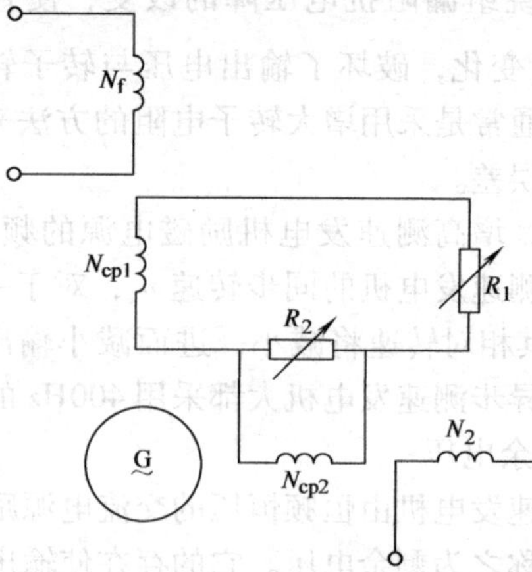

图 3－9　磁通补偿

（6）外接补偿装置　在实际使用时，还可以采用外接补偿装置，它产生的附加电压大小接近于剩余电压的固定分量，而相位相反。这种补偿方法可使剩余电压减小到只有几毫伏。图 3－10 所示为阻容电桥补偿法的工作原理。调节电阻 RP 的大小可用来改变附加电压的大小；调节电阻 R 的大小可用来改变附加电压的相位，以达到有效补偿剩余电压的目的。

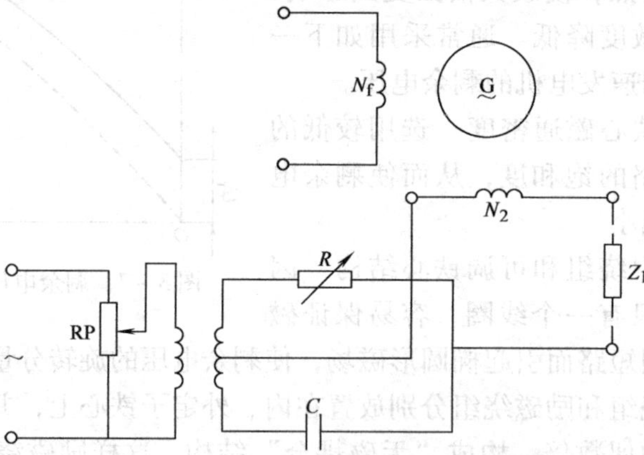

图 3－10　阻容电桥补偿法工作原理

3. 励磁电源和温度变化的影响

异步测速发电机的输出特性还与励磁电源电压的大小以及频率和波形有关，为此在使用时应对励磁电源有严格的要求，即电压的波形应是正弦波，且必须恒压恒频。

温度变化也会使异步测速发电机输出特性的斜率发生改变，这是因温度变化会使励磁绕组的电阻和空心杯型转子的电阻值改变。为此，空心杯应选用电阻温度系数较小的材料。在实际使用时，也采用环境温度控制和温度补偿等措施，以有效地消除或削弱因温度改变而引起输出特性的变动。

四、负载阻抗对输出特性的影响

1）当异步测速发电机的转速一定，且负载阻抗足够大时，负载阻抗的变化对输出电压的影响较小。

2）当输出绕组接以电阻—电容负载时，阻抗值的改变对输出电压值的影响可以互相补偿，即可以调整到输出电压值几乎不受负载变化的影响，但不能补偿输出电压相位移的偏差。

3）为了补偿输出电压相位移的改变，可以选用电阻—电感负载。此时二者对输出电压相位移的影响正好互相补偿，但对输出电压值的变化却不能进行补偿。

是对输出电压的大小进行补偿还是对其相位移进行补偿，应根据系统的需求确定，一般主要是补偿负载变动所引起的输出电压大小的变化。

五、异步测速发电机的线性误差和相位误差

异步测速发电机的输出特性，严格来说是非线性的，其非线性度在工程上用线性误差来表示。

线性误差是指测速发电机安装在规定的温升散热板上，与驱动电动机可靠地同心连接，在额定励磁条件下，输出绕组开路，发电机在最大线性工作转速范围内，以补偿点转速时的输出电压为基准电压时，输出电压与理想输出电压之差与最大理想输出电压的比值。

线性误差计算原理如图 3－11 所示。线性误差 Δu 按下式计算

$$\Delta u=\frac{|\Delta U_{m}|}{U'_{2m}} \tag{3-18}$$

式中 $|\Delta U_{m}|$——发电机实际输出特性与理想输出特性的最大偏差的绝对值；

U'_{2m}——最大理想输出电压，$U'_{2m}=\frac{n_{m}}{n_{cp}}U_{2cp}$。

50Hz 的异步测速发电机的补偿点转速 $n_{cp}=1500\text{r/min}$；最大线性工作转速 $n_{m}=1800\text{r/min}$。

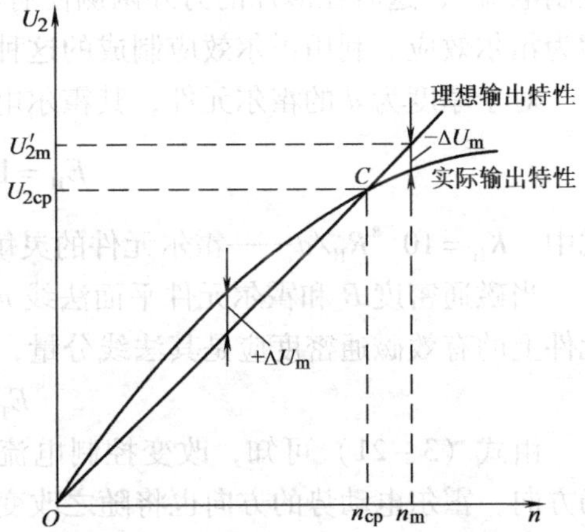

图 3－11 线性误差计算原理

对 400Hz 的测速发电机有同相线性误差的要求。同相线性误差是指测速发电机安装在规定的温升散热板上，与驱动电动机可靠地同心连接，在额定励磁条件下，输出绕组开路，发电机在最大线性工作转速范围内，以补偿点转速时的输出电压基波分量为基准电压，输出电压基波同相分量与理想输出电压之差与最大理想输出电压的比值。

同相线性误差计算原理如图 3－12 所示。同相线性误差 ΔU_{s} 按下式计算

$$\Delta U_{s}=\frac{|\Delta U_{m}|}{U'_{2sm}} \tag{3-19}$$

式中 $|\Delta U_{m}|$——发电机实际输出特性与理想相同输出特性的最大偏差的绝对值；

U'_{2m}——最大理想输出电压，$U'_{2sm}=\frac{n_{m}}{n_{cp}}U_{2scp}$。

400Hz 的异步测速发电机其补偿点转速 $n_{cp}=3000\mathrm{r/min}$；最大线性工作转速 $n_m=3600\mathrm{r/min}$。

异步测速发电机正、反转线性误差和同相线性误差均应符合标准要求。

自动控制系统希望测速发电机的输出电压和励磁电压同相位。实际上，测速发电机的输出电压和励磁电压之间总存在着位移（见图 3－13），并且相位移的大小还随着转速的不同而改变。测速发电机的输出相位移是指补偿点输出电压基波分量与励磁电压之间的相位移 φ_{cp}。将输出电压基波分量和励磁电压之间的最大超前相位移和最大滞后相位移的绝对值之和确定为相位误差。

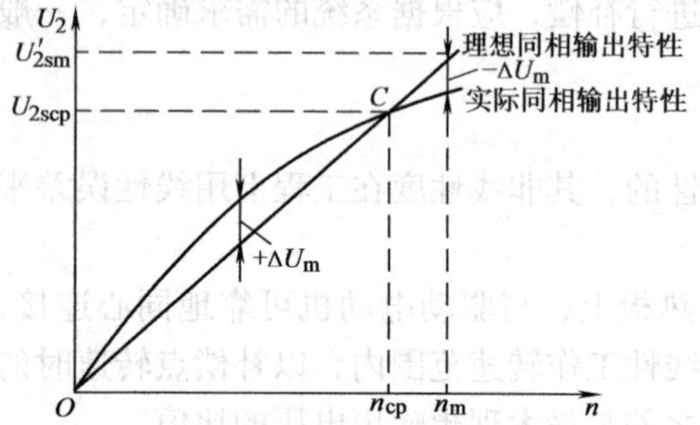

图 3－12 同相线性误差计算原理

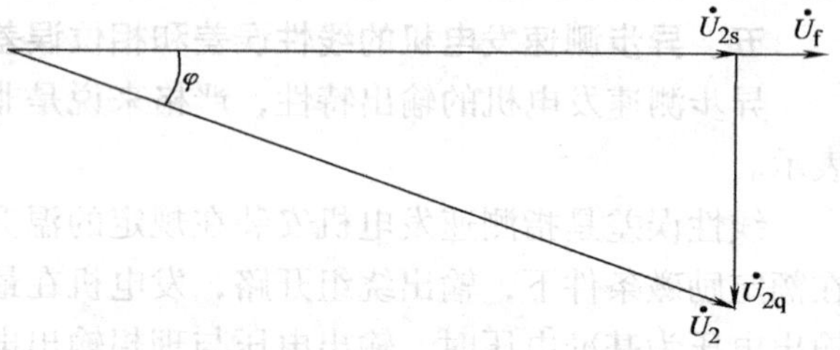

图 3－13 输出电压和励磁电压之间的相位移

第四节 霍尔效应与测速发电机

一、霍尔元件

将一块矩形的半导体薄片放置在磁场中（见图 3－14），并在薄片的两侧通入电流（即控制电流），这时在薄片的另外两侧便有电动势输出，此电动势称为霍尔电动势，这一效应称为霍尔效应。利用霍尔效应制成的这种有电压输出的半导体磁电元件，即为霍尔元件。

对于厚度为 d 的霍尔元件，其霍尔电动势可按下式计算

$$E_H=10^{-8}R_H\frac{IB}{d}=K_HIB \tag{3-20}$$

式中 $K_H=10^{-8}R_H/d$——霍尔元件的灵敏度，是由半导体材料的性质和厚度所决定。

当磁通密度 B 和霍尔元件平面法线 n 之间有夹角 θ 时（见图 3－15），这时实际作用在元件上的有效磁通密度应是其法线分量，即为 $B\cos\theta$，则霍尔电动势为

$$E_H=K_HIB\cos\theta \tag{3-21}$$

由式（3－21）可知，改变控制电流方向或磁场方向，霍尔电动势的方向也将随之改变。

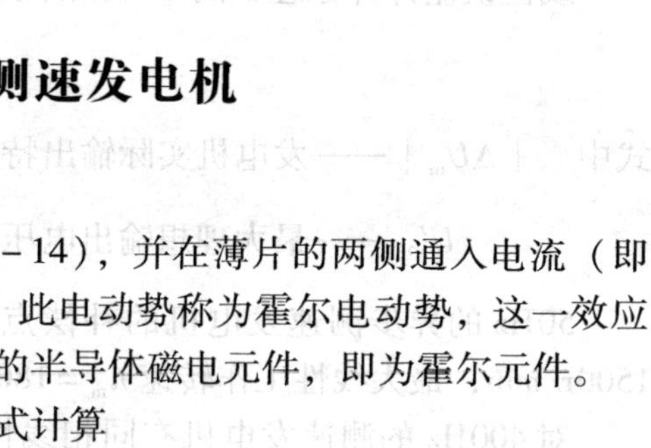

图 3－14 霍尔效应工作原理

图 3－16 所示为霍尔元件组成的基本电路，控制电流 I 由电源 E 供给，调节电阻 R 的大小可获得合适的控制电流值。霍尔元件的输出端可接负载，如电阻或放大器的输入端等。当磁场通过霍尔元件，在磁场和控制电流的共同作用下，负载两端便出现电压。若控制电流为直流而磁场为脉振磁场，

则霍尔电动势为交流电动势。

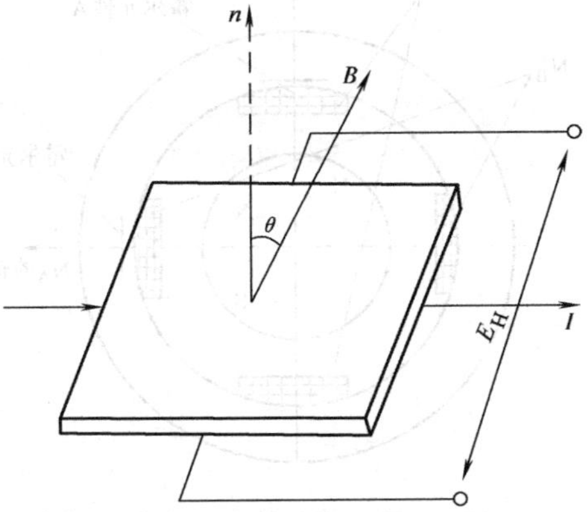

图 3-15 磁场与元件平面法线之间夹角为 θ 时的霍尔电动势

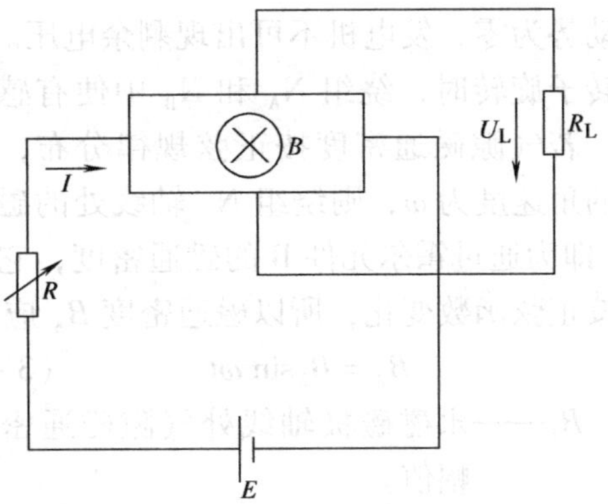

图 3-16 霍尔元件的基本电路

二、霍尔效应测速发电机

霍尔效应测速发电机的结构如图 3-17 所示。它由永磁的内定子、导磁材料做成的外定子和空心杯型转子组成。外定子沿永磁磁极的轴线方向分为两半，在缝隙中放置霍尔元件。霍尔元件的控制电流可以是交流，也可以是直流，由系统对输出电压的要求而定。

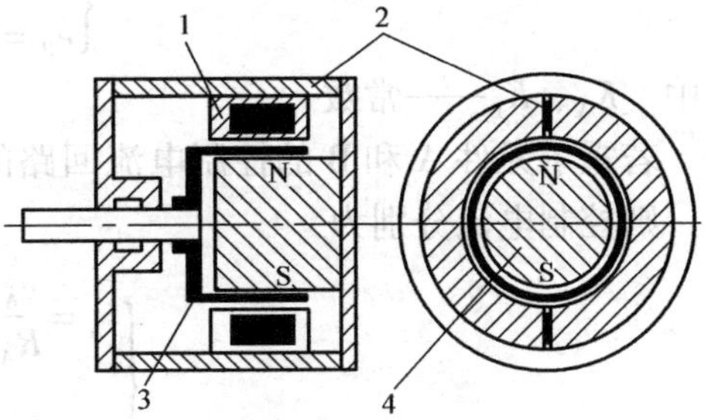

图 3-17 霍尔效应测速发电机的结构

1—外定子 2—霍尔元件

3—空心杯型转子 4—永磁内定子

转子不转时，调整内、外定子的相对位置使通过霍尔元件的磁通密度 B 为零，霍尔元件的输出电压也为零。

当转子旋转时，空心杯型转子将切割永磁磁极的磁通，并产生感应电动势 E_r。和异步测速发电机的工作原理一样，由感应电动势 E_r 在空心杯中产生转子电流 I_r，并形成交轴磁通 Φ_q。交轴磁通 Φ_q 将通过霍尔元件。交轴磁通 Φ_q 的大小正比于转子的转速，相应使霍尔元件的输出端产生一个正比于转子转速的霍尔电动势 E_H。若控制电流为直流，则输出的霍尔电动势为一直流电压；若控制电流为交流，则输出电压便为同频率的交流电压。

这种霍尔效应测速发电机是一种无齿槽、无绕组的发电机，不存在齿谐波电动势的影响。这种发电机结构简单，便于小型化。如制造精度较高，永磁材料和霍尔元件性能较好，就可使剩余电压了降到极低值，并能在低速时精确地测量转速。

三、霍尔效应无刷直流测速发电机

图 3-18 所示为另一种利用霍尔效应做成的无刷直流测速发电机的工作原理。在发电机的定子铁心上放置两个空间位置相差 90°电角度的绕组 N_A 和 N_B，并在绕组的轴线处分别放置霍尔元件 B 和 A；转子为两极的磁钢。霍尔元件 A 和 B 的控制电流又分别由绕组 N_A 和 N_B 供给。将两霍尔元件的输出端串联，于是总的输出电压就为两霍尔元件的霍尔电动势之和。

转子不转时，绕组 N_A 和 N_B 中都没有感应电动势，霍尔元件的控制电流也都为零，故霍尔电动势为零，发电机不可出现剩余电压。

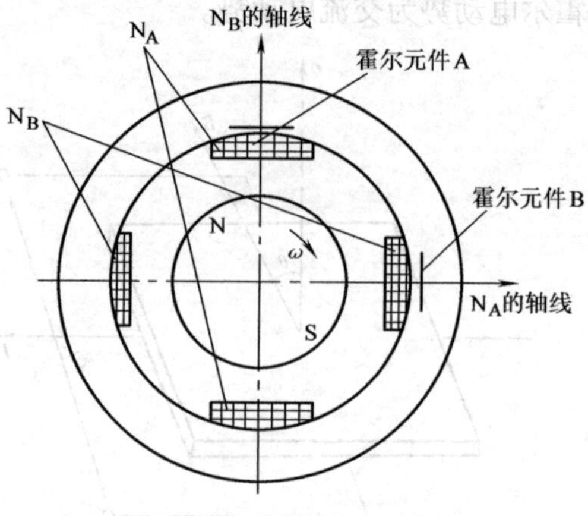

图 3-18　霍尔效应无刷直流测速发电机的工作原理

转子旋转时，绕组 N_A 和 N_B 中便有感应电动势，若气隙磁通密度按正弦规律分布，转子旋转的角速度为 ω，则绕组 N_A 轴线处的磁通密度 B_A 即为通过霍尔元件 B 的磁通密度，它将随时间按正弦函数变化，所以磁通密度 B_A 应为

$$B_A = B_\delta \sin \omega t \tag{3-22}$$

式中　B_δ——永磁磁极轴线处气隙磁通密度的幅值。

同理，绕组 N_B 轴线处的磁通密度为 B_B，即为通过霍尔元件 A 的磁通密度，它将随时间按余弦函数变化，所以磁通密度 B_B 应为

$$B_B = B_\delta \cos \omega t \tag{3-23}$$

由此可知绕组 N_A 和 N_B 中的感应电动势分别为

$$\begin{cases} e_A = -K_A B_\delta \omega \cos \omega t \\ e_B = K_B B_\delta \omega \cos \omega t \end{cases} \tag{3-24}$$

式中　K_A、K_B——常数。

若霍尔元件 A 和 B 的控制电流回路的附加电阻分别为 R_A 和 R_B，并略去回路中的漏电抗，则控制电流分别为

$$\begin{cases} i_A = \dfrac{e_A}{R_A} = -\dfrac{K_A B_\delta}{R_A}\omega \cos \omega t \\ i_B = \dfrac{e_B}{R_B} = \dfrac{K_B B_\delta}{R_B}\omega \sin \omega t \end{cases} \tag{3-25}$$

由式（3-20）可得霍尔元件 A 和 B 的霍尔电动势分别为

$$\begin{cases} E_{HA} = K_{HA} B_\delta i_A = -\dfrac{K_{HA} K_A B_\delta^2}{R_A}\omega \cos^2 \omega t \\ E_{HB} = K_{HB} B_\delta i_B = -\dfrac{K_{HB} K_B B_\delta^2}{R_B}\omega \sin^2 \omega t \end{cases} \tag{3-26}$$

式中　K_{HA}、K_{HB}——分别为霍尔元件 A 和 B 的灵敏度。

若调节电阻 R_A 和 R_B 的大小，使

$$\frac{K_{HA} K_A B_\delta^2}{R_A} = \frac{K_{HB} K_B B_\delta^2}{R_B} = K$$

则将两个霍尔元件反向串联后，总的输出电压为

$$U_2 = E_{HB} - E_{HA} = K\omega\ (\sin^2 \omega t + \cos^2 \omega t) = K\omega \tag{3-27}$$

由式（3-27）可知，霍尔效应直流测速发电机的输出电压为正比于发电机转速的直流电压。

为了提高输出电压，还可以采用多相对称绕组，每相绕组的轴线处都放置有霍尔元件，

采取适当的连接方法后，可得输出电压为

$$U_2 = \frac{m}{2}K\omega \tag{3-28}$$

式中 m——绕组的相数。

第五节 测速发电机的应用举例

测速发电机在自动控制系统和计算装置中可以作为测速元件、校正元件、解算元件和角加速度信号元件。

在速度控制方式的伺服系统中，测速发电机作为速度负反馈元件（见图 3-19a)，其输出电压或输出脉冲为速度反馈的模拟信号，它与代表给定速度的参考电压或参考频率进行比较后，再发出速度控制信号，调节伺服电动机的转速。

在位置控制方式的伺服系统中（见图 3-19b)，测速发电机作为校正元件，其输出电压为速度反馈信号，反馈到放大器，起抑制速度的阻尼作用，以提高位置控制系统的动态品质。

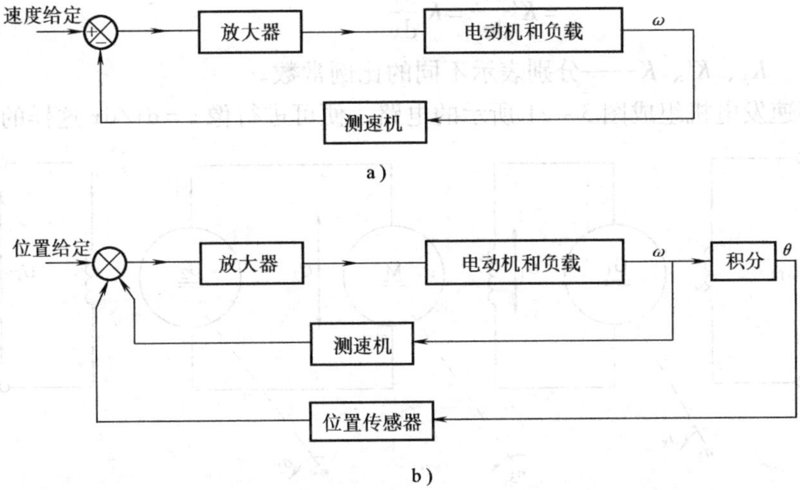

图 3-19 速度控制和位置控制时的框图

a) 速度控制方式 b) 位置控制方式

作为解算元件，测速发电机既可用作积分元件，又可用作微分元件。作积分运算时的计算装置由一个速度控制方式的伺服系统和一个积分电路组成，如图 3-20 所示。由于测速发电机的速度负反馈作用，当输入电压 U_1 一定时，伺服电动机的转速便为定值。伺服电动机带动作为积分电路的电位计转动后，电位计的转角即为转速的积分，其输出电压 U_2 也就是转速的积分。又因转速正比于输入电压 U_1，因而输出电压 U_2 就为输入电压 U_1 的积分。

图 3-21 所示为利用测速发电机作为微分电路的一个例子。测速发电机 G_1 和 G_2 的输入信号即转角 $a_x = \alpha_x(t)$ 和 $a_y = \alpha_y(t)$，它们分别正比于参量 $x(t)$ 和 $y(t)$。其输出电压 U_1 和 U_2 在直流电动机 M 上分别作为励磁电压和电枢电压，这样将有如下的关系

$$U_1 = K_1 n_1 \qquad U_2 = K_2 n_2$$

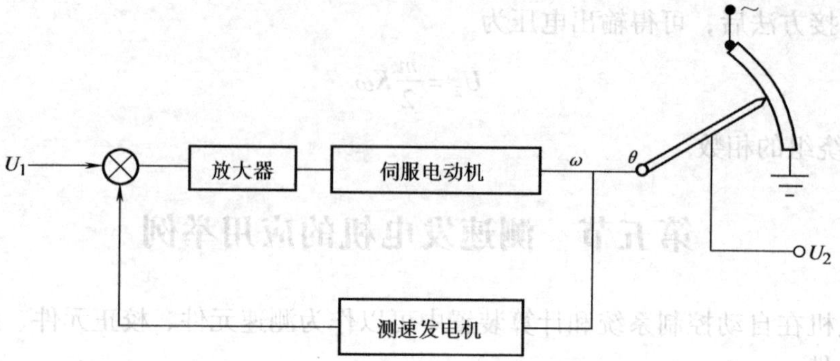

图 3－20　测速发电机积分电路

而

$$U_2 \propto \Phi_3 \propto U_1 n_3$$

即

$$U_2 = K_3 U_1 n_3 \tag{3-29}$$

$$n_3 = \frac{1}{K_3}\frac{U_2}{U_1} = \frac{K_2}{K_3 K_1}\frac{n_2}{n_1} = K'\frac{\mathrm{d}a_y}{\mathrm{d}t}\Big/\frac{\mathrm{d}x}{\mathrm{d}t}$$

$$= K'\frac{\mathrm{d}a_y}{\mathrm{d}a_x} = K\frac{\mathrm{d}y}{\mathrm{d}x} \tag{3-30}$$

式中　K_1、K_2、K_3、K'、K——分别表示不同的比例常数。

因此，测速发电机组成图 3－21 所示的电路，便可进行像 $z = \mathrm{d}y/\mathrm{d}x$ 这样的微分运算。

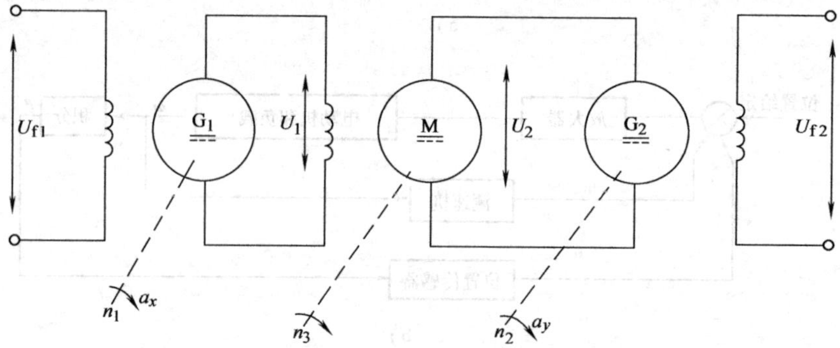

图 3－21　测速发电机进行微分运算的电路

交流异步测速发电机还可以作为角加速度信号元件。其原理是异步测速发电机的励磁绕组外施加恒压直流电源励磁，使发电机中产生恒定磁场，又转子转速不变，则转子空心杯切割恒定磁通感应出转子电动势，由此而在空心杯中产生短路电流建立起交轴磁场 Φ_q。交轴磁场 Φ_q 也为恒定磁场，所以输出绕组中不会有感应电动势，即输电压为零。只有当转子转速变化时，交轴磁场也随之变化，这时在输出绕组中才感应出变压器电动势，并有输出电压 U_2。这种情况下，输出电压将正比于转子的角加速度 $\mathrm{d}\omega/\mathrm{d}t$。

因

$$\Phi_q \propto n$$

故

$$U_2 \propto \frac{\mathrm{d}\Phi_q}{\mathrm{d}t} \propto \frac{\mathrm{d}n}{\mathrm{d}t} \propto \frac{\mathrm{d}\omega}{\mathrm{d}t}$$

所以采用直流励磁的异步测速发电机在原理上可以作为角加速度信号元件，但这种角加速计的灵敏度较低。

本章小结

测速发电机是自动控制系统中的信号元件，它可以把转速信号转换成电气信号。

直流测速发电机是一种微型直流发电机，按励磁方式分为电磁式和永磁式两大类。在理想情况下，其输出特性曲线为一直线，而实际上输出特性曲线与直线有误差。引起误差的主要原因是：电枢反应的去磁作用、电刷与换向器的接触电压降、电刷偏离几何中性线、温度的影响等。因此在使用时必须注意发电机的转速不得超过规定的最高转速，负载电阻不得小于规定值，必要时还要对测速发电机进行温度补偿。

异步测速发电机常采用空心杯型转子结构，转子旋转时切割励磁磁通产生感应电动势和电流，建立横轴方向的磁通，在输出绕组中产生感应电动势，从而产生输出电压。输出电压的大小与转速成正比，但其频率与转速无关，等于电源的频率。理想的输出特性曲线也是一条直线，但实际并非如此，引起误差的主要原因是：气隙磁通的大小和相位都随着转速而变化、负载阻抗的大小和性质、励磁电源的性能、温度以及剩余电压，其中剩余电压是引起误差的主要原因。

表征异步测速发电机性能的主要技术指标有线性误差、相位误差和剩余电压。

引起剩余电压的原因很多，如磁路不对称、气隙不均匀、输出绕组和励磁绕组在空间不是严格相差90°电角度、绕组匝间短路、铁心片间短路、转子杯材料和厚度不均匀以及寄生电容的存在等。在控制系统中，剩余电压的同相分量引起系统误差，正交分量和谐波分量将使放大器饱和。消除剩余电压的方法有很多，除了改进发电机的制造材料和工艺外，还可采用外接补偿装置。

在实际使用中，为提高异步测速发电机的性能，通常采用四极发电机结构。为了减小误差应增大转子电阻和负载阻抗，减小励磁绕组和输出绕组的漏阻抗，提高励磁电源的频率（采用400Hz的中频励磁电源），发电机的工作转速不应超过规定的转速范围。

永磁高灵敏度直流测速发电机和无刷直流测速发电机的研制，大大提高了测速发电机的性能指标。

测速发电机在自动控制系统中是一个非常重要的元件，它可作为校正元件、阻尼元件、测量元件、解算元件和角加速度信号元件等。

复习思考题

1. 直流测速发电机按励磁方式分有哪几种？各有什么特点？
2. 直流测速发电机的输出特性在什么条件下是线性特性？产生误差的原因是什么？如何改进？
3. 若直流测速发电机的电刷没有放在几何中性线的位置上，试问此时电枢正、反转时的输出特性是否一致？为什么？
4. 为什么直流测速发电机在使用时不宜超过规定的最高转速？而负载电阻不能小于规定值？
5. 为什么异步测速发电机都采用非磁性空心杯型转子结构，而不用笼型转子结构？
6. 异步测速发电机输出特性存在线性误差的主要原因有哪些？怎么样确定线性误差的大小？

7. 为什么异步测速发电机的励磁电源大多采用400Hz的中频电源？

8. 什么是异步测速发电机的剩余电压？各个分量的含义和产生的原因以及对系统的影响是什么？如何减小？

9. 简要说明电压补偿和磁通补偿用来削弱异步测速发电机剩余电压固定分量的基本原理。

10. 简述霍尔直流无刷测速发电机的工作原理，并说明为什么输出电压不含脉动成分而且无剩余电压。

11. 设计一套直流测速发电机构成的速度反馈控制电路，并进行调试。

第四章　自整角机

本章应知

1. 了解力矩式、控制式和差动式自整角机的结构、工作原理及应用。
2. 了解力矩式、控制式和差动式自整角机的主要技术指标。
3. 了解多台自整角机的并联使用。
4. 了解无接触式自整角机的结构。

本章应会

1. 进行发送机和接收机的运行试验。
2. 掌握力矩式自整角机基准电气零位、零位误差、静态误差的检测。
3. 掌握发送机和自整角变压器的运行试验以及电气误差、零位电压的测量。
4. 掌握双通道自整角机的结构特点以及双通道的切换方法和操作。

第一节　概　述

自整角机是一种感应式机电元件，它被广泛应用于随动系统中，作为角度的传输、变换和指示。在系统中通常是两台或多台自整角机组合使用。

随动系统是通过两台或多台电机在电路上的联系，使机械上互不相连的两根或多根转轴能够自动保持相同的转角变化，或同步旋转。电机具有的上述性能，称为自整角特性。在随动系统中所使用的这类电机称为自整角机。在随动系统中，产生信号的一方称为发送方，其使用的自整角机称为发送机；接受信号的一方称为接受方，其使用的自整角机称为接收机。

自整角机按其使用要求的不同，可分为力矩式自整角机和控制式自整角机两类。目前，在随动系统中大量使用的是控制式自整角机。

1. 力矩式自整角机

力矩式自整角机主要用于指示系统中，只适用于接收机轴上负载很轻（如指针、刻度盘），角度传输精度要求又不是很高的控制系统中，如远距离指示液面的高度、阀门的开度、电梯和矿井提升机的位置、变压器的分接开关位置等。

力矩式自整角机按其用途可分为4种：

（1）力矩式发送机　它主要与力矩式差动发送机、力矩式接收机一起工作，其作用是将转子转角的变化转变为电信号输出。我国生产的力矩式自整角发送机的型号为ZLF。

（2）力矩式接收机　它主要与力矩式发送机及力矩式差动发送机一起工作。其作用是：接收了力矩式发送机或力矩式差动发送机的电信号后，使其转子自动地转到对应发送机转子的位置，或使转子转动的角度对应于发送机转子和差动发送机转子转角变化的和（或差）。目前，我国生产的力矩式自整角接收机的型号为ZLJ。

（3）力矩式差动发送机　它串接于力矩式发送机与接收机之间，将发送机的转子转角及其自身转子转角之和（或差）变换成电信号，传输给接收机。国产的力矩式差动自整角发送机的型号为 ZCF。

（4）力矩式差动接收机　它串联于两台力矩式发送机之间，接收它们输出的电信号，使其转子转角为两台发送机转子转角之和（或差）。国产的力矩式差动自整角接收机的型号为 ZCJ。

2. 控制式自整角机

控制式自整角机主要应用于由自整角机和伺服机构组成的随动系统中。当发送机和接收机转子之间存在角位差（即失调角）时，在接收机上将有与此失调角呈正弦函数关系的电压输出。控制式自整角机的阻抗比相应的力矩式自整角机高。其接收机是工作在变压器状态，称为自整角变压器。

由控制式自整角机和伺服机构组成的随动系统，其负载能力取决于驱动电机的功率，故能带较大的负载。另外，控制式自整角机组成的闭环系统，精度较高。

控制式自整角机按其用途可分为 3 种：

（1）控制式发送机　它主要用来与控制式自整角变压器或控制式差动发送机一起工作。其作用是将转子转角的变化转变为电信号输出。国产的控制式自整角发送机的型号为 ZKF。

（2）控制式自整角变压器　它主要是用来与控制式发送机及控制式差动发送机一起工作。其作用是接收从控制式发送机或差动发送机送来的电信号，使之变成与失调角呈正弦函数关系的输出电压。国产的控制式自整角变压器的型号为 ZKB。

（3）控制式差动发送机　它串接于控制式发送机与控制式自整角变压器之间，将发送机转子角及其自身转子转角的和（或差）变换成电信号送入自整角变压器。国产的控制式差动发送机的型号为 ZKC。

自动控制系统中通常使用的自整角机均由单相交流电源供电，故又称为单相自整角机。常用的电源频率有 400Hz 和 50Hz 两种。

自整角机按结构形式不同可分为无接触式和接触式两大类。无接触式没有电刷、集电环的滑动接触，具有可靠性高、寿命长、不产生无线电干扰等优点；但其结构复杂，电气性能较差。接触式自整角机的结构比较简单，性能较好，使用较为广泛。

第二节　力矩式自整角机的结构和运行性能

一、力矩式自整角机的结构

力矩式自整角机（包括发送机和接收机）大都采用两极凸极式结构，只有在频率较高而尺寸又较大的力矩式自整角机中才采用隐极式结构。选用两极电机是为了保证在整个圆周范围内只有唯一的转子相对位置，从而达到准确指示。选用凸极式结构是为了能获得较好的参数配合关系，以提高运行性能。

力矩式自整角机的定、转子铁心是由高磁导率、低损耗的薄硅钢片冲制后叠装而成。其单相绕组作为励磁绕组，做成集中绕组的形式直接套在凸极铁心上，工作时接入单相交流电源励磁。三相绕组称为整步绕组，做成分布绕组的形式并接成星形联结，放置在铁心的槽内。

力矩式自整角机可以在定子铁心上放置三相整步绕组，在转子凸极铁心上放置单相励磁绕组，并由两相集电环和电刷引出，如图 4－1a 所示。国产的 ZFJ、ZLJ 系列力矩式发送机、接收机大都采用这种结构。

同样，也可将单相励磁绕组放置在定子凸极铁心上，将三相整步绕组放置在转子隐极铁心上，并由三组集电环和电刷引出，如图 4 - 1b 所示。国产的 DI、SS 系列（老产品）自整角机中的力矩式发送机、接收机都采用这种结构。

力矩式自整角机的隐极式结构如图 4 - 1c 所示。通常也是将三相整步绕组放置在定子铁心上，而将励磁绕组放置在转子铁心上，并由两组集电环、电刷引出。

为了提高力矩式自整角机的精度，通常采用以下几方面的措施：

1）三相整步绕组采用分布短矩绕组或同心式不等匝绕组。

2）适当地选定凸极转子极弧长，以使气隙磁通密度的分布接近正弦波形。

3）选取较低的磁通密度。

4）定子铁心扭斜一个定子齿距，以降低齿谐波的影响。

为了提高比整步转矩，力矩式自整角机通常都在转子上装设阻尼绕组。对接收机来说，阻尼绕组还可以消除转子的振荡，减小阻尼时间。

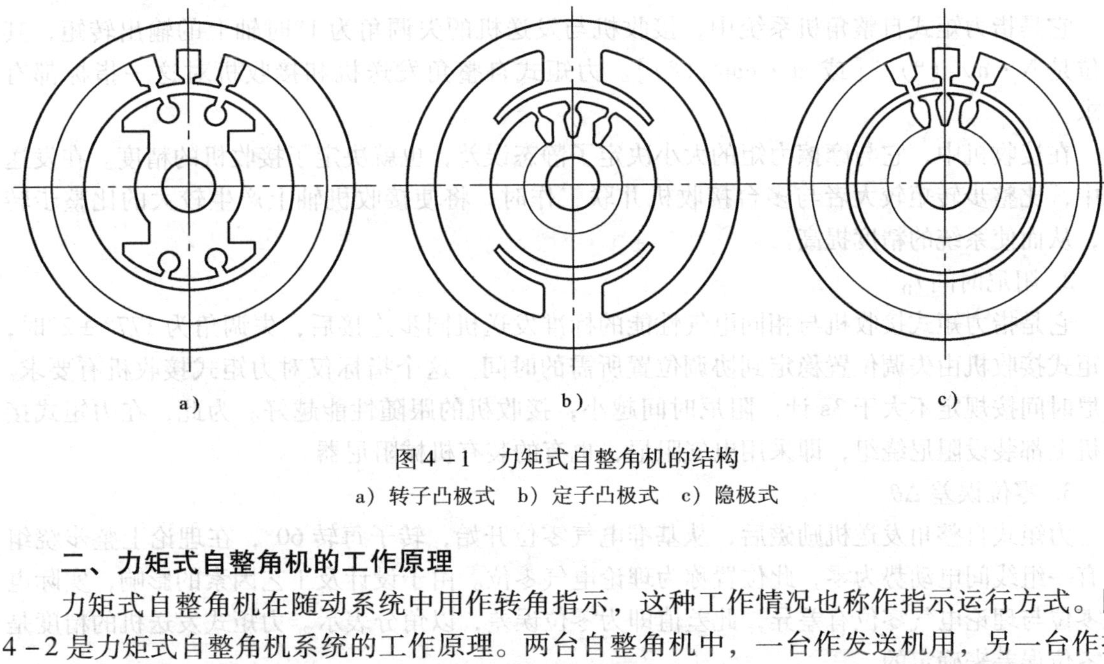

图 4 - 1　力矩式自整角机的结构

a）转子凸极式　b）定子凸极式　c）隐极式

二、力矩式自整角机的工作原理

力矩式自整角机在随动系统中用作转角指示，这种工作情况也称作指示运行方式。图 4 - 2 是力矩式自整角机系统的工作原理。两台自整角机中，一台作发送机用，另一台作接收机用。它们的励磁绕组接入同一单相交流电源励磁，三相整步绕组彼此对应相接。

当励磁绕组接入单相交流电源励磁，电机的气隙中将形成一个正弦分布的脉振磁场。整步绕组各相的感应电动势是由同一脉振场所感应的变压器电动势，因此它们是同相位的，其大小将取决于各相整步绕组轴线与励磁绕组轴线之间的相对位置。因整步绕组为三相对称绕组，故整步绕组各相感应电动势的大小是不同的。当发送机和接收机的转子位置角不同，即存在失调角 θ 时，各相整步绕组回路中的合成电动

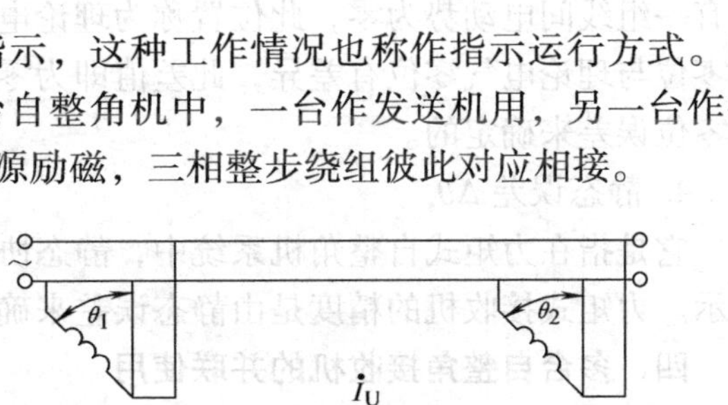

图 4 - 2　力矩式自整角机系统的工作原理

势就不等于零，所以在整步绕组回路中有电流通过。因各相整步绕组回路是对称的，故回路电流在时间上均同相位，而大小却各不相同。

若以U相整步绕组的轴线和励磁绕组轴线相一致时作为转子的起始位置，这时U相整步绕组中就有最大的感应电动势。

当整步绕组中有电流流过时，将产生磁动势。整步绕组的合成磁动势应为空间的脉振磁动势，此脉振磁动势可分解成直轴磁动势 $\dot{F}_a$ 和交轴磁动势 $\dot{F}_q$，其大小与发送机和接收机的位置无关，仅为失调角 θ 的函数。

在交轴磁动势 $\dot{F}_q$ 和直轴磁通 Φ_d 的相互作用下，使电机转子产生整步转矩 T。在整步转矩的作用下，力矩式自整角机系统的失调角将逐渐减小，直至协调位置。

三、力矩式自整角机的主要技术指标

1. 比整步转矩 T_θ（也称比力矩）

它是指力矩式自整角机系统中，接收机与发送机的失调角为1°时轴上的输出转矩，其单位是N·m/（°）［或gf·cm/（°）］。力矩式自整角发送机和接收机对这一指标都有要求。

在接收机中，它与摩擦力矩的大小决定了静态误差，也就决定了接收机的精度。在发送机中，比整步转矩较大者与多台接收机并联工作时，将使接收机轴上产生较大的比整步转矩，从而使系统的精度提高。

2. 阻尼时间 t_D

它是指力矩式接收机与相同电气性能的标准发送机同步连接后，失调角为177°±2°时，力矩式接收机由失调位置稳定到协调位置所需的时间。这个指标仅对力矩式接收机有要求。阻尼时间按规定不大于3s计，阻尼时间越小，接收机的跟随性能越好。为此，在力矩式接收机上都装设阻尼绕组，即采用电气阻尼，也有的装有机械阻尼器。

3. 零位误差 $\Delta\theta$

力矩式自整角发送机励磁后，从基准电气零位开始，转子每转60°，在理论上整步绕组中有一组线间电动势为零，此位置称为理论电气零位。由于设计及工艺因素的影响，实际电气零位与理论电气零位有差异，此差值即为零位误差，以角分表示。力矩式发送机的精度是由零位误差来确定的。

4. 静态误差 $\Delta\theta_s$

它是指在力矩式自整角机系统中，静态协调时，接收机与发送机转子转角之差，以角度表示。力矩式接收机的精度是由静态误差来确定的。

四、多台自整角接收机的并联使用

在实际应用中，经常需要将同一转角信号分别传输到几个不同的地点，于是就需要用几台接收机同时接到一台发送机上。并联的接收机台数会受到下列因素的限制：

1）比整步转矩的降低。

2）接收机指示误差的增大使精度降低。

3）自整角发送机的温升增高。

4）自整角机整步绕组之间引起环流等。

经分析，当几台和发送机同型号的接收机并联工作时，每台接收机的比整步转矩将减小

到成对工作时的 $2/(n+1)$ 倍。随着比整步转矩的减小，角度指示的误差随之增大，从而使系统的精度降低。

多台接收机并联工作时，当它们与发送机之间有失调角存在时，发送机的整步绕组的励磁绕组中的电流会明显增大，致使发送机的温升迅速增高。这种影响将随着并联工作的接收机台数的增多而显著增大。

此外，由于自整角机的励磁绕组和整步绕组的变化也允许有一定的公差，如整步绕组最大电压为90V的力矩式自整角机的公差为±1V。并联工作时，也会因整步绕组的感应电动势不等而引起环流。环流的存在一方面使整步绕组的感应电动势大小和相位发生变化；另一方面又使自整角机发热，温升增高。此现象也随着并联工作的接收机台数增多，或发送机与接收机的型号不同而更为显著。所以，对并联工作的接收机台数都有所限制。

第三节 力矩式自整角机的应用举例

一、用于位置指示器

图4－3所示为液面位置指示器。浮子随着液面的上升或下降，通过绳索带动自整角发送机转子转动，将液面位置转换成发送机转子的转角。自整角发送机和接收机之间再通过导线远距离连接起来，于是自整角接收机转子就带动指针准确地跟随着发送机转子的转角变化而偏转，实现了远距离的位置指示。这种系统还可以用于电梯和矿井提升机位置的指示及核反应堆中的控制棒指示器等装置中。

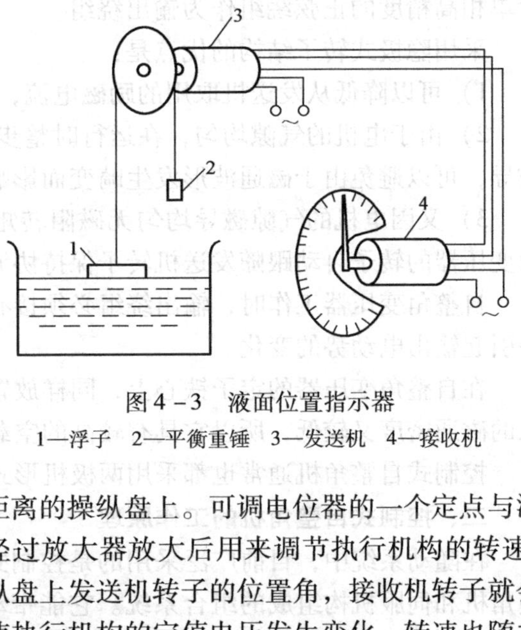

图4－3 液面位置指示器

1—浮子 2—平衡重锤 3—发送机 4—接收机

二、用于调节执行机构转速的定值器

在由力矩式自整角发送机和接收机组成的随动系统中，可将接收机安装在执行机构的控制系统中，通过它可以带动可调电位器的滑动触头或其他触头，而发送机可装设在远距离的操纵盘上。可调电位器的一个定点与滑动触头之间的电压便作为执行机构的定值，再经过放大器放大后用来调节执行机构的转速。当需要改变执行机构的转速时，只需要调整操纵盘上发送机转子的位置角，接收机转子就会自动跟随偏转并带动可调电位器的滑动触头，使执行机构的定值电压发生变化，转速也随之升高或降低。所以，力矩式自整角机系统可用来远距离调节执行机构的转速。

第四节 控制式自整角机的结构和运行性能

控制式自整角机本质上属于电压信号元件，工作时其温升相当低，又因它不直接驱动负载，所以这种电机的尺寸比相应的力矩自整角机要小一些。在随动系统中，由伺服机构和控制式自整角机组合的系统因具有较高的灵敏度而被广泛采用。

一、控制式自整角机的结构

控制式自整角机也可分成发送机和接收机两大类。控制式自整角接收机和力矩式接收机不同，它不直接驱动负载，而只是输出电压信号。因其工作情况如同变压器，因此通常称它为自整角变压器。

1. 控制式自整角发送机

控制式自整角发送机和力矩发送机结构相近，可以采用凸极式或隐极式转子结构，在转子上通常是放置单相励磁绕组。为了提高电机的精度，有时也在交轴位置装设短路绕组作为补偿绕组。控制式自整角发送机比力矩式发送机有较高的空载输入阻抗，因而其励磁绕组的匝数较多，磁通密度较低。发送机选用凸极结构，还可以使它的输出阻抗低而又不影响其精度。

在具有力矩式发送机和控制式自整角变压器的“混合”系统中，力矩式发送机的零位电压如能满足系统要求，可以用它作为系统的发送机，但不宜选用控制式发送机。因控制式发送机绕组的阻抗较大，当较大电流通过时，绕组容易发热而使发送机温升增高。

2. 控制式自整角变压器

为了提高电气精度，降低零位电压，自整角变压器均采用隐极转子结构，并在转子上装设单相高精度的正弦绕组作为输出绕组。

采用隐极式转子结构的优点是：

1）可以降低从发送机取用的励磁电流，有利于多台自整角变压器与发送机并联工作。

2）由于电机的气隙均匀，在运行时整步绕组的合成磁动势在空间任一位置都有相同的磁导，可以避免由于磁通波形发生畸变而影响输出绕组的电动势。

3）又因电机的气隙磁导均匀无磁阻转矩（反应转矩），从而消除了失调角存在时自整角变压器的转子自动跟随发送机转子保持协调位置的任何趋势。

自整角变压器工作时，输出绕组必须接有高阻抗负载，以避免输出绕组的电枢反应磁动势引起输出电动势的变化。

在自整角变压器的定子铁心上，同样放置三相整步绕组。因三相整步绕组匝数较多，选取的磁通密度又较低，所以它具有较高的空载输入阻抗。

控制式自整角机通常也都采用两极机形式，其他部件均与力矩式自整角机通用。

二、控制式自整角机的工作原理

在随动系统中，目前广泛采用的是控制式自整角机和伺服机构组成的组合系统。它能带动较大的负载并有较高的角度传输精度。其工作原理如图4-4所示。

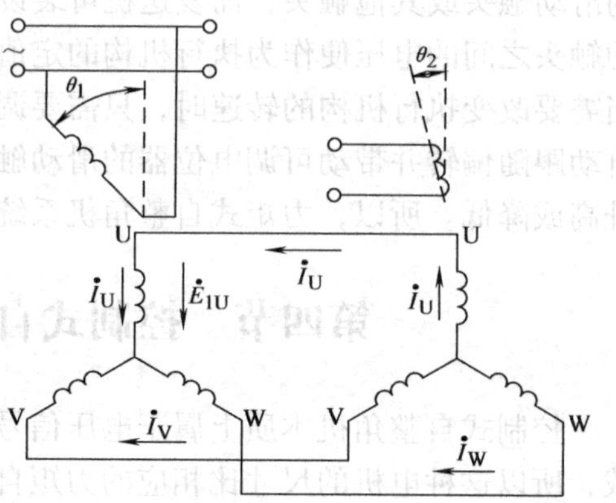

图4-4 控制式自整角机的工作原理

在图4-4中，控制式自整角发送机的励磁绕组由单相交流电源励磁，其三相整步绕组和自整角变压器的整步绕组对应相接。而自整角变压器的输出绕组通常接至放大器的输入端，放大器的输出端再接至伺服电动机的控制绕组。这样，由伺服电动机驱动负载转动，并同时通过减速器带动自整角变压器转子构成机械反馈连接。当自整角变压器转子偏转后，失调角减小，并使输出绕组的电压信号减小，直至协调位置。

三、控制式自整角机的主要技术指标

1. 电气误差 $\Delta\theta_e$

控制式自整角发送机整步绕组的感应电动势和自整角变压器的输出电压均与转子转角有关。但由于设计、工艺、材料等因素的影响，实际的转子转角与理论值是有差异的，此差值即为电气误差，以角分表示。控制式自整角发送机和自整角变压器的精度就是由电气误差决定的。

2. 零位电压 U_0

它是指控制式自整角机处于电气零位时的输出电压。零位电压由两部分组成：一部分是频率与输入电压相同而时间相位相差90°的基波分量；另一部分是频率为输入电压频率奇数倍的谐波分量。

基波分量电压是由电路、磁路的不对称，铁心材料的不均匀性，铁心中的磁滞、涡流所引起的，如电机加工过程中定、转子铁心内外圆的椭圆影响，定、转子的偏心，铁心冲片毛刺所形成的短路等因素。

在谐波分量电压中，主要是3次谐波电压，它是由磁化曲线的非线性以及铁心材料的不均匀引起的，如电机磁路饱和、铁心的局部饱和、定子和转子铁心的轴向锥度等因素。

基波分量电压和谐波分量电压都会使伺服电动机的放大器饱和，并引起伺服电机因损耗增大而发热。

3. 比电压 U_θ

自整角变压器的比电压是指它与发送机处于协调位置附近且失调角为1°时的输出电压，其单位为V/（°）。

4. 输出相位移 φ

它是指控制式自整角机系统中，自整角变压器输出电压的基波分量与励磁电压的基波分量之间的时间相位差，以角度表示。自整角变压器输出电压的相位移 φ 直接影响到系统的移相要求。

四、多台自整角变压器的并联使用

由控制式自整角机与伺服机构组成的随动系统，也经常需要将一个角度信号传输到几个不同的地点。因此，同样存在着由一台控制式自整角发送机与多台自整角变压器并联运行的情况。

和力矩式自整角机系统相似，与同一台控制式发送机并联工作的自整角变压器的台数也受到下列一些因素的限制：

1. 发送机温升的增高

随着并联工作的自整角变压器台数的增多，发送机整步绕组中的电流也要相应增大，励磁绕组的电流也随之增加，从而使发送机的损耗增大，温升增高。

2. 自整角变压器输入电压相位移的增大

随着并联工作的自整角变压器的台数增加，发送机的励磁绕组中电流增加，励磁绕组的漏阻抗压降也增大，相应地使发送机整步绕组中的感应电动势和励磁电压之间的相位移增大，并由此直接影响到自整角变压器输出电压的相位移。

3. 并联工作的每台自整角变压器比电压的下降

比电压的降低会引起角度传输误差的增大。自整角变压器最大输出电压的有效值与自整角变压器整步绕组的合成磁场或合成磁动势的幅值成正比，即与整步绕组回路电流成正比。当控制式发送机施加额定电压励磁，发送机整步绕组中最大感应电动势的有效值为 E，相应整步绕组回路中最大电流的有效值 $I_a = E/(Z_a + Z_{ta})$。

若有 n 台相同型号的自整角变压器并联使用，它们又接到同一台控制式发送机上，因控制式发送机由额定电压励磁，发送机整步绕组最大感应电动势的有效值仍假定为 E，则此时各台自整角变压器整步绕组回路中最大电流的有效值应为

$$I_n = \frac{E}{Z_a + \dfrac{1}{n}Z_{ta}} \cdot \frac{1}{n} = \frac{E}{nZ_a + Z_{ta}}$$

由此可知自整角变压器的比电压为

$$\frac{u_{n\theta}}{\dfrac{E}{nZ_a + Z_{ta}}} = \frac{u_\theta}{\dfrac{E}{Z_a + Z_{ta}}}$$

则

$$u_{n\theta} = u_\theta \frac{Z_a + Z_{ta}}{nZ_a + Z_{ta}} \tag{4-1}$$

式中 u_θ——自整角变压器与控制式发送机成对工作的比电压；

Z_a——控制式发送机整步绕组每相等效阻抗，应为控制式发送机的短路输出阻抗，即励磁绕组短路时，整步绕组的每相阻抗值；

Z_{ta}——自整角变压器整步绕组每相等效阻抗，应为自整角变压器的输入阻抗。

由式（4-1）可以看出，因 $\dfrac{Z_a + Z_{ta}}{nZ_a + Z_{ta}} < 1$，故随着并联使用自整角变压器台数 n 的增多，各台自整角变压器的比电压 $u_{n\theta}$ 将随之降低。

第五节　差动自整角机的结构和运行原理

差动自整角机有 3 种类型，即控制式差动发送机、力矩式差动发送机和力矩式差动接收机。

一、差动自整角机的结构

差动自整角机均为隐极式结构，与绕线转子异步电动机相似。在定、转子铁心槽中放置两极、三相分布绕组，并接成星形联结；转子绕组通过 3 组集电环电刷引出。控制式差动发送机和力矩式差动发送机的主要区别仅在于绕组的数据不同，前者选用较低的磁通密度，要求零位电压较小。

力矩式差动接收机的结构及绕组数据与力矩式差动发送机相同，但力矩式差动接收机要考核阻尼性能的要求。

由于差动自整角机的定、转子绕组均系三相绕组，所以不能装设阻尼绕组。为了保证力矩式差动接收机能满足阻尼时间的要求，需要在它的轴上装设机械阻尼器，利用转轴和阻尼飞轮之间的相对滑动而产生的摩擦力矩来消除转子的振荡。

二、差动自整角机的运行原理

当要求自整角接收机所指示的角度为两个已知转角之和或差时，可以在两台力矩式自整角发送机之间接入一台力矩式差动接收机，如图4-5所示。

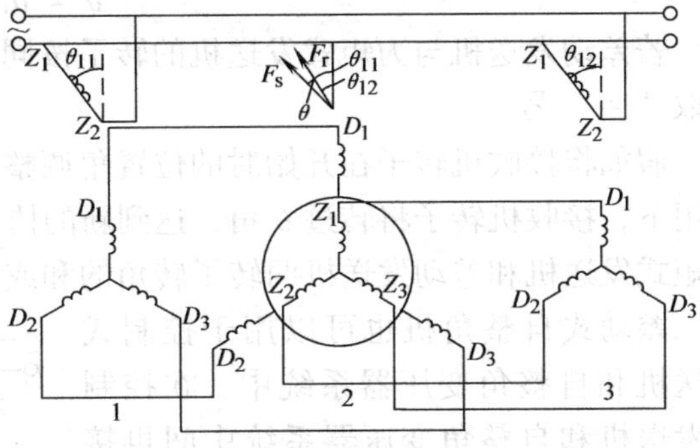

图4-5 自整角发送机—差动机—自整角发送机运行原理

1、3—发送机 2—差动接收机

图4-5中，两台自整角发送机的励磁绕组接至同一单相交流电源，它们的整步绕组分别和差动接收机的定、转子三相绕组对应连接。

假如差动接收机的定、转子绕组轴线位置一致，它的定子绕组和第一台发送机就构成如同一个成对工作的控制式自整角发送机的自整角变压器系统。同样，它的转子绕组和第二台发送机也构成如同一个成对工作的控制式自整角发送机和自整角变压器系统。第一台发送机在差动接收机定子绕组回路中产生合成磁动势 F_s，它的空间位置要与第一台发送机转子的空间位置相对应，即空间位置角为 θ_{11}；而第二台发送机在差动接收机转子绕组回路中产生合磁动势 F_r，它的空间位置要与第二台发送机转子的空间位置相对应，即空间位置角为 θ_{12}。

差动接收机中定子的合成磁动势 F_s 和转子的合成磁动势 F_r 之间空间位置的相位移为

$$\theta = \theta_{11} \pm \theta_{12}$$

当两台发送机转子位置角按同方向偏转时取“-”号；若按反方向偏转时，则取“+”号。

因差动接收机中，定、转子的合成磁动势之间在空间存在相位移 θ，在电磁力的作用下，差动接收机转子将转过 θ 角，使定、转子的合成磁动势在空间趋于一致。所以，差动接收机的转子转角即为 θ，也就是两台发送机转子空间转角的和或差。

目前，在随动系统中差动自整角接收机使用较少。为了实现自整角接收机所指示的角度为两个已知角度的和或差，可以在力矩式发送机和接收机之间，再接入一台力矩式差动发送机，如图4-6所示。

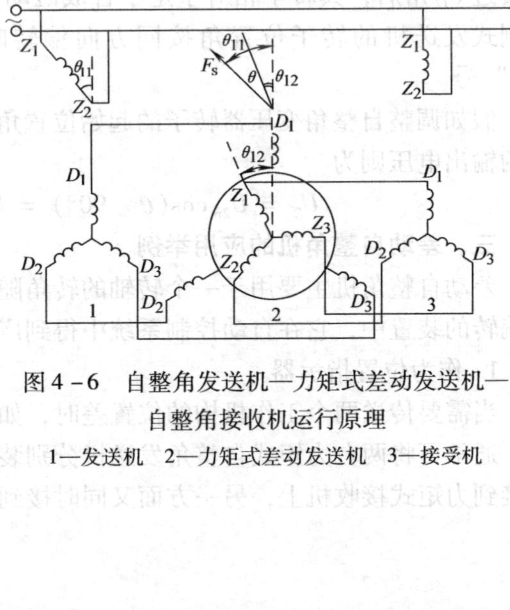

图4-6 自整角发送机—力矩式差动发送机—自整角接收机运行原理

1—发送机 2—力矩式差动发送机 3—接受机

在图4-6中，力矩式发送机和接收机的励磁绕组接至同一单相交流电源励磁，它们的整步绕组分别和力矩式差动发送机定、转子三相绕组对应连接。

假设差动发送机的定、转子绕组轴线位置一致，它的定子绕组和自整角发送机就构成如同一个成对工作的控制式自整角发送机和自整角变压器系统。同理可知，力矩式发送机在差动发送机定子回路中产生合成磁动

势 F_s，其空间位置与发送机的空间位置对应，即空间位置角为 θ_{11}。

同样，差动发送机与力矩式接收机犹如成对工作的力矩式自整角机系统。当差动发送机转子再转过 θ_{12} 角后，它相对于定子合成磁动势的空间位置角为

$$\theta = \theta_{11} \pm \theta_{12}$$

若差动发送机与力矩式发送机的转子按同方向偏转时取"-"号；而按反方向偏转时，则取"+"号。

假如将接收机转子在开始时的位置角调整为零，此时系统失调角即为 θ。在整步转矩的作用下，接收机转子将转过 θ 角，达到新的协调位置。接收机转子在空间转过的角度 θ 即为力矩式发送机和差动发送机两转子转角的和或差。

差动式自整角机也可以用于控制式发送机和自整角变压器系统中。在控制式发送机和自整角变压器系统中间再接入一台控制式差动发送机后，自整角变压器的输出电压为发送机转子和差动发送机转子转角的和或差的正弦函数。其运行原理如图 4－7 所示。

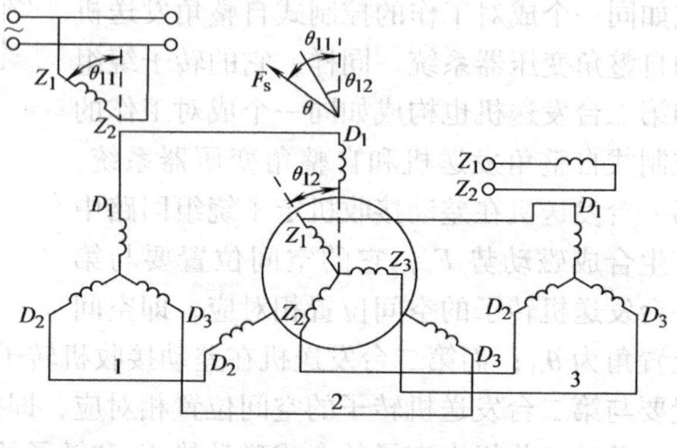

图 4－7　控制式发送机—控制式差动发送机—自整角变压器运行原理

1—控制式发送机　2—控制式差动发送机　3—自整角变压器

在图 4－7 中，控制式差动发送机的定、转子三相绕组分别和控制式发送机及自整角变压器的整步绕组对应相接。设开始时差动发送机的定、转子绕组的轴线对齐，当控制式发送机的励磁绕组施加单相电源励磁后，控制式发送机和差动发送机定子绕组犹如成对工作的控制式发送机和自整角变压器系统。这时，在差动发送机的定子绕组中产生合成磁动势 F_s，它的空间位置要与控制式发送机转子的空间位置相对应，即空间位置角为 θ_{11}。

同样，差动发送机与自整角变压器的工作情况也与上述情况相同，若差动发送机的转子再转过 θ_{12} 角后，其转子相对于定子合成磁动势的空间位置角 $\theta = \theta_{11} \pm \theta_{12}$。当差动发送机和控制式发送机的转子位置角按同方向偏转时，则取"-"号；按反方向偏转时，就取"+"号。

假如调整自整角变压器转子的起始位置角为 90°，这时失调角就为 $\theta - 90°$，自整角变压器的输出电压则为

$$U_2 = U_{2m}\cos(\theta - 90°) = U_{2m}\sin\theta = U_{2m}\sin(\theta_{11} \pm \theta_{12})$$

三、差动自整角机的应用举例

差动自整角机主要用于一个转轴的转角随着机械上互不联系的两个输入轴转角的和或差而偏转的装置中，它在自动控制系统中得到广泛的应用。

1. 作为位置指示器

当需要传送两个工作机构的位置差时，如两扇闸门的开度、可动桥两侧活动部分的位移等，通常可将两台力矩式自整角发送机分别装设在两个被控制的工作机械上。它们一方面分别接到力矩式接收机上，另一方面又同时接到一台力矩式差动接收机上。在所有的接收机轴

上都装有指针，这样，两台力矩式接收机分别指示这两个工作机构的位置，而力矩式差动接收机就可以指示出它们的位置差。如果力矩式接收机分别指示的是两扇闸门各自位移的大小，则差动接收机指示的就为闸门开度的大小。

2. 舰船雷达天线方位的显示

在舰船上，因天线的旋转，并且舰船又在航行，雷达天线的方位角应是舰船的航行偏角 α 和天线对舰船的方向角 β 的和或差，如图 4－8 所示。若舰船的航向为正北偏东 α 角，天线所指的方向对舰船来说又是偏右 β 角，则天线的真方位角应为 $\alpha+\beta$。当雷达显示管要按真方位来显示时，常常将天线的方位角数据通过自整角发送机传送到差动发送机中，而差动发送机的转子偏转角又由航向角来确定。这时差动发送机和自整角变压器相连接，自整角变压器的输出电压即为真方位角的正弦函数，并由它来控制雷达显示管的偏转线圈，得到天线真方位角的正确显示。

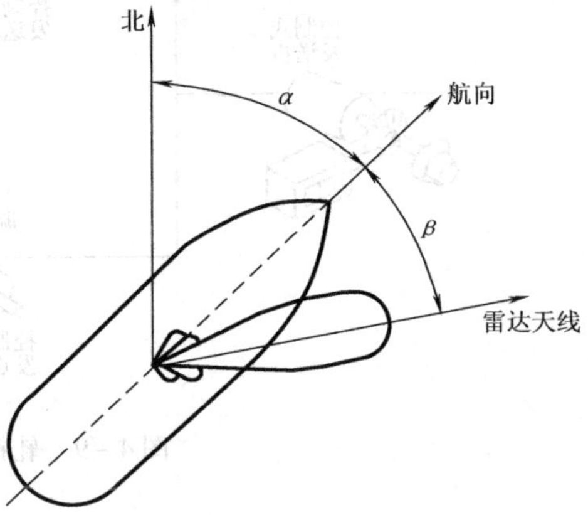

图 4－8 舰船雷达天线的真方位角的确定

3. 轧钢机控制系统中的调零装置

这里介绍的是采用自整角机控制的钢梁轧机。钢锭通过粗轧后进入一排由两个垂直台和两个水平台组成的粗轧台，接着又是一排类似的精轧台，组成了一次通过钢梁轧机。每一轧台都是由一对水平和垂直配置的轧辊组成；每一轧辊可以通过螺杆来调节，而螺杆又是通过齿轮啮合到一台驱动机上。这样，轧辊之间的距离就为螺杆起角位置的函数。

控制系统中有一基准装置，它是一台控制式发送机，并且它的轴上装有一台数字式计数器。发送机又分别通过两台控制式差动发送机再与两台自整角变压器相连，后者安装在控制每个轧台的上、下（或左、右）轧辊的螺杆装置上。

差动发送机在系统中作为调零装置。当轧辊磨损以后，需要更换轧辊，新旧轧辊的直径可能不同。对于不同直径的轧辊，每台自整角变压器的电气零位就需要作相应的调整。这时只需要调整差动发送机的转子位置角就可以很方便地实现。计数器上显示的数值即为轧辊的间隙。

如果控制式发送机的转子位置角（已为差动发送机作适当调整）和自整角变压器的转子位置角不一致，则每一台自整角变压器将产生一个反映失调角大小的电压信号。此电压信号被放大后，最终操纵一套伺服电动机，并带动螺杆转动，达到改变轧辊位置的目的。轧钢机控制系统的工作原理如图 4－9 所示。

此轧钢机除了上述的控制系统外，还可以有单独的指示系统。为了指示轧辊之间的距离，再将一台控制式发送机与控制一个轧辊的螺杆装置相连接，并将另一台差动发送机与控制另一个轧辊的螺杆装置相连接。通过自整角变压器的输出电压就可以反映出它与这两台发送机转子的转角和呈正弦函数关系。由该输出电压便可测定这一对轧辊之间的间隙，或者用指示仪表直接指示。

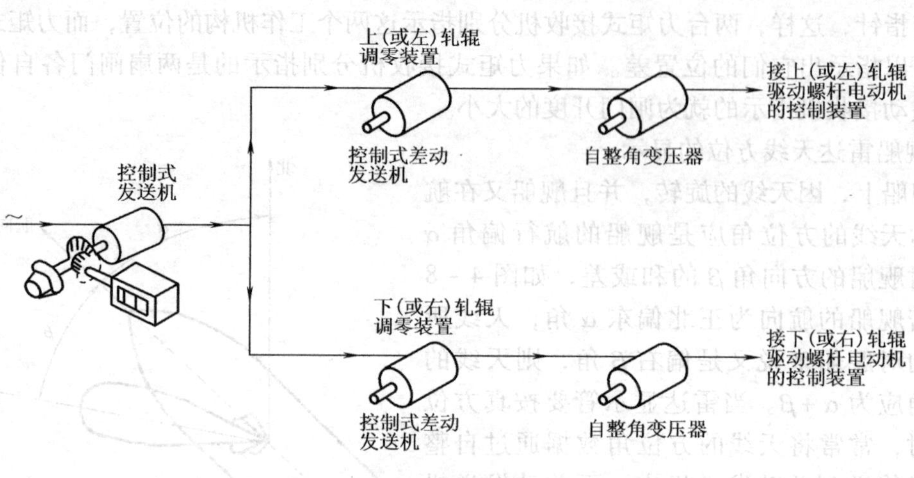

图 4－9　轧钢机的控制系统工作原理

第六节　无接触式自整角机

无接触式自整角机由于没有电刷、集电环的滑动接触，故具有可靠性高、寿命长、稳定性好、不会产生无线电干扰等优点。其缺点是结构复杂、电气性能指标较低。国产的无接触式自整角机有 BD 型无接触式自整角发送机、BS 型无接触式自整角接收机和 BS—405 型无接触式自整角变压器。在无接触式自整角机中没有差动自整角机。

常见的无接触式自整角机的结构形式有两种。图 4－10 中所示的无接触式自整角机，是使用环形变压器 T 代替接触式中的电刷和集电环。它是通过变压器原理，使转子单相励磁绕组获得外施电源励磁，其全部结构与接触式自整角机的结构相同。

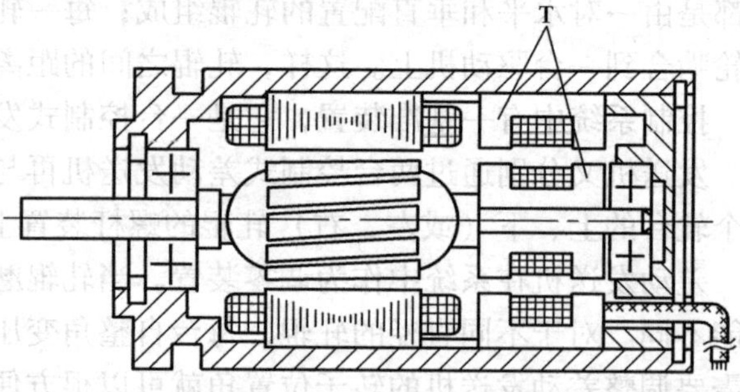

图 4－10　带有环形变压器的无接触式自整角机

图 4－11 所示为具有轴向磁路的无接触式自整角机。转子 1 由硅钢片叠成两部分，中间由非导磁体 6 相隔。转子的各硅钢片平面均与电机的轴线平行，转子叠片由塑料压紧并加工成圆柱形，转子上没有绕组。电机的定子由铁心 4 和两个端导磁环 2 所组成。定子铁心和端导磁环也由硅钢片叠成，各冲片的平面和普通电机一样垂直于转子的轴线。在定子铁心 4 的内圆周槽内安放三相整步绕组。端导磁环与外导磁磁轭相连接，在定子铁心和端导磁环之间放置环形的励磁绕组 5。两个励磁绕组串联后再接到单相交流电源励磁，发送机和接收机的整步绕组在运行时对应连接。

当励磁绕组产生的主磁通进入定子铁心后，就与三相整步绕组相匝链，如图 4－11 所示。主磁通的轴线位置是由转子的形状所决定的，并随转子的转角不同而在空间有不同的位置。所以，当转子有角位移后，三相整步绕组所匝链的主磁通也随之发生变化，因而在整步

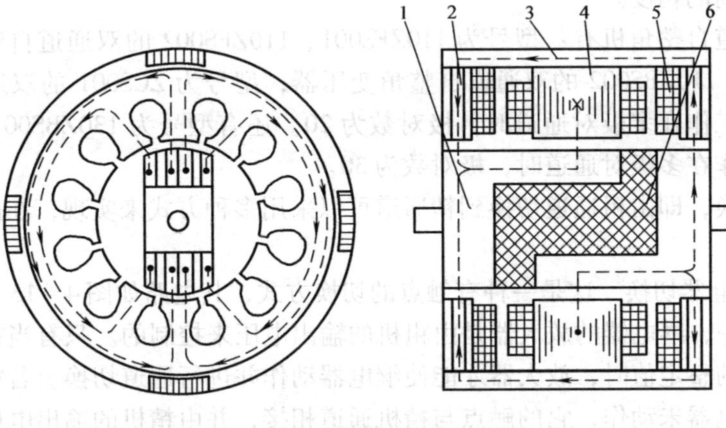

图 4-11　具有轴向磁路的无接触式自整角机

1—转子　2—端导磁环　3—外磁轭　4—定子铁心　5—励磁绕组　6—非导磁体

绕组中的感应电动势也将随着转子的转角而改变。这和接触式自整角机的工作原理完全一样。

这种结构的无接触式自整角机，虽然免除了因集电环和电刷的接触所引起的缺点，但在两个端导磁环和转子之间却增加了附加气隙。它和接触式自整角机相比，就有较大的励磁电流，因而使电机的体积也相应增大。此外，这种结构的无接触式自整角机的转子上不能再装设阻尼绕组。为了消除接收机转子运行中的振荡现象，通常在其转子上再装有机械阻尼器。

第七节　双通道自整角机

在电气原理上，单极对和多极对结构的双通道系统和机械双速系统是一样的。因采用了多极对元件，转子转动一周就相当于在电气角度上旋转了 p（极对数）转。同时在结构上又将单极对与多极对系统合一，这种结构的自整角机就称为双通道自整角机。其电气原理如图 4-12 所示。

在这种双通道自整角机的气隙磁场中，既有单极对磁场，又存在多极对磁场。对于单极对的整步绕组，可以通过选用正弦绕组或同心式不等的分布绕组来消除多极对磁场对它的影响；对于多极对的整步绕组，因各极对中的同一相元件相互串联，对于单极对磁场而言，这就起到了分布作用，所以在一定程度上可削弱其影响。通常，为了使多极对整步绕组能更有效地削弱单极对磁场对它的影响，在设计时可使单极对磁场的气隙磁通密度大幅度降低，通常取单极对时气隙磁通密度仅为多极对时的 1/3 左右，这样可使电气双通

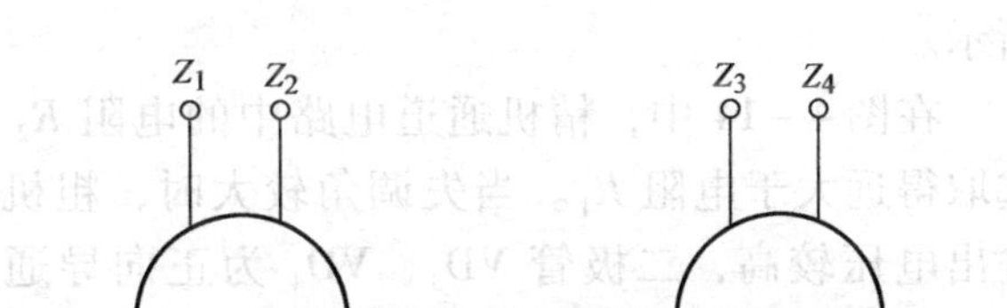

图 4-12　双通道自整角机的电气原理

道自整角机有较高的精度。

国产的双通道自整角机有：型号为110ZFS001、110ZFS002的双通道自整角发送机；型号为110ZBS001、110ZBS002的双通道自整角变压器；型号为ZCS001的双通道差动自整角发送机等。它们工作在多极对通道时，极对数为20。还有型号为130ZBS001的双通道自整角变压器，它工作在多极对通道时，极对数为30。

双通道的切换，即由粗通道切换到精通道可以采用多种方式来实现，在此仅选取两种切换方式作介绍。

（1）采用继电器切换　这是一种有触点的切换方式，其电路如图4－13所示。

在图4－13中，继电器的放大器是由粗机的输出电压来控制的。只有当粗机的输出电压超过预先调整好的整定值时，放大器才能使继电器动作并进行通道切换。若粗机的输出电压信号较小时，继电器未动作，它的触点与精机通道相接，并由精机的输出电压加到伺服放大器中。而当粗机的输出电压信号较大时，继电器动作并进行通道切换，这时就由粗机的输出电压加到伺服放大器中。切换通道通常是在粗机的失调角为90°～120°之间时发生。当用继电器进行切换时，相应的会在伺服放大器的输入端有一个电压的突变，但由于伺服放大器已处于饱和状态，这一突变并不致于影响伺服电动机的转速。

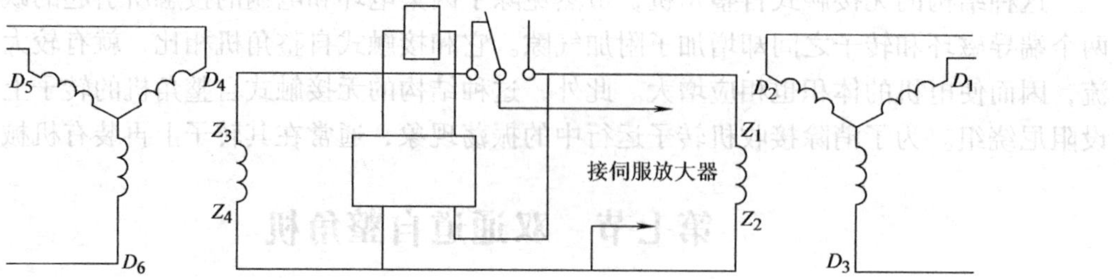

图4－13　采用继电器切换粗、精通道的电路

（2）利用半导体二极管的非线性进行通道切换　此为一种无接触点式的切的方式，如图4－14所示。

在图4－14中，精机通道电路中的电阻R_2值选取得远大于电阻R_1。当失调角较大时，粗机的输出电压较高，二极管VD_3、VD_4为正向导通状态，它的输出电压大部分降在电阻R_3上。此时，精机输出电压不论有多高，电阻R_2的电压降最大等于二极管VD_1、VD_2的管压降。所以在输出端实际上只有粗机的输出电压。当失调角减到很小时，粗机的输出电压很低，二极管VD_3、VD_4处于截止状态。此时，精机的输出电压就部分降到电阻R_2上，使输出端实际上就反映精机的输出电压。这种电路可以进行通道的自动切换。

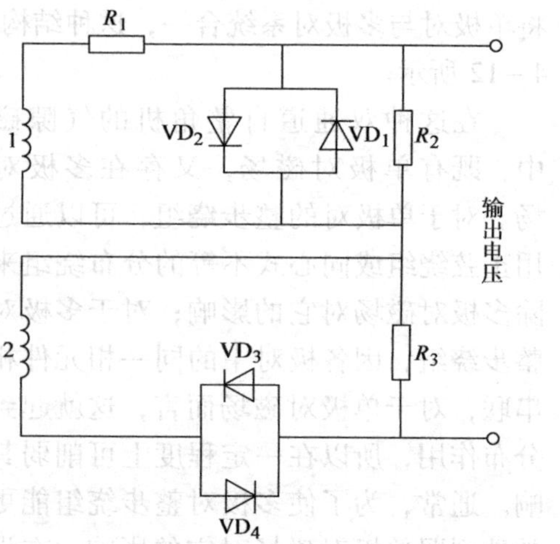

图4－14　无触点式粗、精通道切换电路

1—精机输出绕组　2—粗机输出绕组

本章小结

自整角机是一种对角位移或角速度能自动整步的电磁元件。自整角机必须成对或成组使用。主令轴上装有自整角发送机，从动轴上装的是自整角接收机。按输出量不同，自整角机有两种：一种是力矩式，另一种是控制式。

力矩式自整角机大多采用两极凸极式结构，接收机和发送机都要励磁，二者转子位置角之差称为失调角。当失调角不为零时，在整步绕组就有电流，与励磁磁场相互作用产生整步转矩。整步转矩近似与失调角 θ 的正弦函数成正比，在它的作用下，使接收机转子转到协调位置。为了消除接收机转子振荡，减少阻尼时间，通常采用电阻尼或机械阻尼。力矩式自整角机常被用于驱动小负载以及精度要求不太高的场合。

控制式自整角机常采用隐极式结构，只有发送机励磁。它的输入量是自整角发送机的转角，输出量是自整角变压器的输出电压。当输出绕组在励磁绕组轴线的垂直位置时，输出电压与失调角的正弦函数成正比。输出电压经放大器放大后，控制伺服电动机带动接收机转子追随发送机转子同步转动，同时可以驱动随动系统中较大的负载。由控制式自整角机可组成闭环控制系统，其中有功率放大环节。所以它的精度比力矩式高，一般在转角随动系统中均采用控制式。

自整角机的主要性能指标是精度问题。力矩式自整角机的精度表现为角度误差，这种误差取决于比整步转矩。比整步转矩越大，角误差越小。采用凸极式结构可增大比整步转矩。控制式自整角机的精度表现为自整角变压器在协调位置时的输出比电压。比电压越大，系统的精度越高。

如果系统要求反映出两个输入角的和或差时，则可采用差动式自整角机系统。

自整角机按结构形式可分为无接触式和接触式两大类。接触式性能较好，使用广泛；无接触式没有集电环和电刷，但性能指标较低。

多台自整角接收机并联起来使用可以将同一转角信号传输到几个不同的地点，但必须限制并联台数，否则会降低系统精度，增大误差，并使发送机的温升增高。

自整角机在自动控制系统中的应用较广泛，主要是实现角度的传输、变换和指示，如角位置的远距离指示、远距离定位和远距离控制等。

复习思考题

1. 简要说明力矩式自整角接收机中整步转矩是怎样产生的，它与哪些因素有关？

2. 为什么力矩式自整角机采用凸极式结构，而自整角变压器采用隐极式结构？

3. 力矩式自整角机比整步转矩的数值大好还是小好？自整角变压器的比电压大好还是小好？为什么？

4. 在一不定的转速下，为了减少传输误差，保证系统精度，自整角机电源的频率高一些好还是低一些好？为什么？

5. 简要说明交轴阻尼绕组对力矩式自整角发送机和接收机电气性能的影响，比较各种阻尼绕组对交轴参数的影响和适用的范围。

6. 为什么自整角接收机并联的台数要受限制？当自整角变压器整步绕组的每相阻抗远远大于控制式发送机整步绕组的阻抗时，每台自整角变压器的比电压的变化程度如何？

7. 无接触式自整角机有什么优点？为什么它不如接触式自整角机使用广泛？

8. 试说明将自整角变压器输出绕组的轴线预先转过90°的必要性。

第五章　旋转变压器

本章应知

1. 了解旋转变压器的分类和特点。

2. 了解正余弦旋转变压器的工作原理及主要技术参数。

3. 了解旋转变压器在解算装置中的应用。

本章应会

1. 掌握旋转变压器的结构特点。

2. 进行一台精密机床的感应同步器的安装、检测和调试工作，进行正余弦旋转变压器的精度测量。

3. 掌握多极旋转变压器及组成的双通道旋转变压器粗、精机结构。

4. 掌握直线感应同步器的安装、使用和调试方法。

5. 掌握旋转变压器的误差及改进方法。

第一节　概　述

旋转变压器是自动装置中的一类精密控制微电机。当变压器的一次侧施加单相交流电压励磁时，其二次侧的输出电压将与转子转角严格保持某种函数关系。在控制系统中，它可以作为解算元件，主要用于坐标变换、三角运算等，也可用于随动系统中传输与转角相应的电信号，还可用作移相器和角度—数字转换装置。

旋转变压器有多种分类方法。按有无电刷和集电环之间的滑动接触来分，可分为接触式和无接触式两种。它在无接触式中又可再分为有限转角和无限转角两种。

若按电机的极对数来分，又可分为单极对和多极对两种。通常在无特别说明时，均是指单极接触式旋转变压器。在高精度双通道系统中则采用电气变速的双通道旋转变压器。

按其使用要求来分，又可分为用于解算装置的旋转变压器和用于随动系统的旋转变压器。

一、用于解算装置中的旋转变压器

用于解算装置中的旋转变压器又可分为以下4种基本形式：

1. 正余弦旋转变压器

当它的一次侧施加单相的交流电源励磁时，其二次侧的两个输出电压分别与转子转角呈正弦和余弦函数关系。

2. 线性旋转变压器

它是在一定的工作转角范围内，其输出电压与转子转角（通常单位为 rad）呈线性函数的一种旋转变压器。

为了获得输出电压与转子转角呈线性函数关系，可以通过对正余弦旋转变压器的定、转子绕组采用不同的联结方式来实现。此外，还有一种单绕组线性旋转变压器，又称为线性感应电位计，它也可以使其输出电压与转子转角在一定的工作转角范围内呈线性函数关系。

3. 比例式旋转变压器

它除了在结构上增加了一个带有调整和锁紧转子位置的装置外，其他都与正余弦旋转变压器相同。它在系统中作为调整电压的比例元件。

4. 特殊函数旋转变压器

它是在一定转角范围内，输出电压与转子转角呈某一给定的函数关系（如正割函数、倒数函数、弹道函数、圆函数以及对数函数等）的一种旋转变压器。它的工作原理和结构与正余弦旋转变压器基本相同。

二、在随动系统中使用的旋转变压器

在随动系统中使用的旋转变压器也可分为以下 3 种形式：

1）旋变发送机。

2）旋变差动发送机。

3）旋变变压器。

以上这 3 种旋转变压器的工作原理与控制式自整角机没有多大区别，只不过它是采用四线制，通常使用在要求精度较高的系统中。

第二节　旋转变压器的结构特点

旋转变压器的结构类似于普通绕线式感应电机。为了获得良好的电气对称性，以提高旋转变压器的精度，它们都设计成两极隐极式的回绕组旋转变压器。

旋转变压器的定、转子铁心是采用高磁导率的铁－镍软磁合金片或高硅钢片经冲制叠装而成。在定子铁心的内圆周和转子铁心的外圆周上都冲有均布齿槽，里面各放置两组空间轴线互相垂直的绕组，以使在运行时得到一次侧或二次侧对称。其绕组通常采用高精度的正弦绕组。

国产的 XZ 系列正余弦旋转变压器、XX 系列线性旋转变压器和 X 系列比例式旋转变压器均为接触式结构。在无接触式旋转变压器中，有一种是将转子绕组引出线做成弹性卷带状，这种转子只能在一定的转角范围内转动，称为有限转角的无接触式旋转变压器；另一种是将两套绕组中的一套自行短接，而另一套则通过环形变压器从定子边引出，因此称它为无限转角的无接触式旋转变压器。

正余弦转变压器的结构如图 5－1 所示。

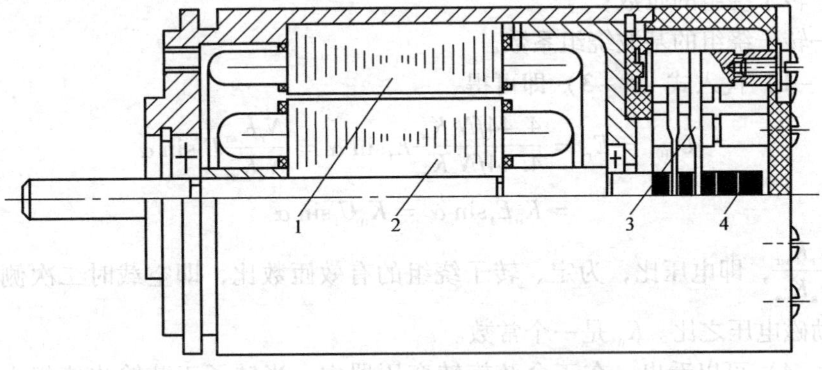

图 5－1　正余弦旋转变压器的结构

1—定子　2—转子　3—电刷　4—集电环

第三节 正余弦旋转变压器的工作原理

一、工作原理

正余弦旋转变压器通常为两极结构，定子上两套绕组的空间位置相差90°。这两套绕组的匝数、形式是完全相同的。其中一个作为励磁绕组，另一个则作为交轴绕组。励磁绕组上施加单相交流电压励磁，电压为U_f，并把励磁绕组的轴线方向确定为直轴d。这时，电机中产生直轴脉振磁通$\dot{\Phi}_d$，如图5-2所示。由直轴脉振磁通在励磁绕组中产生的感应电动势为

$$E_f = 4.44 f N_s K_{ws} \Phi_d \tag{5-1}$$

式中 N_s——定子绕组的匝数；

K_{ws}——定子绕组的基波绕组系数；

Φ_d——直轴脉振磁通的幅值。

若略去励磁绕组的漏阻抗压降，则$E_f = U_f$。当交流励磁电压恒定时，直轴磁通的幅值Φ_d为常数。由于采用了正弦绕组，直轴磁场呈正弦分布。

正余弦旋转变压器的转子上也有两套完全相同的绕组，它们在空间位置上也相差90°。直轴磁通$\dot{\Phi}_d$与转子的正弦输出绕组匝链，并在其中产生感应电动势E_{r1}。这与普通双绕组变压器比较，其励磁绕组相当于变压器的一次侧，正弦输出绕组所匝链磁通Φ_d的多少取决于它和励磁绕组之间的相对位置。

设转子正弦输出绕组的轴线和交轴之间的夹角α为转子转角，如图5-2所示。为了求得正弦输出绕组的开路电压，可先将直轴磁通$\dot{\Phi}_d$分解为两个分量：一个分量为磁通Φ_{r1}，它和正弦输出绕组的轴线方向一致，并在该绕组中产生感应电动势；另一分量为磁通Φ_{r2}，它和正弦输出绕组的轴线方向垂直，因此不会在该绕组中产生感应电动势。这两个磁通分量的幅值大小为

$$\left.\begin{aligned}\Phi_{r1} &= \Phi_d \sin\alpha \\ \Phi_{r2} &= \Phi_d \cos\alpha\end{aligned}\right\} \tag{5-2}$$

正弦绕组的开路电压则为

$$U_{r10} = E_{r1} = 4.44 f N_r K_{wr} \Phi_{r1} = 4.44 f N_r K_{wr} \Phi_d \sin\alpha \tag{5-3}$$

式中 N_r——转子绕组的匝数；

K_{wr}——转子绕组的基波绕组系数。

将式（5-1）代入式（5-3）即可得

$$\begin{aligned}U_{r10} &= E_{r1} = \frac{4.44 f N_r K_{wr}}{4.44 f N_s K_{ws}} E_f \sin\alpha = \frac{N_r K_{wr}}{N_s K_{ws}} E_f \sin\alpha \\ &= K_u E_f \sin\alpha = K_u U_f \sin\alpha\end{aligned} \tag{5-4}$$

式中 $K_u = \frac{N_r K_{wr}}{N_s K_{ws}}$，即电压比，为定、转子绕组的有效匝数比，即空载时二次侧最大输出电压与一次侧励磁电压之比。K_u是一个常数。

由式（5-4）可以看出，在正余弦旋转变压器中，当转子正弦输出绕组空载，并且励磁电压恒定时，其输出电压U_{r10}将与转子转角α呈正弦函数关系。

转子的余弦输出绕组和正弦输出绕组只在空间位置相差 90°，同理可得，余弦输出绕组的开路电压为

$$\begin{aligned} U_{r20} &= K_u U_f \sin(\alpha + 90°) \\ &= K_u U_f \cos\alpha \end{aligned} \tag{5-5}$$

由式（5-5）同样可看出，在正余弦旋转变压器中，当励磁电压恒定，转子的余弦输出绕组的空载输出电压 U_{r20} 将与转子转角 α 呈余弦函数关系。

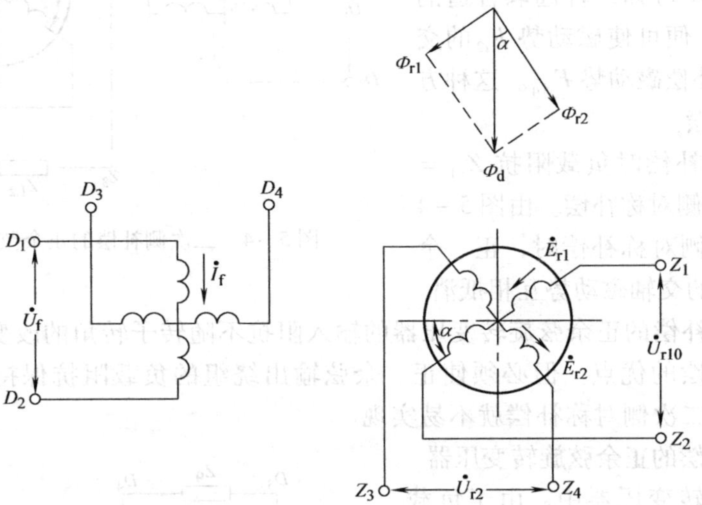

图 5-2　空载运行时的正余弦旋转变压器

二、正余弦旋转变压器的负载运行

当正余弦旋转变压器转子的正弦输出绕组中接入负载阻抗 Z_{L1} 后，便有电流 $\dot{I}_{r1}$ 通过。$\dot{I}_{r1}$ 通过转子绕组后，在正弦输出绕组中产生空间正弦分布的脉振磁动势 F_{r1}。磁动势 F_{r1} 又可在空间分解为直轴分量 F_{r1d} 和交轴分量 F_{r1q}，如图 5-3 所示。

由于电机中存在转子绕组磁动势的交轴分量 F_{r1q}，由它产生交轴磁通，并在正弦输出绕组中也感应电动势。由于交轴磁场的影响，将会使正弦输出绕组中的合成感应电动势 E_n 不再与转子转角 α 保持正弦函数关系，同样也影响到输出电压，使之发生畸变。

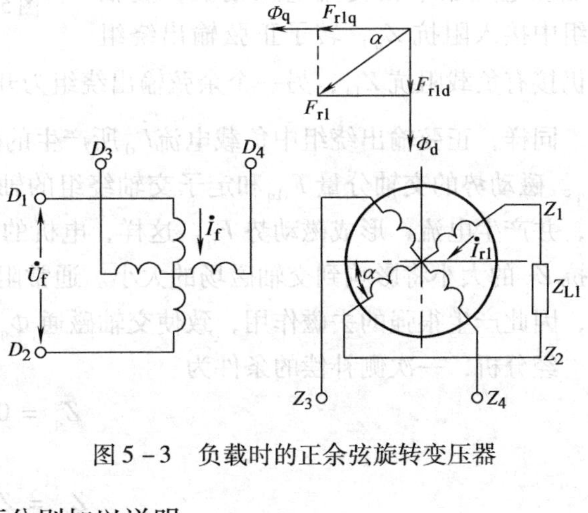

图 5-3　负载时的正余弦旋转变压器

由上述可知，正余弦旋转变压器在负载时输出电压发生畸变，其原因在于负载电流产生的交轴磁场。为了消除输出电压的畸变，就必须在负载时对电机中的交轴磁动势予以补偿。通常可以采用二次侧补偿和一次侧补偿两种方法，下面分别加以说明。

1. 二次侧补偿的正余弦旋转变压器

为了消除正弦输出绕组中因负载电流通过产生的交轴磁动势 F_{r1q}，可以利用余弦输出绕组，并在其输出端接入合适的负载阻抗 Z_{L2}。这样，在余弦输出绕组中也有负载电流通过，同时产生磁动势 F_{r2}。由图 5－4 可知，若选取合适的负载阻抗 Z_{L2} 后，便可使磁动势 F_{r2} 的交轴分量 F_{r2q} 完全补偿磁动势 F_{r1q}。这种方法称为二次侧补偿。

由于二次侧补偿时负载阻抗 $Z_{L1}=Z_{L2}$，故称为二次侧对称补偿。由图 5－4 可看出，在二次侧对称补偿时，正、余弦输出绕组产生的交轴磁动势互相抵消。

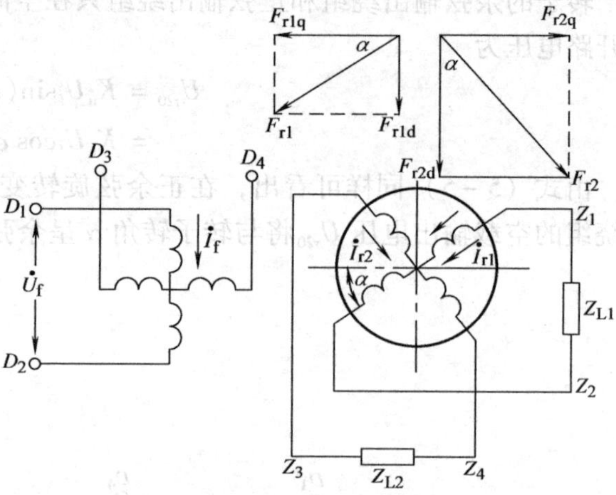

图 5－4　二次侧补偿的正余弦旋转变压器

二次侧对称补偿的正余弦旋转变压器的输入阻抗不随转子转角的改变而变化，这是应用二次侧对称补偿的优点。但必须使正、余弦输出绕组的负载阻抗保持相等。对于变动的负载阻抗时，二次侧对称补偿就不易实现。

2. 一次侧补偿的正余弦旋转变压器

在正余弦旋转变压器中，由于负载电流产生的交轴磁场，将使输出电压发生畸变。为了消除交轴磁场的影响，也可以在定子的交轴绕组中接入合适的负载阻抗，以达到完善解决交轴磁场对输出电压的影响。这种方法称为一次侧补偿，其接线如图 5－5 所示。图 5－5 中，励磁绕组施加单相交流电压励磁，交轴绕组中接入阻抗 Z_q，转子正弦输出绕组中仍接有负载阻抗 Z_{L1}，另一个余弦输出绕组为开路。

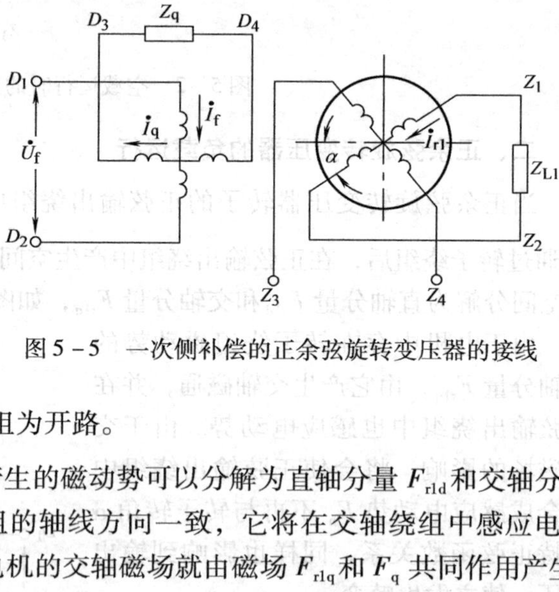

图 5－5　一次侧补偿的正余弦旋转变压器的接线

同样，正弦输出绕组中负载电流 $\dot{I}_{r1}$ 所产生的磁动势可以分解为直轴分量 F_{r1d} 和交轴分量 F_{r1q}。磁动势的交轴分量 F_{r1q} 和定子交轴绕组的轴线方向一致，它将在交轴绕组中感应电动势，并产生电流，形成磁动势 F_q。这样，电机的交轴磁场就由磁场 F_{r1q} 和 F_q 共同作用产生。阻抗 Z_q 的大小将影响到交轴磁场的大小。通常阻抗 Z_q 是很小的，它使交轴绕组近于短路状态，因此产生很强的去磁作用，致使交轴磁通 Φ_q 趋于零，从而消除了输出电压的畸变。

经分析，一次侧补偿的条件为

$$Z_q=0$$

或

$$Z_q=Z_i$$

式中　Z_i——励磁电源的内阻抗。

这种补偿方式也称为一次侧对称补偿。采用一次侧对称补偿时，励磁绕组电流 $\dot{I}_f$ 随转子转角 α 的改变而改变。相应输入功率和输入阻抗也随转子转角 α 而改变，这时输出电压 U_{r1} 随转子转角 α 呈正弦函数变化，且不受负载阻抗 Z_{L1} 变动的影响，这是一次侧补偿的优点。

通常，因励磁绕组施加交流电源的内阻抗 Z_i 很小，当正弦旋转变压器工作时，为了减小输出电压的畸变，常将交轴绕组两端直接短接。实际上，就近似于一次侧对称补偿。

实际使用时，为了达到完善补偿的目的，常常是一次侧、二次侧同时都加以补偿。

三、正余弦旋转变压器的主要技术指标

正余弦旋转变压器作为解算元件时，其精度由函数误差和零位误差来决定。若作为回线自整角机系统使用，其精度便由电气误差来决定。此外，正余弦旋转变压器在检查试验中，还需测定其输出相位移。

1. 正余弦函数误差 f_e

当正余弦旋转变压器的励磁绕组施加单相交流电压励磁，且交轴绕组短接，在不同的转子转角位置时，转子上两个输出绕组的感应电动势与理论的正弦（或余弦）函数值之差对最大理论输出电压之比，称为该旋转变压器的正余弦函数误差。在实际测试中，常常将百分值表示的函数误差折算成相应的角度误差来表示。

2. 零位误差 $\Delta\theta$

当正余弦旋转变压器的励磁绕组施加额定的单相交流电压励磁，且交轴绕组短接，转动转子使两个输出绕组中任意一个的输出电压为最小值时的转子位置称为电气零位。零位误差是实际的电气零位与理论电气零位（即转子转角为 0°、90°、180°、270°）之差，以角分表示。

零位误差的大小将直接影响到解算装置和角度传输系统的精度。

3. 零位电压 U_0

正余弦旋转变压器的转子处于电气零位时，输出电压的大小称为零位电压。旋转变压器的最大零位电压与额定电压之比应不超过规定值。

零位电压由两部分组成：一部分是与励磁电压的频率相同，但相位相差 90°电角度的基波正交分量；另一部分是频率为励磁频率奇数倍的高次波分量。零位电压过高将引起输出电压外接的放大器饱和。

4. 电气误差 $\Delta\theta_e$

当正余弦旋转变压器的励磁绕组施加额定的单相交流电压励磁，且交轴绕组短接，在不同的转子转角 α 时，两个输出绕组的输出电压之比所对应的正切或余切的角度与实际转角之差称为电气误差，通常以角分来表示。

电气误差包括了函数误差、零位误差、电压比误差及阻抗不对称等因素的综合影响。它直接影响到角度传输系统的精度。

正余弦旋转变压器作为解算元件使用时，只测量它的函数误差和零位误差，而不测量它的电气误差；当它作为回线自整角机使用时，则测量它的电气误差，而不测量函数误差和零位误差。这些误差之间可以通过一定的关系进行折算。

5. 输出相位移

当正余弦旋转变压器的励磁施加额定的单相交流电压励磁，且交轴绕组短接，它的输出

电压基波分量和励磁电压基波分量的相位差称为输出相位移。

引起输出电压相位移的主要因素为励磁绕组的电阻和铁心的铁损耗。

第四节　线性旋转变压器

线性旋转变压器是指其输出电压的大小与转子转角 α 成正比关系的旋转变压器。

分析证明，如果旋转变压器的输出电压与转子转角 α 能满足下列函数关系

$$U_{r1} = K_u U_f \frac{\sin\alpha}{1 + K_u \cos\alpha} \tag{5-6}$$

则当电压比 $K_u = 0.5$ 时，可以使转子转角在 $\pm 37.4°$ 范围内其输出电压和转子转角 α 的关系与理想直线比较，误差不会超过 $\pm 0.1\%$。

从理论上讲，若选取最佳电压比值 $K_u = 0.54$ 时，线性误差不超过 $\pm 0.1\%$，转子转角 α 的范围可以扩大到 $\pm 60°$，并具有最高线性精度。但在实际设计中，通常选取电压比值 $K_u = 0.56 \sim 0.57$。

一、一次侧补偿的线性旋转变压器

为了使旋转变压器的输出电压 U_{r1} 和转子转角 α 能满足式（5－6）的函数关系，可将正余弦旋转变压器按图 5－6 所示的方式连接。图 5－6 中，励磁绕组和余弦输出绕组串联以后再接到单相交流电源 U_f 上，且交轴绕组短接作为一次侧补偿；正弦输出绕组中接有负载阻抗 Z_{L1}。这种接线方式就称为一次侧补偿的线性旋转变压器。

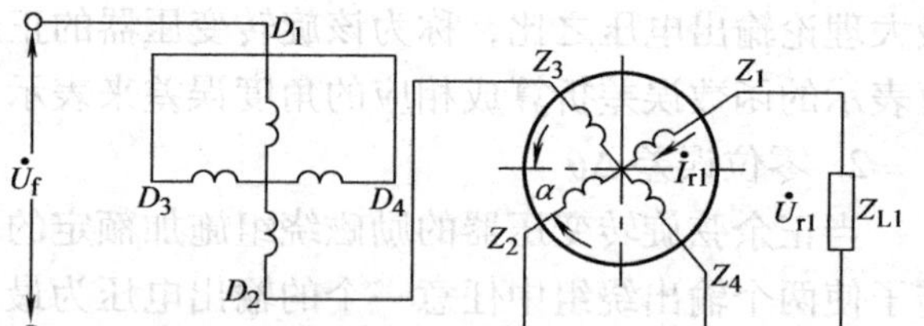

图 5－6　一次侧补偿的线性旋转变压器的连接

首先，分析空载时线性旋转变压器的工作原理。当励磁绕组和余弦输出绕组串联后接到单相交流电源上，便有电流 $\dot{I}_f$ 通过这两个绕组，分别产生磁动势 F_f 和 F_{r2}。F_f 即为直轴磁动势，而磁动势 F_{r2} 可分为两个分量，即直轴分量磁动势 $F_{r2d} = F_{r2}\cos\alpha$ 和交轴分量磁动势 $F_{r2q} = F_{r2}\sin\alpha$。因交轴绕组短接作为一次侧补偿，又忽略定、转子绕组的漏阻抗压降，即可认为交轴分量磁动势 F_{r2q} 被完全抵消。这样，在旋转变压器中只存在直轴磁场。

直轴脉振磁通 Φ_d 分别与励磁绕组和正、余弦输出绕组相匝链，并在其中分别产生感应电动势 E_f、E_{r1} 和 E_{r2}。这些电动势是由同一个脉振磁通 Φ_d 感应产生，因此它们在时间上为同相位。由式（5－1）及式（5－3）可得

$$\begin{cases} E_f = 4.44 f N_s K_{ws} \Phi_d \\ E_{r1} = 4.44 f N_r K_{wr} \Phi_d \sin\alpha \\ E_{r2} = 4.44 f N_r K_{wr} \Phi_d \cos\alpha \end{cases} \tag{5-7}$$

若略去绕组的漏阻抗压降，则

$$\begin{aligned} U_f = E_f + E_{r2} &= 4.44 f N_s K_{ws} \Phi_d + 4.44 f N_r K_{wr} \Phi_d \cos\alpha \\ &= 4.44 f N_s K_{ws} \Phi_d (1 + K_u \cos\alpha) \end{aligned}$$

即

$$\Phi_d = \frac{U_f}{4.44fN_sK_{ws}(1+K_u\cos\alpha)} \tag{5-8}$$

将式（5－8）代入式（5－7）的第二式中，可得输出电压为

$$U_{r10} = E_{r1} = \frac{K_uU_f\sin\alpha}{1+K_u\cos\alpha} \tag{5-9}$$

由式（5－9）可以看出，当正弦输出绕组开路时，并选取了最佳电压比 K_u，则在一定的转角范围内，输出电压 U_{r10} 和转子转角 α 能满足线性函数关系。

当正弦输出绕组接入负载阻抗 Z_{L1} 后，这时虽有负载电流 $\dot{I}_{r1}$ 通过该绕组，但因采用了一次侧补偿，其负载电流 I_{r1} 所产生的磁动势 F_{r1} 的交轴分量仍然可以被完全抵消。正弦输出绕组中的感应电动势 E_{r1} 也和空载时的一样，所以在一定的转角范围内，输出电压与转子转角 α 仍然满足线性函数关系。

二、二次侧补偿的线性旋转变压器

二次侧补偿的线性旋转变压器的接线方式如图 5－7 所示。

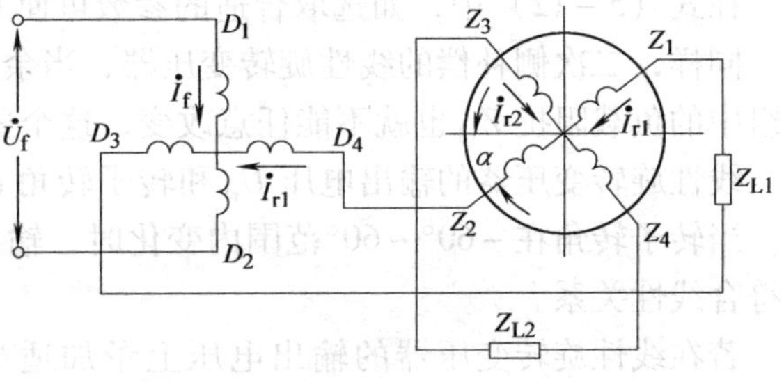

图 5－7　二次侧补偿的线性旋转变压器

图 5－7 中，励磁绕组施加电压（$\dot{U}_f$），交轴绕组和正弦输出绕组串联后，接入负载阻抗 Z_{L1}。它是按二次侧补偿的条件来选取，使正、余弦输出绕组所产生的交轴分量磁动势在任何转子转角 α 时都相互补偿。

若略去励磁绕组的漏阻抗压降，则直轴磁通 $\dot{\Phi}_d$ 在正弦输出绕组中产生的感应电动势为

$$\dot{E}_{r1d} = -K_u\dot{U}_f\sin\alpha$$

又负载电流 $\dot{I}_{r1}$ 通过交轴绕组后，将产生产交轴磁通 $\dot{\Phi}_q$，即

$$\Phi_q = \Lambda F_q = \frac{4}{\pi}\sqrt{2}N_sK_{ws}\Lambda I_{r1}$$

式中　Λ——旋转变压器主磁路中的磁导。

由交轴磁通 $\dot{\Phi}_q$ 在正弦输出绕组中产生的感应电动势为

$$\begin{aligned}\dot{E}_{r1q} &= -\mathrm{j}4.44fN_rK_{wr}\Phi_q\cos\alpha\\ &= -\mathrm{j}4.44fN_rK_{wr}\frac{4}{\pi}\sqrt{2}N_sK_{ws}\Lambda I_{r1}\cos\alpha\\ &= -\mathrm{j}8fN_rK_{wr}N_{ws}\Lambda I_{r1}\cos\alpha\end{aligned}$$

正弦输出绕组的感应电动势为

$$\dot{E}_{r1} = \dot{E}_{r1d} + \dot{E}_{r1q} = -K_u\dot{U}_f\sin\alpha - \mathrm{j}8fN_rK_{wr}N_{ws}\Lambda I_{r1}\cos\alpha$$

又负载电流

$$I_{r1} = \frac{\dot{E}_{r1}}{Z_{Br}+Z_{L1}+Z_0}$$

式中　Z_0——定子绕组的空载阻抗。所以

$$\dot{E}_{r1} = -K_u \dot{U}_f \sin\alpha - j8fN_r K_{wr} N_{ws} \Lambda \frac{\dot{E}_{r1}}{Z_{Br} + Z_{L1} + Z_0} \cos\alpha$$
$$= -K_u \dot{U}_f \sin\alpha - C\dot{E}_{r1}\cos\alpha \quad (5-10)$$

式中 $C = j\frac{8fN_r K_{wr} N_{ws} \Lambda}{Z_{Br} + Z_{L1} + Z_0}$——复常数。

由式（5－10）可得出

$$E_{r1} = -\frac{K_u U_f \sin\alpha}{1 + C\cos\alpha} \quad (5-11)$$

二次侧补偿时的线性旋转变压器的输出电压为

$$U_{r1} = I_{r1} Z_{r1} = \frac{Z_{L1}}{Z_{Br} + Z_{L1} + Z_0} \frac{K_u U_f \sin\alpha}{1 + C\cos\alpha} \quad (5-12)$$

在式（5－12）中，如选取合适的参数可使 $C \approx 0.54$，便可满足线性输出电压的要求。

同样，二次侧补偿的线性旋转变压器，当余弦输出绕组接入某一阻抗 Z_{L2} 后，正弦输出绕组中的负载阻抗 Z_{L1} 也就不能任意改变，这个要求在实际应用中不易实现。

线性旋转变压器的输出电压 U_{r1} 和转子转角 α 的关系曲线如图 5－8a 所示。在图 5－8a 中，当转子转角在－60°～60°范围内变化时，输出电压 U_{r1} 与转子转角 α 的关系可足够精确地符合线性关系。

若在线性旋转变压器的输出电压上予加适当的偏置电压，就可使转子转角 α 在 0°～120°的范围内输出电压满足线性关系，如图 5－8b 所示。

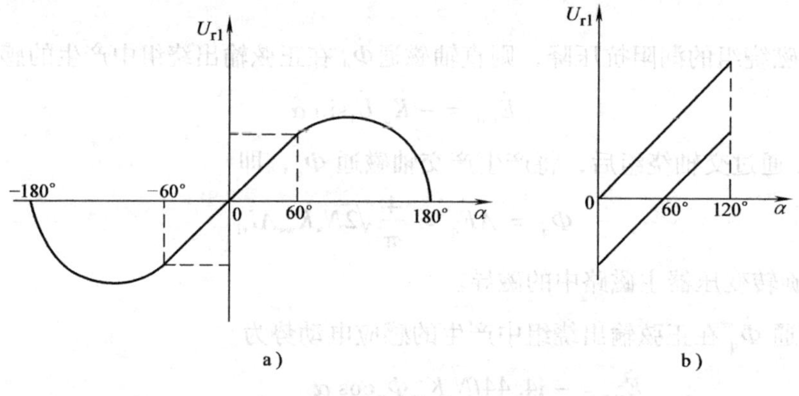

图 5－8 线性旋转变压器输出电压与转子转角的关系曲线
a）正常输出电压 b）加偏置电压后的输出电压

三、单绕组线性旋转变压器

单绕组线性旋转变压器又称为线性感应电位计。国产的这种电机型号为 XDX。它的结构形式和旋转变压器相似，做成两极式的隐极结构。通常在定子铁心的直径方向上冲有两个大槽，槽内放置整距集中绕组作为输出绕组。转子铁心上冲有均匀分布的 4 个大槽，其中对径方向的两个大槽中放置整距集中绕组，并由集电环电刷引出作为励磁绕组；另一对径方向的两个大槽放置同样的整距集中绕组，并自行短接作为交轴绕组。其电路如图 5－9 所示。

当励磁绕组外施额定励磁电压 U_f 后，若铁心磁路不饱和，略去其磁阻的影响，则在电机中除槽口以外，气隙磁通密度 B 是均匀分布的，且其波形是矩形脉振波。

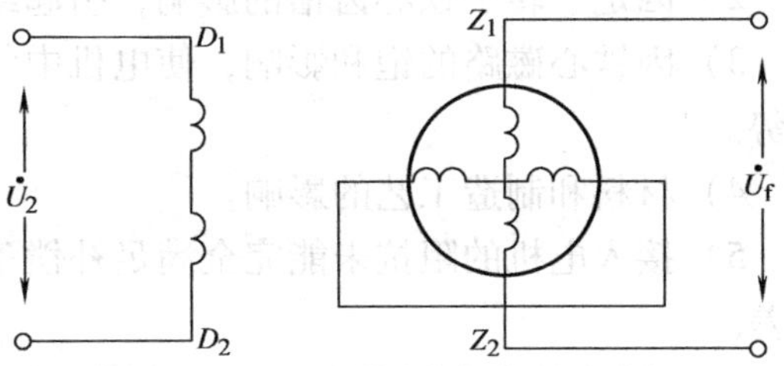

图 5－9 单绕组线性旋转变压器的电路

以电机的励磁绕组和输出绕组的轴线相互垂直时作为转子的零位状态。此时，输出绕组所匝链的磁通为零，相应输出电压也为零。当转子转过 α 角以后，由图 5－10 可以看出，输出绕组中所匝链的磁能为

$$\Phi = \frac{2\alpha}{\pi}\tau LB = \frac{2\alpha}{\pi}\tau LB_m\sin\omega t = \frac{2\alpha}{\pi}\Phi_m\sin\omega t \tag{5-13}$$

式中 L——铁心的有效长度；

τ——电机的极距，即 $\tau=\pi D/2$。D 为气隙的平均直径。

由上式可知，输出绕组中所匝链的磁通 Φ 将正比于转子转角 α，所以输出绕组的感应电动势为

$$e_2 = -N_s\frac{d\Phi}{dt} = -\omega N_s\frac{2\alpha}{\pi}\Phi_m\cos\omega t$$

$$= 4\alpha fN_s\Phi_m\sin(\omega t-90^\circ)$$

$$= E_m\sin(\omega t-90^\circ) \tag{5-14}$$

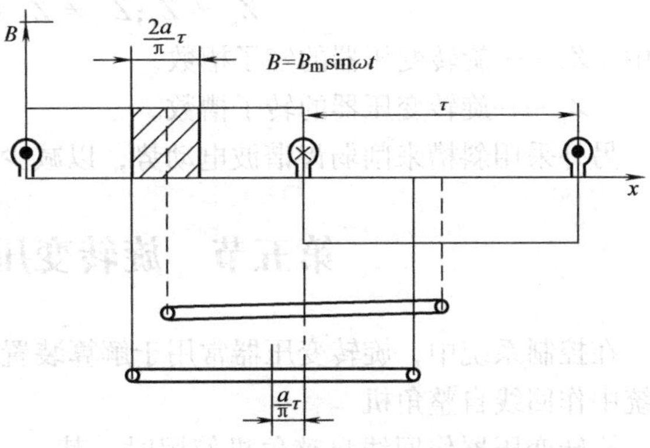

图 5－10 单绕组线性旋转变压器气隙中磁通密度的分布

输出绕组感应电动势的有效值为

$$E_2 = \frac{1}{\sqrt{2}}E_m = 2\sqrt{2}\alpha fN_s\Phi_m \tag{5-15}$$

由式（5－15）可看出，当励磁绕组外施恒定电压励磁，又忽略其绕组的漏阻抗压降，则主磁通中 Φ_m 为常数，此时，输出绕组的感应电动势与转子转角 α 成正比关系，符合对线性旋转变压器输出特性的基本要求。

由于槽口的影响和铁心中磁阻的不同，气隙磁通密度并非均匀分布，所以为满足线性精度的要求，对单绕组线性旋转变压器转子的转角范围就有一定的限制。若线性误差不超过 0.3% 时，转子的转角范围约为 ±35°；线性误差不超过 0.5% 时，转子的转角范围约为 ±60°。

交轴绕组的作用和旋转变压器中交轴绕组的作用相同，此处不再叙述。

另外，单相绕组线性旋转变压器在工作时，因输出绕组中有负载电流通过时还将产生直轴分量磁动势，进而使励磁绕组的电流也发生相应的改变。励磁绕组的漏阻抗也随之变化，致使主磁通 Φ_m 随转子转角 α 而有所变动，进而使输出电压的相位角也将随转子转角 α 而改变。这一缺点使其应用范围受到了相应的限制。

四、旋转变压器的误差及其改进方法

旋转变压器在实际工作中，有许多的因素影响到其输出电压与转子转角所要求的函数关系，从而引起输出电压的误差。产生这些误差的原因主要有以下几方面：

1）绕组中有电流流过时，它产生的磁动势在空间为非正弦分布，引起磁场的绕组谐波。

2）因定、转子铁心齿槽的影响，引起绕组中感应电动势的齿谐波。

3）因铁心磁路的饱和影响，使电机中气隙磁通密度在空间为非正弦分布而引起谐波电动势。

4）材料和制造工艺的影响。

5）接入电机的阻抗未能完全满足补偿条件而使电机存在交轴磁动势，造成输出电压的误差。

产生误差的许多因素中，如工艺误差可以通过在电机加工过程中保证严格的工艺要求，使其降低到所允许的限度；电路上的误差也根据系统的要求采用一次侧对称补偿，二次侧对称补偿，或一次侧、二次侧同时补偿来消除；而因绕组的结构形式引起的绕组谐波，由定、转子铁心齿槽影响引起的齿谐波和铁心磁饱和引起的谐波，并由此带来的误差，必须在电机设计中加以考虑解决。如采用同心式正弦绕组，应使绕组的各次谐波消弱到相当小的程度。

为了避免一、二次侧齿谐波磁动势的耦合，使定、转子槽数必须满足下列条件：

$$Z_s \neq Z_r; Z_s \neq Z_r + 2; Z_s \neq 2Z_r。$$

式中 Z_s——旋转变压器的定子槽数；

Z_r——旋转变压器的转子槽数。

另外采用斜槽来削弱齿谐波电动势，以减少齿谐波对精度的影响。

第五节 旋转变压器的应用举例

在控制系统中，旋转变压器常用于解算装置，称为解算元件；也用于高精度的角度传输系统中作回线自整角机。

旋转变压器作回线自整角机使用时，其工作原理及使用要求和自整角机完全一样。它也可以分为旋变发送机、旋变差动发送机和旋变变压器 3 种。其工作电路如图 5－11 所示。

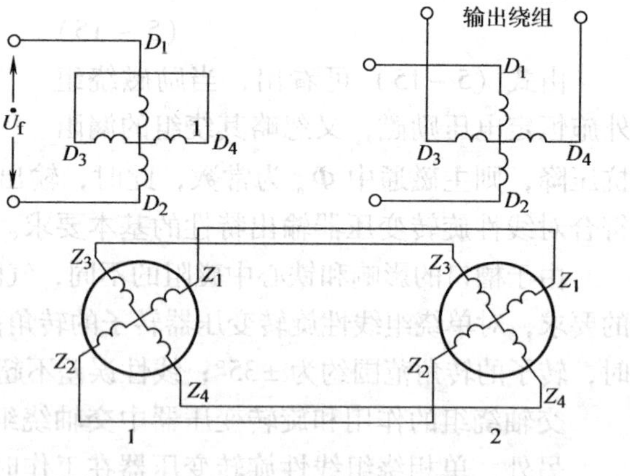

图 5－11 角度传输系统中的旋转变压器工作电路
1—旋变发送机 2—旋变变压器

下面介绍旋转变压器在解算装置中的应用。

一、矢量求解与坐标变换

1. 矢量分解

如图 5－12 所示，在正余弦旋转变压器的励磁绕组上施加正比于矢量模值的励磁电压，转子则从电气零位转过一个等于矢量角 α 的转角。若此旋转变压器的电压比 $K_u = 1$，这时转子两绕组的输出电压即正比于该矢量的两个正交分量。

$$\begin{cases} U_y = U_{r1} = K_u U_f \sin\alpha = U_f \sin\alpha \\ U_x = U_{r2} = K_u U_f \cos\alpha = U_f \cos\alpha \end{cases} \tag{5-16}$$

上述关系也可用符号表示，如图 5－13 所示。这种电路也适用于将极坐标系统变换到直角坐标系统。

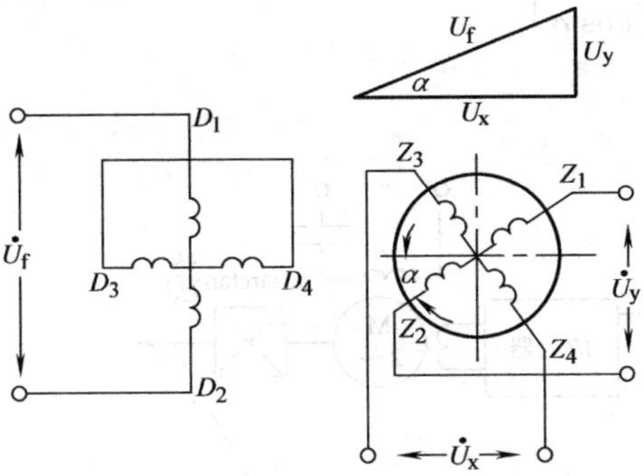

图 5－12　正余弦旋转变压器进行矢量分解时的电路

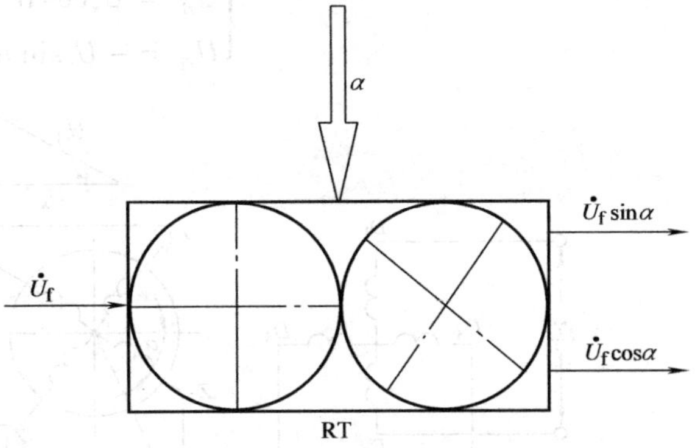

图 5－13　矢量分解时旋转变压器的符号

矢量分解的典型应用之一就是飞机位置的极坐标变换成直角坐标。整个过程是采用两台旋转变压器，如图 5－14 所示。

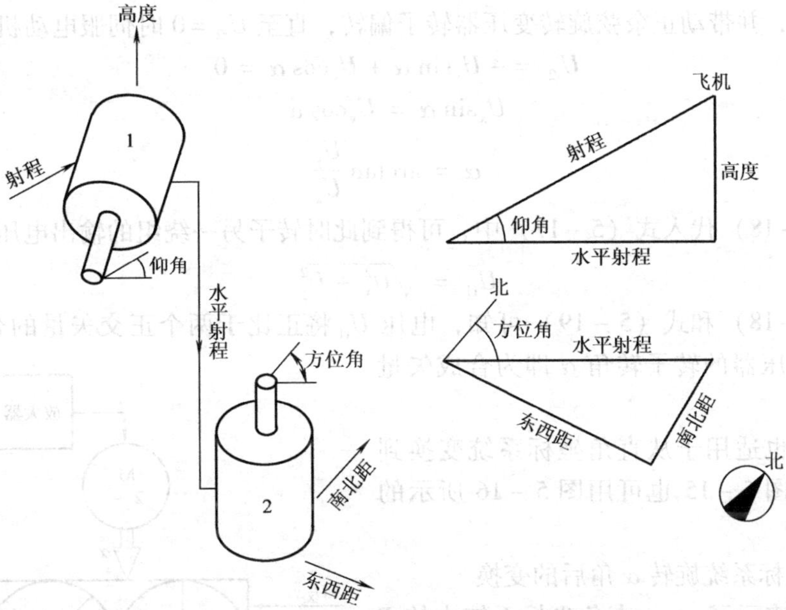

图 5－14　将飞机位置的极坐标变换到直角坐标

第一台正余弦旋转变压器将正比于射程的电压分解为正比于水平射程和高度的电压分量；第二台正余弦旋转变压器再将正比于水平射程的电压分解为与南北距和东西距成正比的两个电压分量。

2. 矢量合成

正余弦变压器作矢量合成时的电路如图 5－15 所示。在正余弦旋转变压器的励磁绕组和交轴绕组分别施加两个正比于正交矢量模值的励磁电压 U_y、U_x。若该正余弦旋转变压器的电压比 $K_u=1$，这时转子两绕组的输出电压分别为

$$\begin{cases} U_{r1} = U_x\cos\alpha + U_y\sin\alpha \\ U_{r2} = -U_x\sin\alpha + U_y\cos\alpha \end{cases} \tag{5-17}$$

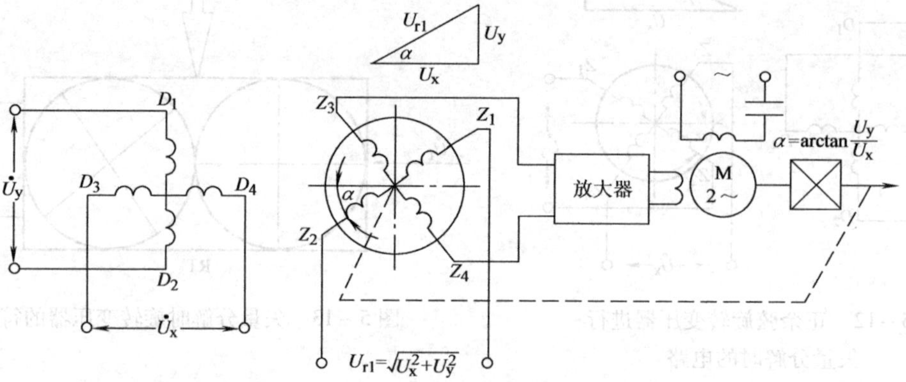

图 5-15 正余弦旋转变压器作矢量合成时的电路

现将电压 U_{r2} 经过放大器接到两相伺服电动机 M 的控制绕组后，伺服电动机 M 因加入控制信号而转动，并带动正余弦旋转变压器转子偏转，直至 $U_{r2}=0$ 时伺服电动机停转。因

$$U_{r2} = -U_x\sin\alpha + U_y\cos\alpha = 0$$

$$U_x\sin\alpha = U_y\cos\alpha$$

$$\alpha = \arctan\frac{U_y}{U_x} \tag{5-18}$$

将式（5-18）代入式（5-17）中，可得到此时转子另一绕组的输出电压为

$$U_{r1} = \sqrt{U_x^2 + U_y^2} \tag{5-19}$$

由式（5-18）和式（5-19）可知，电压 U_{r1} 将正比于两个正交矢量的合成矢量的模值，而旋转变压器的转子转角 α 即为合成矢量的幅角。

这种电路也适用于从直角坐标系统变换到极坐标系统。图 5-15 也可用图 5-16 所示的符号来表示。

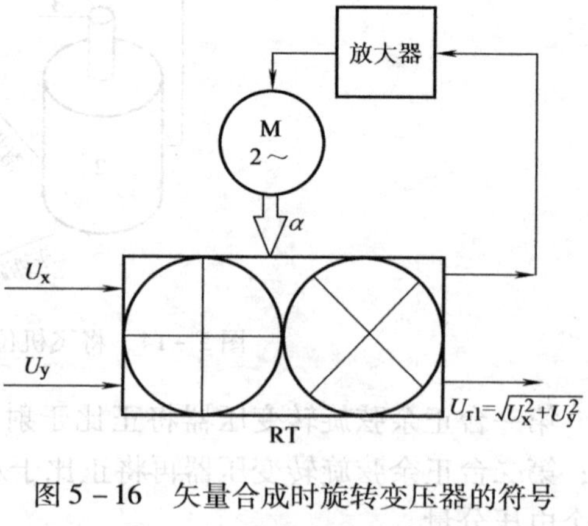

图 5-16 矢量合成时旋转变压器的符号

3. 直角坐标系统旋转 α 角后的变换

图 5-17 表示了 x、y 直角坐标系统中的 P 点坐标变换到 u、v 直角坐标系统后坐标的转换关系。因两坐标系统间旋转了 α 角，则

$$\begin{cases} u_1 = x_1\cos\alpha + y_1\sin\alpha \\ v_1 = -x_1\sin\alpha + y_1\cos\alpha \end{cases} \tag{5-20}$$

采用图 5-18 所示的正余弦旋转变压器的接线就可以完成上述坐标系统的变换。此时，将正比于坐标值 x_1、y_1 的电压 U_x、U_y 分别加到正余弦旋转变压器的交轴绕组和励磁绕组上，并把转子从电气零位转过 α 角，此转角就等于两直角坐标系统之间的夹角。若正余弦旋转变压器的电压比 $K_u=1$，则转子两绕组的输出电压分别为

$$\begin{cases} U_{r1} = U_{x1}\cos\alpha + U_{y1}\sin\alpha \\ U_{r2} = -U_{x1}\sin\alpha + U_{y1}\cos\alpha \end{cases} \quad (5-21)$$

式（5－21）中，因电压 U_x、U_y 分别和坐标值 x_1、y_1 成正比，那么电压 U_{r1}、U_{r1} 也必然分别与坐标值 x_1、y_1 成正比。这便可以实现相互偏转 α 角的两个直角坐标系统之间坐标值的变换。

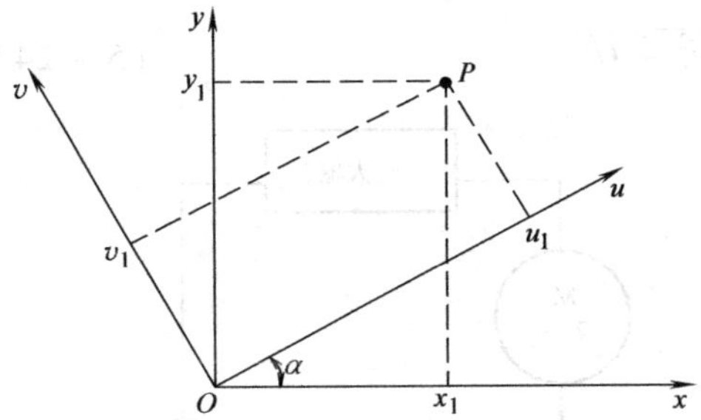

图 5－17　直角坐标系统旋转 α 角后的变换关系

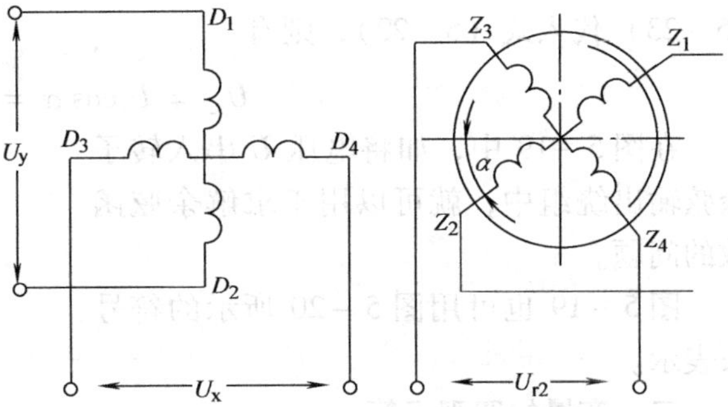

图 5－18　正余弦旋转变压器作直角坐标旋转 α 角变换时的接线

二、反三角函数运算

正余弦旋转变压器除了可以得到和转子转角成正弦或余弦函数关系的输出电压外，还可以求解反三角函数。在利用正余弦旋转变压器进行矢量合成时，求解合成矢量的幅角 α，实际上就是反正切函数的求解问题，式（5－18）便可证实。

图 5－19 所示的电路是用正余弦旋转变压器求解反正弦函数问题。当它的交轴绕组短接，励磁绕组施加正比于直角三角形斜边大小的励磁电压 U_f，若正余弦旋转变压器的电压比 $K_u = 1$，这时转子两绕组的输出电压分别为

$$\begin{cases} U_{r1} = U_f\sin\alpha \\ U_{r2} = U_f\cos\alpha \end{cases} \quad (5-22)$$

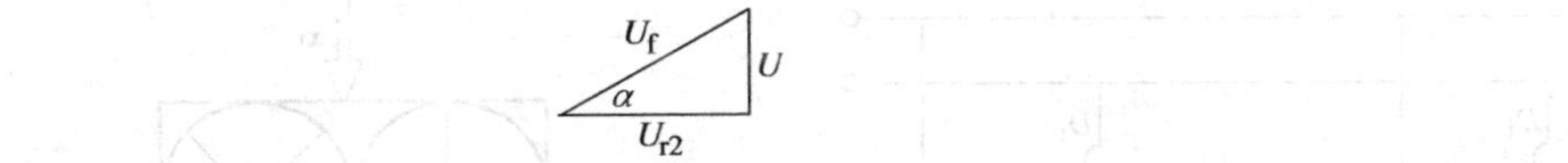

图 5－19　正余弦旋转变压器用作求解反正弦函数时的电路

将正比于直角三角形一直角边大小的电压 U 串入转子的正弦输出绕组中，这时放大器便有输出电压信号加到两相伺服电动机的控制绕组上，伺服电动机即转动并同时带动正余弦

旋转变压器的转子偏转，直至 $U=U_{r1}$ 时，放大器的输出电压信号为零，伺服电动机停转，即

$$U=U_{r1}=U_f\sin\alpha$$

$$\alpha=\arcsin\frac{U}{U_f} \tag{5-23}$$

相应转子余弦输出绕组的输出电压 U_{r2} 与直角三角形的另一直角边的大小成正比。将式（5－23）代入式（5－22），则有

$$U_{r2}=U_f\cos\alpha=\sqrt{U_f^2-U^2} \tag{5-24}$$

在图 5－19 中，如将电压 U 串入转子余弦输出绕组中，就可以用于求解余弦函数的问题。

图 5－19 也可用图 5－20 所示的符号来表示。

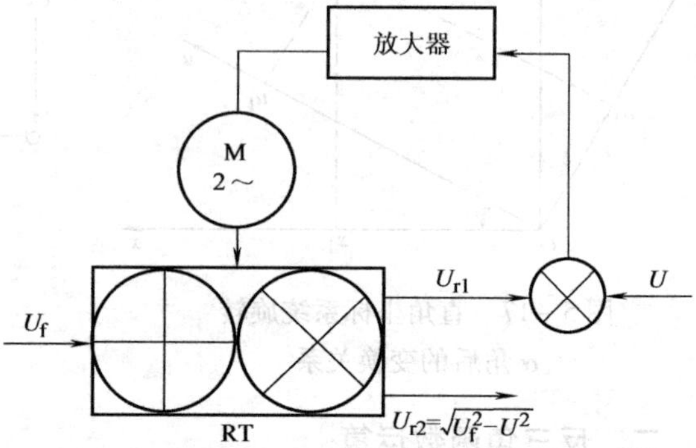

图 5－20　求解反正弦（反余弦）函数时旋转变压器的符号

三、变量的四则运算

1. 加、减法

若有两个量（x_1、x_2）以转角的形式给出，欲用电气方法相加或相减是可利用两台线性旋转变压器 RT_1 和 RT_2 来进行的。先将需要进行加、减的两个量 x_1、x_2 变换成正比于它们的电压 $K_uU_fx_1$、$K_uU_fx_2$，然后再把这两台旋转变压器的转子输出绕组串联起来（见图 5－21），最后由这两个电压极性相同还是相反来决定串联后的合成电压 U_{rsL} 是两电压的和或差，即

$$U_{rsL}=K_uU_f(x_1\pm x_2) \tag{5-25}$$

由式（5－25）可见，串联后的合成电压 U_{rsL} 正比于 x_1、x_2 两个量的和或差。

图 5－21 也可用图 5－22 所示的符号来表示。

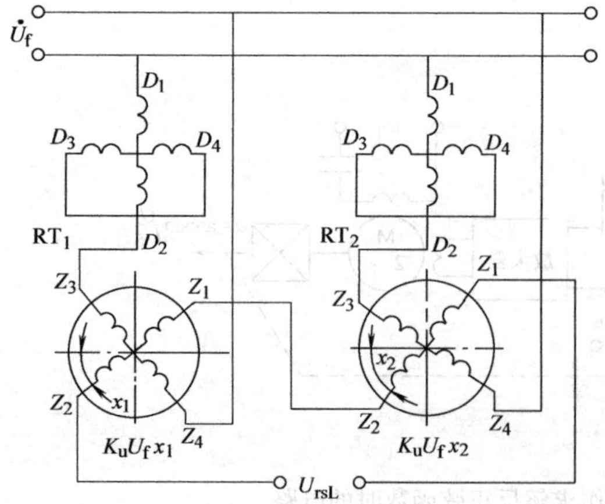

图 5－21　用线性旋转变压器进行加、减法运算时的电路

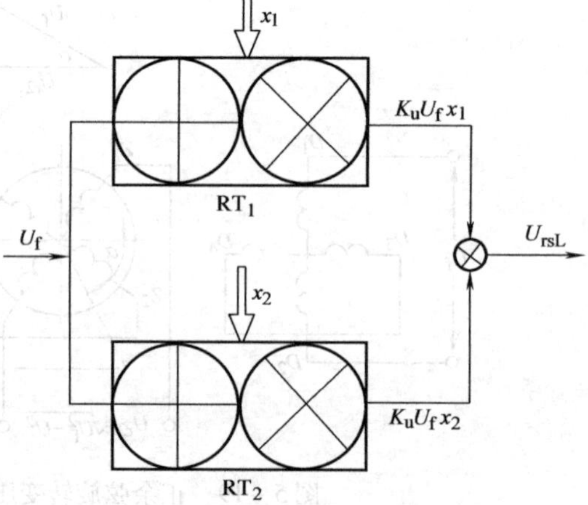

图 5－22　用线性旋转变压器进行加、减法运算时的符号

由式（5－25）可知，合成电压 U_{rsL} 中还存在与（$x_1 \pm x_2$）成正比的比例常数 $K_u U_f$。欲消去这一常数的影响，可采用图 5－23 所示的自动平衡系统。当两相伺服电动机 M 停转时，应有

$$K_u U_f y = K_u U_f (x_1 \pm x_2)$$

则

$$y = x_1 \pm x_2 \tag{5-26}$$

由线性旋转变压器 RT_3 的转子转角 y 就可直接得出所要进行加、减的 x_1 与 x_2 的和或差。

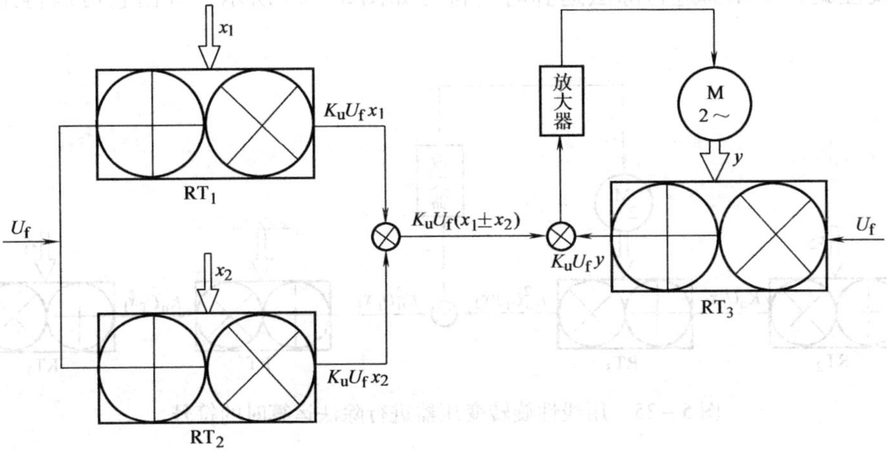

图 5－23 采用自动平衡系统作加、减法运算时的符号

2. 乘法

若有两个量（x_1、x_2）均以转角形式给出，欲用电气方法求积时，可用线性旋转变压器来完成。图 5－24 为此系统的符号，并由它可以得出相应的电路图。

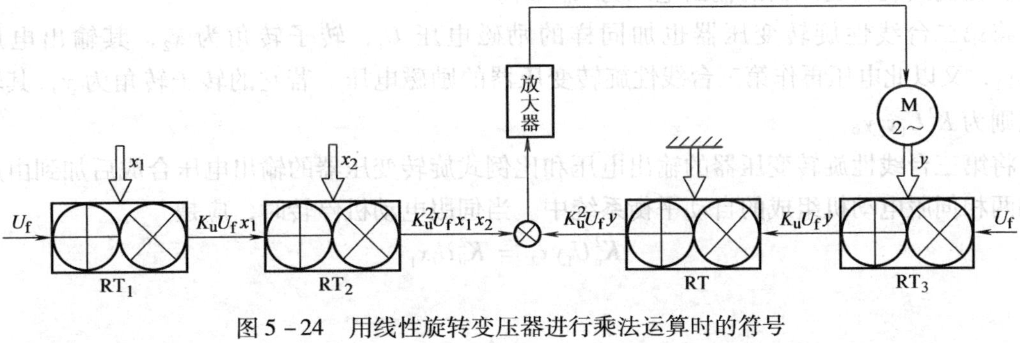

图 5－24 用线性旋转变压器进行乘法运算时的符号

设图 5－24 中的线性旋转变压器 RT_1、RT_2、RT_3 和比例式旋转变压器 RT 的电压比均为 K_u。第一台线性旋转变压器施加励磁电压 U_f，转子转角为 x_1，其输出电压为 $K_u U_f x_1$，并将此电压作为第二台线性旋转变压器的励磁电压。它的转子转角为 x_2，其输出电压为 $K_u^2 U_f x_1 x_2$。

第三台线性旋转变压器也加同样的励磁电压 U_f，若它的转子转角为 y，其输出电压为 $K_u U_f y$，并将此电压作为比例式旋转变压器的励磁电压。这台比例式旋转变压器为正余弦旋转变压器，又使其正弦输出绕组的轴线与励磁绕组在空间位置相一致，再通过锁紧装置将其

固定。这时，比例式旋转变压器的输出电压为 $K_u^2 U_f y$。

将第二台线性旋转变压器的输出电压和比例式旋转变压器的输出电压合成后，加到由放大器和两相伺服电动机组成的自动平衡系统中。当伺服电动机停转时，应是

$$K_u^2 U_f y = K_u^2 U_f x_1 x_2$$

则

$$y = x_1 x_2 \tag{5-27}$$

3. 除法

利用线性旋转变压器进行除法运算时的符号如图 5 - 25 所示，并由它可以得出相应的电路图。

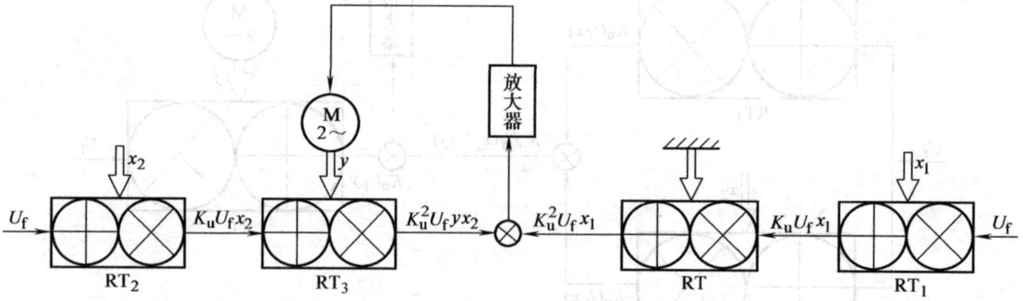

图 5 - 25 用线性旋转变压器进行除法运算时的符号

设图 5 - 25 中的线性旋转变压器 RT_1、RT_2、RT_3 和比例式旋转变压器 RT 的电压比均为 K_u。第一台线性旋转变压器施加励磁电压 U_f，转子转角为 x_1，其输出电压为 $K_u U_f x_1$，并将此电压作为第二台线性旋转变压器 RT 的励磁电压。该比例式旋转变压器为正余弦旋转变压器，并使其转子正弦输出绕组线与励磁绕组线的空间位置相一致，再由锁紧装置将其固定。这样，比例式旋转变压器的输出电压为 $K_u^2 U_f x_1$。

将第二台线性旋转变压器也加同样的励磁电压 U_f，转子转角为 x_2，其输出电压为 $K_u U_f x_2$，又以此电压再作第三台线性旋转变压器的励磁电压。若它的转子转角为 y，其输出电压则为 $K_u^2 U_f x_2 y$。

将第三台线性旋转变压器的输出电压和比例式旋转变压器的输出电压合成后加到由放大器和两相伺服电动机组成的自动平衡系统中。当伺服电动机停转时，应是

$$K_u^2 U_f y x_2 = K_u^2 U_f x_1$$

则

$$y = \frac{x_1}{x_2} \tag{5-28}$$

四、函数的微分和积分运算

1. 函数的微分运算

利用线性旋转变压器和异步测速发电机进行函数微分运算的符号如图 5 - 26 所示，并由它可以得出相应的电路图。

函数 $x = f(t)$ 可用转角随时间的变化关系来表达，并将它加在异步测速发电机 G 的转轴上。异步测速发电机的励磁绕组施加励磁电压 U_f，则其输出电压为

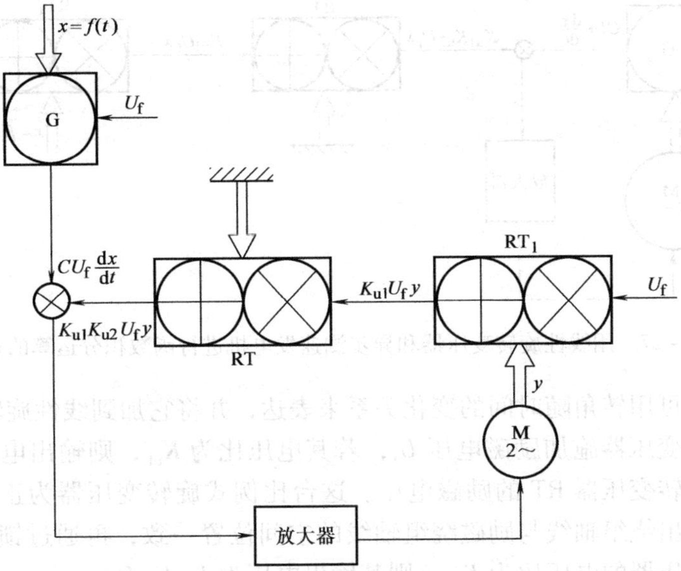

图 5-26 用线性旋转变压器和异步测速发电机进行函数微分运算的符号

$$U_2 = CU_f\omega = CU_f\frac{dx}{dt} \tag{5-29}$$

式中 ω——异步测速发电机转子的旋转角速度；

C——比例常数。

线性旋转变压器 RT_1 施加同样的励磁电压 U_f，若其电压比为 K_{u1}，转子转角为 y，则输出电压是 K_uU_fy，并将此电压作为比例式旋转变压器 RT 的励磁电压。这台比例式旋转变压器为正余弦旋转变压器，又使其转子正弦输出绕组轴线与励磁绕组轴线的空间位置一致，再通过锁紧装置将其固定。若比例式旋转变压器的电压比为 K_{u2}，则其输出电压为 $K_{u1}K_{u2}U_fy$。

将比例式旋转变压器的输出电压和异步测速发电机的输出电压合成后，加到由放大器和两相伺服电动机组成的自动平衡系统中。当伺服电动机停转时，应有

$$CU_f\frac{dx}{dt} = K_{u1}K_{u2}U_fy$$

则

$$y = \frac{C}{K_{u1}K_{u2}}\frac{dx}{dt} = \frac{C}{K_{u1}K_{u2}}f'(t) \tag{5-30}$$

由式（5-29）可知，线性旋转变压器的转子转角 y 就是函数 $x = f(t)$ 的微分。式（5-30）中的 $\frac{C}{K_{u1}K_{u2}}$ 为微分比例常数。当比例式旋转变压器转子转动 α 角后，上式分母中的 K_{u2} 将用 $K_{u2}\sin\alpha$ 代替。若 α 角由 0°变动到 90°，则上式分母中的 K_{u2} 可由 0 到 K_{u2} 值之间连续变化，这就可使 $\frac{C}{K_{u1}K_{u2}}$ 作为计算时所需的比例常数值。

2. 函数的积分运算

利用线性旋转变压器和异步测速发电机进行积分运算的符号如图 5-27 所示，并由它可以得出相应的电路图。

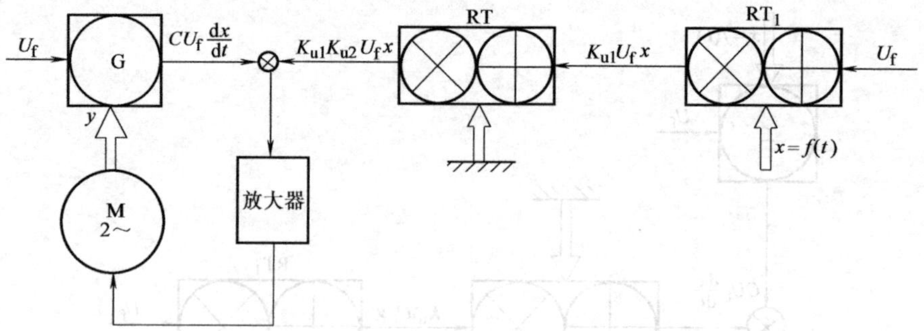

图 5-27 用线性旋转变压器和异步测速发电机进行函数积分运算的符号

函数 $x=f(t)$ 可用转角随时间的变化关系来表达，并将它加到线性旋转变压器 RT_1 的转轴上。此线性旋转变压器施加励磁电压 U_f，若其电压比为 K_{u1}，则输出电压为 K_uU_fx。将此电压作为比例式旋转变压器 RT 的励磁电压。这台比例式旋转变压器为正余弦旋转变压器，又使其转子正弦输出绕组轴线与励磁绕组轴线的空间位置一致，再通过锁紧装置将其固定。若比例式旋转转变压器的电压比为 K_{u2}，则其输出电压为 $K_{u1}K_{u2}U_fx$。

异步测速发电机的转轴由自动平衡系统中的两相伺服电动机的转轴带动。在它的励磁绕组上施加同样的励磁电压 U_f，若转子转角为 y，则由式（5-29）可知异步测速发电机的输出电压为 $CU_f\dfrac{dx}{dt}$。

将比例式旋转变压器的输出电压和异步测速发电机的输出电压合成后，加到由放大器向两相伺服电动机组成的自动平衡系统中。当伺服电动机停转时，应有

$$CU_f\frac{dx}{dt}=K_{u1}K_{u2}U_fx$$

$$y=\frac{K_{u1}K_{u2}}{C}\int x\mathrm{d}t=\frac{K_{u1}K_{u2}}{C}\int f(t)\,\mathrm{d}t \tag{5-31}$$

由式（5-31）可知，异步测速发电机转子转角 y 就是函数 $x=f(t)$ 的积分。上式中的 $\dfrac{K_{u1}K_{u2}}{C}$ 为积分比例常数。通过调节比例式旋转变压器转子的转角 α 就可以改变式（5-31）中 K_{u2} 值的大小，使 $\dfrac{K_{u1}K_{u2}}{C}$ 值为计算时所需的比例常数。

第六节 感应移相器

感应移相器是一种输出电压的幅值恒定而相位角与转子转角成线性函数关系的交流控制电机。它的结构形式和正余弦旋转变压器相同。实际上，它是旋转变压器的一种特殊工作方式。

感应移相器在自动控制系统中作为移相元件用。它有多种分类方法，如按所使用的电源来分，有单相、两相、三相感应移相器；如按电机的极对数来分，有单极对和多极对感应移相器；如按结构上有无集电环、电刷的滑动接触来分，有接触式和无接触式感应移相器。此外还有双通道感应移相器。

国产的感应移相器有 YG 系列，是一种接触式单极对感应移相器。

一、感应移相器的工作原理

将正余弦旋转变压器作为移相器使用，其工作原理如图 5－28 所示。

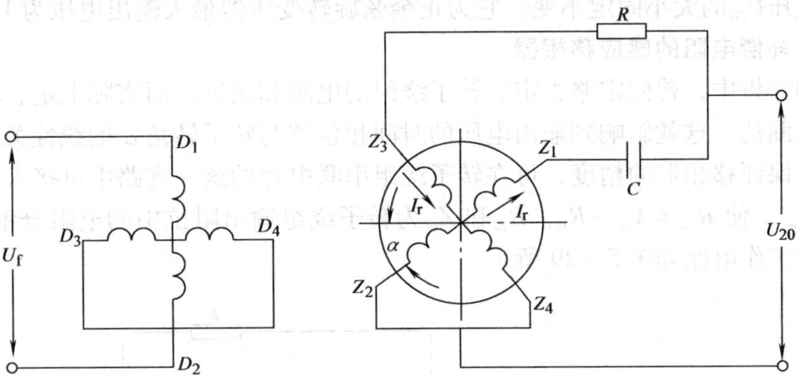

图 5－28 感应移相器的工作原理

正余弦旋转变压器 RT 的励磁绕组施加额定励磁电压 U_f，交轴绕组短接。转子的正弦输出绕组与电容 C 串联，余弦输出绕组与电阻 R 串联，然后再将两个转子绕组支路并联起来，得到输出电压 U_{20}。

当二次侧空载时，按图 5－28 所示电压、电流的方向为正方向，并略去旋转变压器定、转子绕组的电阻（$R_s = R_r = 0$）和漏抗（$X_{\sigma s} = X_{\sigma r} = 0$），由转子的正弦输出绕组支路可得

$$U_{20} = K_u U_f \sin\alpha - I_r Z_0 \tag{5-32}$$

同时，可由转子回路得出

$$I_r = \frac{K_u U_f \sin\alpha - K_u U_f \cos\alpha}{Z_r + Z_0}$$

代入式（5－32），又因

$$\begin{cases} Z_r = R \\ Z_0 = \dfrac{1}{jwC} = -j\dfrac{1}{wC} \end{cases}$$

所以

$$U_{20} = K_u U_f \left[\sin\alpha - (\sin\alpha - \cos\alpha) \frac{-j\dfrac{1}{wC}}{R - j\dfrac{1}{wC}} \right] \tag{5-33}$$

若调节电阻 R 的大小，使 $R = 1/wC$，则式（5－33）变为

$$\begin{aligned} U_{20} &= K_u U_f \left[\sin\alpha - (\sin\alpha - \cos\alpha) \frac{-j}{1-j} \right] \\ &= \frac{K_u U_f}{\sqrt{2}} [\cos(\alpha - 45^\circ) + j\sin(\alpha - 45^\circ)] = \frac{K_u U_f}{\sqrt{2}} e^{j}(\alpha - 45^\circ) \end{aligned} \tag{5-34}$$

由式（5－34）可以看出：

①如果将正余弦旋转变压器按图 5－28 接线，又使电阻 $R=1/wC$ 时，便可作移相器用。

②作移相器使用时，输出电压 U_{20} 相对于电压 U_f 在时间相位上移过了（$\alpha-45°$）的相位角，其中 α 即为转子转角。

③输出电压 U_{20} 的大小固定不变，它为正余弦旋转变压器最大输出电压为 $1/\sqrt{2}$。

二、具有补偿电阻的感应移相器

在前面的分析中，曾假定略去定、转子绕组的电阻和漏抗。而实际上定、转子绕组中总存在着电阻和漏抗。这就影响到输出电压的时间相位移与转子转角 α 的线性关系，进而产生了误差。为了保证移相器的精度，可在转子绕组串联电容的这一支路中再接入一个阻值合适的补偿电阻 R_{ep}，使 $R_{ep}=X_{rs}-R_{rs}$。R_{rs} 和 Z_{rs} 为转子绕组输出阻抗中的电阻分量和电抗分量。这种移相器的工作电路如图 5－29 所示。

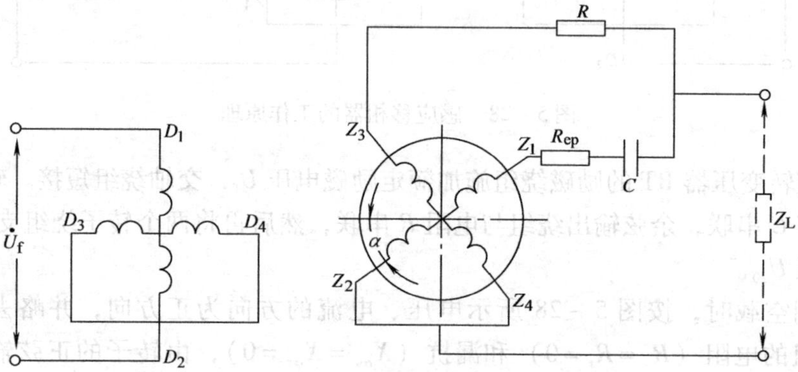

图 5－29 具有补偿电阻 R_{ep} 的感应移相器的工作电路

三、感应移相器的应用举例

感应移相器在自动控制系统中作为移相元件，除广泛用于需要调节电源的相位外，还可以用在角度测量和脉冲测距方面。

1. 控制电机的测试设备

在控制电机的性能测试中，常需要测定输出电压的基波同相分量和正交分量。这时，就要用到相敏电压表（相敏指零仪），而相敏电压表又要用移相器作为它的供电电源。

相敏电压表是测定不同相位电压的高灵敏度仪表。它的面板上有两只指示表头，一只是晶体管电压表，可测电压；另一只是相敏指零表头，它的读数正比于 $U_m U_{ref}\cos\varphi$，其中，U_m 为被测定的信号电压；U_{ref} 为参考的基准电压，即相敏电压表的供电电压，也就是移相器的输出电压；φ 为被测定的信号电压 U_m 与参考的基准电压 U_{ref} 之间的相位角。

若要测试信号电压 U_m 中的正交分量，只需转动移相器的转角。这时，相敏电压表头上的读数就是基波正交分量电压的数值。

异步测速发电机输出电压线性误差的量测，自整角机基准电气零位的确定及电气误差、零位误差的量测，旋转变压器的函数误差、零位误差、电气误差和输出相位移的测量，都要用到相敏电压表（相敏指零仪）。

2. 用多极感应移相器测试步进电动机的步距角精度

图 5－30 是用多极感应移相器测步进电动机步距角误差的框图。当步进电动机随着所

给的电脉冲每转过一个步距角 θ_s 时，和它同轴的多极感应移相器也转过同样的空间角度，而其输出电压的相位角变化 $\varphi = p\theta_s$，其中 p 为极对数。输出电压经选频器再送入相位计，就将其相位角变化量 φ 转换成相应的直流电压。因此，数字电压表的读数就表示了输出电压的相位角变化量，经过简单的折算即可得到所需的步距角误差。数字电压表测得的每一步距角和起始角度之差再与标准值相比较，由其差值就可以确定步距角的累计误差。数字电压表所显示的前一步与后一步之差与标准步距角相比，其差值就是相邻步距角误差。

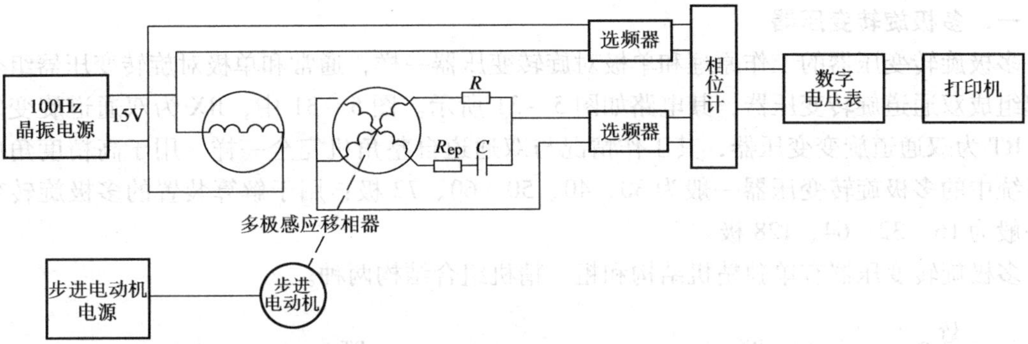

图 5-30　用多极感应移相器测步进电动机步距角误差的框图

3. 雷达脉冲测距系统

雷达脉冲测距原理是：由发射机发出的探测脉冲遇到目标后形成反射波，再通过雷达接收机接收。因电磁波在空间的传播速度为光速，即 $c = 3 \times 10^8 \text{m/s}$。所以测出电波由发出，到达目标，再由目标返回所需的时间间隔 t，便可测定目标的距离 s，即

$$2s = ct$$

则

$$s = \frac{1}{2}ct \qquad (5-35)$$

若目标与雷达之间相距 1km，则其时间间隔为

$$t = \frac{2s}{c} = \frac{2 \times 10^3}{3 \times 10^8} = 6.67 \times 10^{-6}\text{s} = 6.67\mu\text{s}$$

为了能精确地测定雷达与目标之间的距离，通常采用由粗测距管和精测距管组成的顺序测距法。先由粗测距管测定目标距离的公里数，再由精测距管测定其余的米数。通过在精测管水平面板上的有一定频率的正弦电压进行扫描，并设法将反射波的光点移到扫描电压的准线上。扫描电压为零值时，正好出现反射波光点。根据正弦扫描电压所移过的相位角 φ 的大小便可确定相应的距离值，并由雷达距离操纵盘上直接读出。正弦扫描电压的移相是通过感应移相器来完成的，它和雷达的距离操纵盘同轴。移动距离操纵盘，移相器转子也随之偏转，并使正弦扫描电压产生相位移，从而使反射波的光点处于精测距管的准线位置，达到测距的目的。将粗测距管的距离操纵盘上的数值和精测距管操纵盘上的读数相加即为目标的全距。

设正弦扫描电压的周期为 T，当正弦扫描电压移相 φ 角时，与此相应的距离值为

$$s' = \frac{\varphi}{2\pi}T\frac{c}{2} = \frac{cT}{4\pi}\varphi \qquad (5-36)$$

若正弦扫描电压的频率 $f = 75\text{kHz}$，其周期 $T = 1/f = 4\times10^{-5}/3\text{s}$，代入式（5－36）中可得

$$s' = \frac{\varphi}{\pi}\times10^3\text{m}$$

第七节 多极旋转变压器和感应同步器

一、多极旋转变压器

多极旋转变压器的工作原理和单极对旋转变压器一样，通常和单极对旋转变压器组合在一起组成双通道旋转变压器，其电路如图 5－31 所示。图 5－31 中，RX 为双通道旋变发送机，RT 为双通道旋变变压器，其工作情况与双通道自整角机完全一样。用于高精度角度传输系统中的多极旋转变压器一般为 30、40、50、60、72 极；用于解算装置的多极旋转变压器一般为 16、32、64、128 极。

多极旋转变压器有单独精机结构和粗、精机组合结构两种。

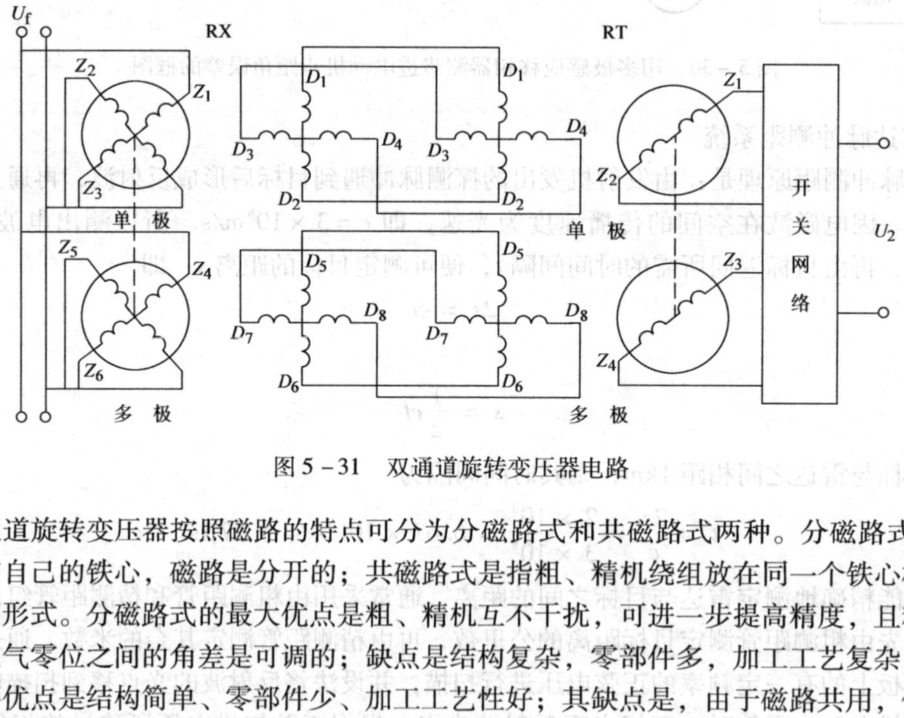

图 5－31 双通道旋转变压器电路

双通道旋转变压器按照磁路的特点可分为分磁路式和共磁路式两种。分磁路式是指粗、精机各有自己的铁心，磁路是分开的；共磁路式是指粗、精机绕组放在同一个铁心槽内，磁路为共用形式。分磁路式的最大优点是粗、精机互不干扰，可进一步提高精度，且粗、精机的基准电气零位之间的角差是可调的；缺点是结构复杂，零部件多，加工工艺复杂。共磁路式的主要优点是结构简单、零部件少、加工工艺性好；其缺点是，由于磁路共用，使粗机对精机的精度和剩余电压都有一定的影响。

分磁路式又称为机械组合式，可细分为两种结构形式：一种是轴向组合式（并列式），如图 5－32a 所示；另一种是径向组合式（重叠式），如图 5－32b 所示。

共磁路式为磁路组合式，也可分为两种结构形式：一种是装配式，如图 5－32c 所示；另一种是分装式，如图 5－32d 所示。它们都为扁平盘式。目前应用较多的是共磁路式双通道旋转变压器。

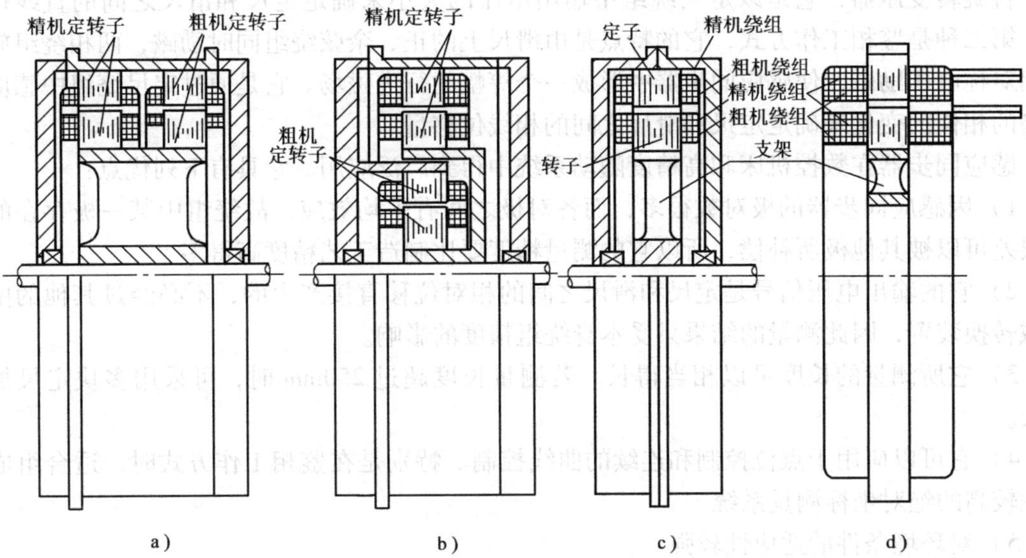

图5-32　双通道旋转变压器的粗、精机组合结构形式

a）轴向组合的分磁路式　b）径向组合的分磁路式　c）装配型磁路组合式　d）分装型磁路组合式

二、感应同步器

感应同步器又称为感应整步机，有圆盘式和直线式两种结构，广泛应用于数控机床和高精度随动系统中作位置检测元件。圆盘式用来测量转角位移，直线式用来测量直线位移。在工作原理上，感应同步器和多极旋转变压器相似，它通过改变定尺（或定子）和滑尺（或转子）间的相对位置来改变电磁耦合情况，以得到相应的输出电压信号，达到检测直线位移量的目的。

感应同步器的周期是指输出电动势的周期。当定尺和滑尺相对移动时，若磁场和产生感应电动势绕组的相对位置重复一次，输出电动势也变化一周。可见，感应同步器输出电动势是呈周期性变化的。感应同步器的周期是由定尺绕组决定，等于2τ。

明确了感应同步器的周期以后，就可以很方便地将滑尺的正弦绕组和余弦绕组的元件分别串联起来。通常，使用感应同步器时，是由滑尺绕组励磁，由定尺绕组输出电压。滑尺绕组元件在串联时必须保证同一相绕组中的第二个元件在定子绕组中感应的电动势应和第一个元件在绕组中感应的电动势极性相同，以增大输出电压信号。

为了使输出电压随定尺、滑尺的位移量按正弦函数变化，就必须从磁动势和电动势两个方向来削弱谐波的影响。通常采用以下措施：

1）定尺和滑尺的导片应选取合适的宽度。

2）滑尺的正弦绕组和余弦绕组中各元件之间采用适当的移距。

3）定尺绕组的元件可采用适当的长、短距绕组。

4）定尺绕组的导片相对于滑尺绕组的导片可斜过一定的角度。

直线感应同步器在自动控制系统中主要用于直线位移的检测。在使用中，根据其励磁情况的不同又有两种不同的工作方式。第一种是鉴幅工作方式，它的特点是由滑尺的正、余弦绕组同时励磁，两绕组中施加的励磁电压相位相同，而幅值可以调节。这种工作方式本质上是一台旋转变压器，它是以定尺绕组中输出电压的大小来确定定尺和滑尺之间的直线位移量。第二种是鉴相工作方式，它的特点是由滑尺上的正、余弦绕组同时励磁，两相绕组施加两相对称电压励磁，使感应同步器中形成一个等幅的行进磁场。它是通过定尺绕组中感应电动势的相位的变化来确定定尺和滑尺之间的相线位移量。

感应同步器在数控机床和高精度随动系统中得到广泛应用。它具有下列优点：

1）因感应同步器的极对数很多，而各对极之间有平均效应，故绕组中某一极存在的局部误差可以被其他极所补偿，所以它的测量精度要比制造工艺精度高得多。

2）它的输出电压信号是定尺和滑尺之间的相对位移直接产生的，不必经过其他的中间机械转换装置，因此测量的结果只受本身绕组精度的影响。

3）它所测量的长度可以相当得长。若测量长度超过250mm时，可采用多块定尺加以延长。

4）它可以应用于点位控制和连续的曲线控制。特别是在鉴相工作方式时，适合组成可靠性较高的绝对坐标测量系统。

5）对环境条件的适应性较强。

6）若金属基板不采用铁磁材料，则整个磁路为线性系统，可完全消除铁磁材料的非线性影响，并保证磁导性能各向同性。

7）结构坚固、使用可靠、维护简单。

本章小结

旋转变压器是一种精密控制微电机，在自动控制系统中主要用来测量或传输转角信号，也可作为解算元件，用于坐标变换和三角函数运算等。根据输出信号与转角之间的函数关系，旋转变压器可分为正余弦旋转变压器、线性旋转变压器、比例式旋转变压器等多种类型。在结构上，旋转变压器与绕线转子异步电动机相似，定、转子均为隐极结构，并分别放置两相正交绕组。

旋转变压器接负载时输出电压会发生畸变，原因是接负载时出现了交轴磁动势，破坏了输出电压随转角作正余弦函数变化的规律，因此必须进行补偿。一次侧补偿时，将一次侧交轴绕组接一个与电源内阻抗相等的阻抗或直接短接；二次侧补偿时在二次侧与输出绕组正交的绕组上接一个与负载阻抗相等的阻抗。一次侧补偿的优点是交轴绕组的阻抗与负载阻抗无关；二次侧补偿的优点是转子电流所产生的直轴磁场与转子转角无关，因此，一次电流以及旋转变压器的输入阻抗均与转子转角无关。为了兼顾上述两个优点，可采用一次侧和二次侧同时补偿。

用一对旋转变压器测量差角时，其工作原理、误差分析方法以及特性指标的定义均与自整角机控制式运行时相同，只是旋转变压器的精度要比自整角机高，适用于高精度的同步系统。若要进一步提高测角精度，可采用双通道测角系统和多极旋转变压器。

将旋转变压器与数字转换芯片配合，可构成数字式旋转变压器，直接输出数字转角信号。

复习思考题

1. 正余弦旋转变压器在负载上输出的电压为什么会发生畸变？消除输出特性曲线畸变的方法有哪些？

2. 正余弦旋转变压器二次侧完全补偿的条件是什么？一次侧完全补偿的条件又是什么？试比较采用二次侧补偿和一次侧补偿各有哪些特点。

3. 线性旋转变压器输出电压与转子转角 α 的关系式是什么？若要求输出电压的线性误差小于0.1%时，转角 α 的角度范围是多少？

4. 简要说明一次侧补偿的线性旋转变压器的工作原理。

5. 简要说明旋转变压器产生误差的原因和改进方法。

6. 简要说明感应移相器的工作原理，并说明在实际使用时为什么要在电容支路中加补偿电阻 R_{cp}。

7. 试设计用正余弦旋转变压器来求解反三角函数 $\alpha = \arccos \dfrac{b}{c}$ 的电路图。

8. 感应同步器的绕组是如何设置的？感应同步器有哪几种工作方式？

9. 进行一台机床的感应同步器的安装、调试工作。

10. 多极旋转变压器提高测角精度的原理是什么？

第六章　伺服电动机

本章应知

1. 了解直流伺服电动机的结构、控制方式、工作原理和运行特性。
2. 了解两相伺服电动机的结构及控制方式。
3. 了解两相伺服电动机与直流伺服电动机性能的差异。
4. 了解直流力矩电动机的结构及特点。
5. 了解直流力矩电动机运行性能中的力矩波动以及调节特性的线性度、电气时间常数等的重要性。
6. 了解永磁式、磁阻式、磁滞式同步伺服电动机的结构和工作原理。

本章应会

1. 掌握伺服电动机组成伺服系统的控制方式。
2. 掌握常用的速度控制和位置控制系统中伺服电动机的应用。
3. 掌握数控机床中伺服电动机的应用实例，并进行速度和位置控制调试。

第一节　概　述

伺服电动机又称为执行电动机，在自动控制系统中作为执行元件。它将输入的电压信号转变成转轴的角位移或角速度并输出。改变输入信号（即控制信号或控制电压）可以改变伺服电动机的转速及转向。

伺服电动机按其使用的电源性质不同，可分为直流伺服电动机和交流伺服电动机两大类。交流伺服电动机通常采用笼型转子两相伺服电动机和空心杯型转子两相伺服电动机，所以常把交流伺服电动机称为两相伺服电动机。直流伺服电动机有传统型直流伺服电动机和低惯量直流伺服电动机，还有无刷直流伺服电动机和用于低速伺服系统的直流力矩电动机。

伺服电动机的种类较多，用途较广。自动控制系统对伺服电动机的基本要求主要有：

（1）宽广的调速范围　伺服电动机的转速随着控制电压的改变能在宽广的范围内连续调节。

（2）机械特性和调节特性均为线性　伺服电动机的机械特性是指控制电压一定时，转速随转矩的变化关系；调节特性是指电动机的转矩一定时，转速随控制电压的变化关系。线性的机械特性和调节特性有利于提高自动控制系统的动态精度。

（3）无“自转”现象　伺服电动机在控制电压为零时能立即自行停转。

（4）快速响应　电动机的机电时间常数要小，相应的伺服电动机有较大的堵转转矩和较小的转动惯量，使电动机的转速能随着控制电压的改变而迅速变化。

此外，还要求伺服电动机的控制功率要小，从而减小放大器的尺寸；在航空上使用的伺服电动机还要求其重量轻，体积小。

第二节 直流伺服电动机

直流伺服电动机是指使用直流电源的伺服电动机，实质上就是一台他励式直流电动机。

一、结构和分类

直流伺服电动机的结构可分为传统型和低惯量型两大类。

1. 传统型直流伺服电动机

传统型直流伺服电动机的结构和普通直流电动机基本相同，也是由定子、转子两大部分组成。它又可以再分为永磁式和电磁式两种。永磁式直流伺服电动机是在定子上装置由永久磁钢做成的磁极。国产的 SY 系列直流伺服电动机就属于这种结构。电磁式直流伺服电动机的定子通常由硅钢片冲制叠压而成，磁极和磁轭整体相连，在磁极铁心上套有励磁绕组。国产的 SZ 系列直流伺服电动机就属这种结构。

这两种伺服电动机的转子铁心均由硅钢片冲制叠压而成，在转子冲片外圆周上开有均布的齿槽，转子槽中放置电枢绕组，并经换向器、电刷引出。

2. 低惯量型直流伺服电动机

（1）盘型电枢直流伺服电动机　它的定子是由永久磁钢和前后磁轭组成。磁钢可在圆盘的一侧或两侧放置，电动机的气隙就位于圆盘的两边，圆盘上的电枢绕组有印刷绕组和线绕式绕组两种形式。盘型电枢上电枢绕组中的电流径向流过圆盘表面，并与轴向磁通相互作用而产生转矩。这种电动机也常用电枢绕组有效部分的裸导线表面兼作换向器，和电刷直接接触。

（2）空心杯型电枢永磁式直流伺服电动机　此种伺服电动机，通常外定子由两个半圆形永久磁钢组成；内定子由圆柱形软磁材料做成，仅作为磁路的一部分，以减小磁路磁阻。空心杯型电枢直接装在电动机轴上，在内、外定子间的气隙中旋转。电枢绕组固定于空心杯型电枢上，直接接到换向器上，由电刷引出。

国产的这种形式的电动机，型号为 SYK。

（3）无槽电枢直流伺服电动机　无槽电枢直流伺服电动机的电枢铁心上并不开槽，电枢绕组直接排列在铁心表面，定子磁极可以用永久磁钢做成，也可用电磁铁做成。这种电动机的转动惯量和电枢绕组的电感均比前两种电动机的大，其动态性能不如前两者。国产的这种形式的电动机型号为 SWC。

二、控制方式

对他励式直流电动机，当励磁电压 U_f 恒定，又负载转矩一定时，改变电枢电压 U_a，电动机的转速也随之变化；电枢电压的极性改变，电动机的旋转方向也随之改变，因此把电枢电压作为控制信号就可以实现对电动机的转速控制。这种控制方式称为电枢控制，电枢绕组称为控制绕组。

三、工作原理和运行特性

电枢控制时，直流伺服电动机的工作原理如图 6－1 所示。

为分析简便，先作如下假设：电动机的磁路为不饱和，电刷位于几何中心线。因此，负载时电枢反应磁动势的影响便可略去，电动机的每极气隙磁通 Φ 将保持恒定。

这样，直流伺服电动机电枢回路的电压平衡方程式为

$$U_a = E_a + I_a R_a \tag{6-1}$$

式中 R_a——电动机电枢回路的总电阻（包括电刷的接触电阻）。

当磁通 Φ 恒定时，电枢绕组的电磁感应电动势将与转速成正比，则

$$E_a = C_e \Phi_n = K_e n \tag{6-2}$$

式中 K_e——电动势常数，表示单位转速（每分钟一转）时所产生的电动势。

电动机的电磁转矩应为

$$T_{em} = C_t \Phi I_a = K_t I_a \tag{6-3}$$

式中 K_t——转矩常数，表示单位电枢电流所产生的转矩。

将式（6-1）、式（6-2）和式（6-3）联立，即可求出直流伺服电动机的转速公式

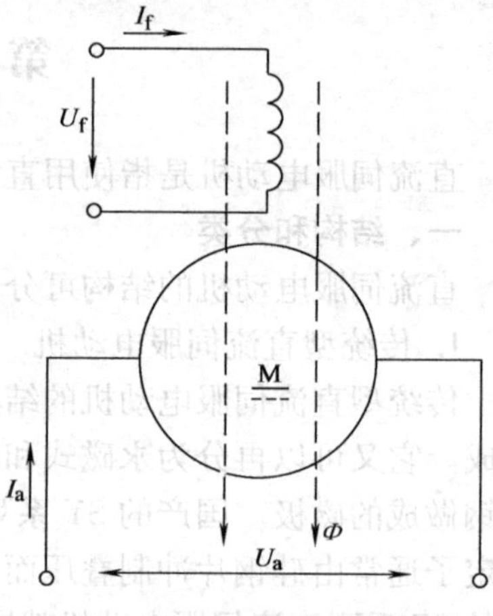

图6-1 电枢控制时直流伺服电动机的工作原理

$$n = \frac{U_a}{K_e} - \frac{R_a}{K_t K_e} T_{em} \tag{6-4}$$

由转速公式便可得到直流伺服电动机的机械特性和调节特性。

1. 机械特性

机械特性是指控制电压恒定时，电动机的转速随转矩变化的关系，即 U_a 为常数时，$n = f(T_{em})$。

由转速公式可画出直流伺服电动机的机械特性，如图6-2所示。从图中可以看出，机械特性是线性的。这些特性曲线与纵轴的交点为电磁转矩等于零时，电动机的理想空载转速 n_0，即

$$n_0 = \frac{U_a}{K_e} \tag{6-5}$$

机械特性曲线与横轴的交点为电动机堵转时（$n=0$）的转矩，即电动机的堵转转矩 T_k。

$$T_k = \frac{K_t}{R_a} U_a \tag{6-6}$$

在图6-2中，机械特性曲线斜率的绝对值为

$$|\tan\alpha| = \frac{n_0}{T_k} = \frac{R_a}{K_t K_e} \tag{6-7}$$

它表示了电动机机械特性的硬度，即电动机的转速随转矩 T_{em} 的改变而变化的程度。

随着控制电压 U_a 增大，电动机的机械特性曲线平行地向转速和转矩增加的方向移动，但其斜率不变。所以电枢控制时直流伺服电动机的机械特性是一组平行的直线，如图6-2所示。

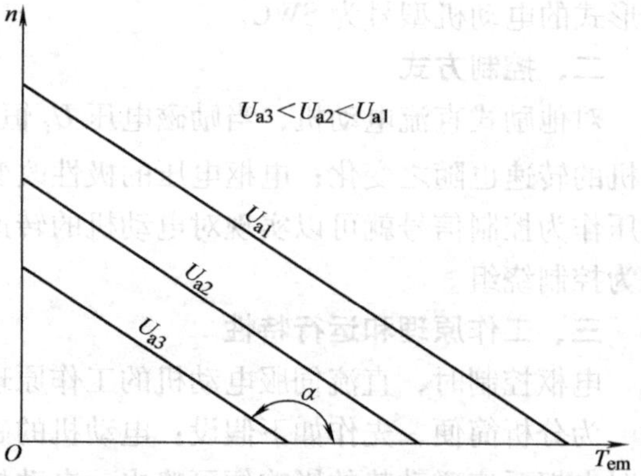

图6-2 直流伺服电动机的机械特性

2. 调节特性

调节特性是指电磁转矩恒定时，电动机的转速随控制电压变化的关系，即 T_{em} 为常数时，$n=f(U_a)$。

由式（6－4）可画出直流伺服电动机的调节特性，如图 6－3 所示。它们是一组平行的直线。

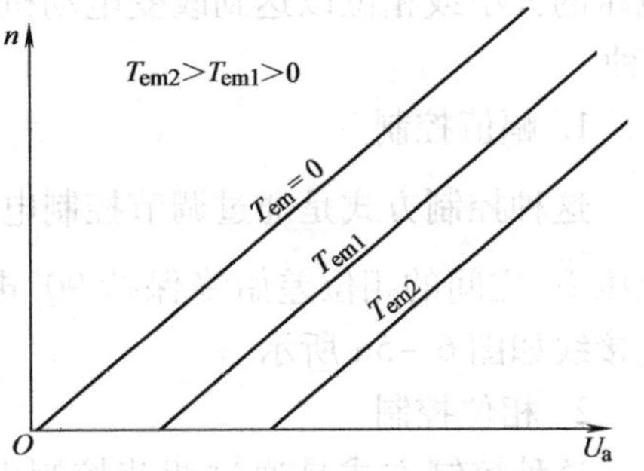

图 6－3　直流伺服电动机的调节特性

这些调节特性曲线与横轴的交点，表示在某一电磁转矩（若略去电动机的空载损耗，则为负载转矩）下电动机的起动电压。若转矩一定时，电动机的控制电压大于相应的起动电压，电动机便能起动并达到某一转速；反之则电动机不能起动。所以，在调节特性曲线上从原点到起动电压点的这一段横坐标所示的范围称为在某一电磁转矩值时伺服电动机的失灵区。失灵区的大小与电磁转矩的大小成正比。

由以上分析可知，电枢控制时直流伺服电动机的机械特性和调节特性都是一组平行的直线，这是直流伺服电动机很可贵的优点，也是两相伺服电动机所不及的。但上述结论是在本节开始时所作的假设成立的前提下得到的，实际的直流伺服电动机的特性曲线仅是一组接近直线的曲线。

第三节　两相伺服电动机

一、结构

两相伺服电动机是一种两相异步电动机。它与直流伺服电动机类同，在自动控制系统中常被作为执行元件。它的输入信号为交流电压，输出信号是电动机轴上转速或角位移，并用输入电压信号控制输出的机械运动。

两相伺服电动机的电路如图 6－4 所示。定子上安放空间相差 90°电角度的两相绕组，直接接于电源电压的绕组称励磁绕组 WE；另一相加控制电压的绕组称控制绕组 WC。伺服电动机的转子转速将由控制电压 U_c 的大小和相位来控制。

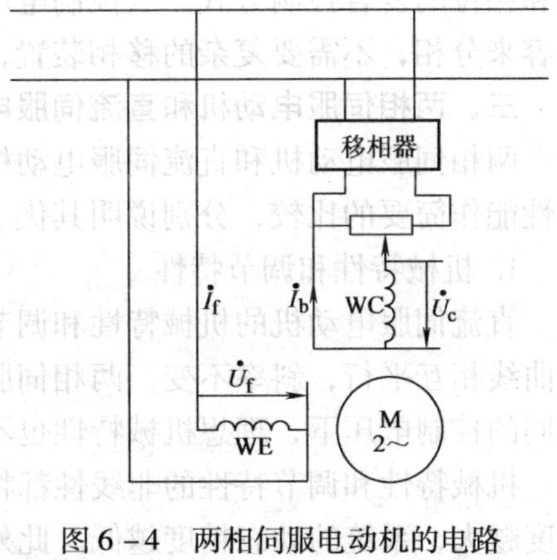

图 6－4　两相伺服电动机的电路

两相伺服电动机的转子主要有笼型和空心杯型两种。笼型结构电动机的体积小、机械强度好、励磁电流较小（与空心杯型相比），所以采用较多。国产的 SL 系列两相伺服电动机即是这种类型。

空心杯型转子的转动惯量小，又无齿槽，故运行平稳、噪声小。其缺点是电动机气隙大，消耗的励磁电流大。国产型号为 SK。

二、控制方式

两相伺服电动机运行时，因控制绕组所加控制电压 U_c 是变化的，一般说来得到的是椭圆形旋转磁场，并由此产生的电磁转矩而使电动机旋转。当负载转矩一定时，通过调节控制电压的大小或相位以达到改变电动机转速的目的。因此，两相伺服电动机的控制方式有以下3种：

1. 幅值控制

这种控制方式是通过调节控制电压的大小来改变电动机的转速，而控制电压 $\dot{U}_c$ 与励磁电压 $\dot{U}_f$ 之间的相位差始终保持90°电角度。当控制电压 $\dot{U}_c=0$ 时，电动机停转，即 $n=0$。其接线如图6-5a所示。

2. 相位控制

这种控制方式是通过调节控制电压的相位（即调节控制电压与励磁电压之间的相位角 β）来改变电动机的转速，控制电压的幅值保持不变。当 $\beta=0$ 时，电动机停转，即 $n=0$。其接线如图6-5a所示。这种控制方式一般很少采用。

3. 幅值—相位控制（或称电容控制）

这种控制方式是将励磁绕组串联电容 C 后，接到稳压电源 $\dot{U}_1$ 上。其接线如图6-5b所示。这时励磁绕组的电压 $\dot{U}_f=\dot{U}_1-\dot{U}_{ca}$。而控制绕组仍施加电压 $\dot{U}_c$，$\dot{U}_c$ 的相位始终与 $\dot{U}_1$ 相同。当调节控制电压 $\dot{U}_c$ 的幅值来改变电动机的转速时，由于转子绕组的耦合作用，励磁绕组的电流 $\dot{I}_f$ 亦发生变化，致使励磁绕组的电压 $\dot{U}_f$ 及电容 C 上的电压 $\dot{U}_{ca}$ 也随之改变。这就是说，电压 $\dot{U}_c$ 和 $\dot{U}_f$ 的大小及它们之间的相位角 β 也都随之改变，所以这是一种幅值和相位的复合控制方式。当控制电压 $\dot{U}_c=0$ 时，电动机便停转。这种控制方式是利用串联电容来分相，不需要复杂的移相装置，设备简单、成本较低，是最常用的一种控制方式。

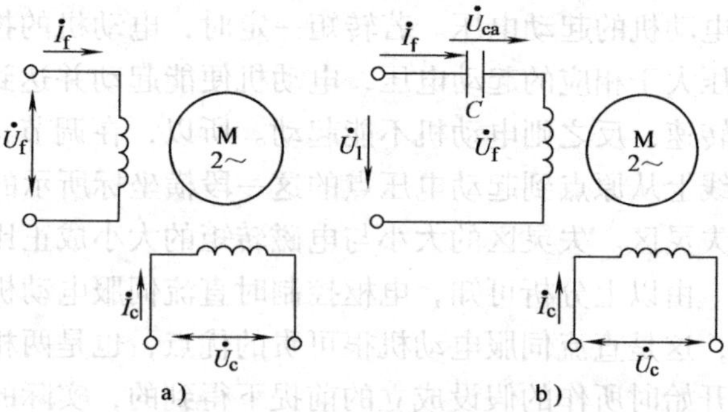

图6-5 两相伺服电动机的不同控制方式的接线

三、两相伺服电动机和直流伺服电动机的性能比较

两相伺服电动机和直流伺服电动机在自动控制系统中都被广泛使用。下面就两类电动机的性能作简要的比较，分别说明其优、缺点，以便选用时参考。

1. 机械特性和调节特性

直流伺服电动机的机械特性和调节特性均为线性关系，且在不同的控制电压下，机械特性曲线相互平行，斜率不变。两相伺服电动机的机械特性和调节特性均为非线性关系，且在不同的控制电压下，理想机械特性也不是相互平行的。

机械特性和调节特性的非线性都将直接影响到系统的动态精度。一般来说，特性的非线性度越大，系统的动态精度越低。此外，当控制电压不同时，电动机的理想线性机械特性的斜率变化会给系统的稳定和校正带来麻烦。

2. 体积、重量和效率

当输出功率相同时，两相伺服电动机要比直流伺服电动机的体积大、重量大、效率低。所以两相伺服电动机只适用于小功率系统，对于功率较大的控制系统，则普遍采用直流伺服电动机。

3. 动态响应

电动机动态响应的反应速度常常以机电时间常数来衡量。机电时间常数 $\tau_{me}=\tau_m=0.1047Jn_0/T_k$。直流伺服电动机的转子上带有电枢和换向器，它的转动惯量要比两相伺服电动机的转动惯量大。若两电动机的空载转速相同，而直流伺服电动机的堵转转矩要比两相伺服电动机的大得多，综合比较它们的机电时间常数就较为接近。在负载时，若电动机所带的负载转动惯量较大，这时两种电动机系统的总转动惯量（即负载的转动惯量与电动机的转动惯量之和）就相差不太多，以致直流伺服电动机系统的机电时间常数反而比两相伺服电动机系统的机电时间常数小。

4.“自转”现象

对于两相伺服电动机，若参数选择不适当，或制造工艺上有缺陷，都会使电动机在单相状下产生“自转”现象，而直流伺服电动机却不存在“自转”现象。

5. 电刷和换向器的滑动接触

直流伺服电动机由于存在着电刷和换向器而使结构复杂、制造困难。又因电刷与换向器之间存在滑动接触，且由此产生电刷接触电阻的不稳定，这些都影响到电动机运行的稳定性。此时，直流伺服电动机中存在着换向器火花，既会引起对无线电通信的干扰，又会给运行和维护带来麻烦。

两相伺服电动机结构简单、运行可靠、维护方便，适宜在不易检修的场合使用。

6. 放大器装置

直流伺服电动机的控制绕组通常由直流放大器供电。而直流放大器有零点漂移现象，这影响到系统工作的精度和稳定性。另外，直流放大器的体积和重量要比交流放大器大得多。这些都是直流伺服系统存在的缺点。

第四节　直流力矩电动机

一、概述

力矩电动机是由伺服电动机和驱动电动机相结合而形成的特殊电动机，是一种直接驱动负载的执行元件。在位置控制方式的伺服系统中，它可以长期工作在堵转状态；而在速度控制方式的伺服系统中，又可以工作在低速状态，且输出较大的转矩。

与其他执行元件相比，力矩电动机具有以下优点：

1. 提高了速度和位置的控制精度

力矩电动机直接驱动的伺服系统消除了采用齿轮传动时带来的齿隙“死区”和材料弹性变形所引起的误差，既可使系统的放大倍数做得很高，又能保持系统的稳定，从而使系统速度和位置的控制精度都有较大的提高。

2. 特性的线性度好

力矩电动机的转矩—电流特性具有很高的线性度。同时，由于省去了齿轮传动，消除了齿隙“死区”并使摩擦力矩减小，这都为系统的灵活控制和平稳运行创造了条件。

3. 采用力矩电动机的直接驱动系统，还具有运行可靠、维护简便、振动小、机械噪声小和结构紧凑等优点。

由于具有上述优点，力矩电动机能获得很好的静态和动态性能，尤其在无爬行的平稳低速运行时更为突出，这是齿轮传动或液压传动无法比拟的。采用力矩电动机与高精度的检测元件、放大部件及其他校正环节等组成的闭环伺服系统，其平稳运行的转速可达到地球的转速，即15°/h，甚至更低。转速调整范围可达几万至几十万，位置精度可达角秒级。

力矩电动机可分为直流力矩电动机、交流力矩电动机和无刷直流力矩电动机等。无刷直流力矩电动机的工作原理与无刷直流电动机一样。交流力矩电动机使用较少，这里不再赘述。

二、结构和性能

1. 结构特点

直流力矩电动机是一种永磁式低速直流伺服电动机，外形和普通直流伺服电动机不同，通常做成扁平式结构，并选取较多的极对数。

力矩电动机的总体结构形式又有分装式和内装式两种。分装式结构包括定子、转子和电刷3大部件，转子直接套在负载轴上，机壳可根据需要选配；内装式与一般电动机相同。图6-6为永磁式直流力矩电动机的结构示意图。图6-6中，定子是用10[#]钢制成的带槽的圆环，槽中装嵌铝镍钴8、铝镍钴5或铁氧体等永久磁钢，组成环形桥式磁路。为了固定磁钢，在其外圆上又热套一个厚2mm的铜环。磁极在图6-6中的a处形成两个磁极间的磁极桥，致使磁场在气隙中近似地呈正弦分布。

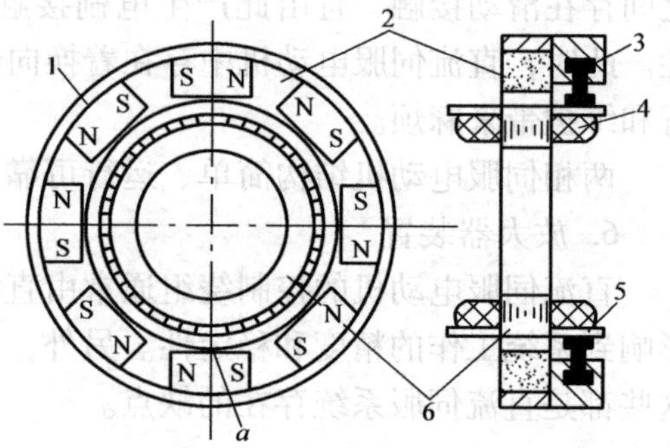

图6-6 永磁式直流力矩电动机的结构示意图
1—铜环 2—定子 3—电刷 4—电枢绕组
5—槽楔兼换向器片 6—转子

直流力矩电动机的转子通常是用冷轧钢片叠成，并压入非导磁材料的金属支架。电枢绕组采用单波绕组，槽楔是由铜板做成，兼作换向片。槽楔伸出槽外两端，一端作电枢绕组接线用；另一端做成梯形，排列成环形换向器。然后将转子的全部结构都用高温环氧树脂浇铸成整体。

2. 运行性能分析

直流力矩电动机的工作原理与普通直流伺服电动机基本相同。但因力矩电动机工作在低速直接驱动系统中，所以力矩波动、调节特性的线性度、电气时间常数等问题就显得更为重要。

（1）力矩波动分析　力矩波动是指输出转矩的峰值与平均值之差。力矩波动的大小是表征力矩电动机性能优劣的一个重要性能指标，也是影响力矩电动机用于直接驱动系统低速平稳运行的重要因素之一。引起力矩电动机力矩波动的原因主要有：

1）换向引起的波动。在理想情况下，换向发生在零磁通密度处，元件中电流的切换不会引起力矩的波动。但实际上，因电枢反应使气隙磁通密度分布发生畸变以及绕组采用短距等原因，换向不是在零磁通密度处发生。又因电动机元件数和换向片数是有限的，所以支路元件数和支路电动势也都在波动。此外，由于换向器表面不平，使电刷与换向器之间的滑动摩擦力矩也有所变化。这些因素都会使直流力矩电动机的输出转矩发生波动。

为了尽量减小因换向所引起的力矩波动，应在结构上采取相应措施。直流力矩电动机采用了扁平结构，便于在电枢铁心上冲制较多的槽数；相应增加元件数和换向片数，并使电刷的宽度适当减小，使换向区变小。直流力矩电动机通常采用多极结构，一般为 6 极或 8 极，也有的为 12 极。电枢绕组采用了单波绕组，这样一方面可以消除多极磁场不对称性对电枢绕组电动势带来的影响，保证支路电动势平衡；另一方面又可以使电枢绕组每支路的元件数增多，电动机的转速降低，并获得较大的转矩常数 K_t。此外，单波绕组还可以减少电刷对数，使摩擦力矩减小，有利于削弱因摩擦带来的力矩波动。

2）电枢齿槽引起的力矩波动。电枢齿槽的存在会引起磁场的纵向和横向脉动，从而使电动机的力矩产生波动。

为了减少电枢齿槽引起的力矩波动，应尽可能增多电枢的槽数，适当加大电动机的气隙，采用磁性槽楔、斜槽以及磁极桥等。正确地选择电枢的槽数，使它与电动机的极对数之间无公约数，便可削弱电枢转动时引起的电极磁场的波动，从而减小力矩波动。因此，在力矩电动机中，通常选取电枢槽数为奇数，而极对数为偶数。

（2）调节特性的线性度　为了使力矩电动机的转矩正比于输入电流并与电动机的转速、转角位置无关，除了采取上述相应的措施以外，还应尽量减小电枢反应的去磁作用。通常力矩电动机的磁路设计成高饱和状态，并选用磁导率小、磁回复线较平的永磁材料做磁极，同时选取较大的气隙 δ，使电枢反应的影响显著减小。

（3）电气时间常数　采用力矩电动机直接驱动的伺服系统，由于运行在低速状态，又有较大的堵转转矩，因此系统的机电时间常数 τ_{me} 大为减小，这样电动机的电气时间常数 τ_e 的影响就相对较大。为进一步提高系统的动态性能，需设法减小电气时间常数 τ_e。由 $\tau_e = L_a/R_a$ 可知，电枢绕组电感 L_a 的大小直接影响到电气时间常数 τ_e 的大小，而电枢电感 L_a 又取决于电枢绕组的磁链。电枢绕组的磁链又可分为电枢反应磁链和漏磁链两部分。可以证明，电枢反应磁链与电动机的极对数有关。极对数越多，电枢反应磁链就越小，相应使电感 L_a 也越小，所以直流力矩电动机采用多极结构。

此外，适当加大电动机的气隙，也有利于减小电枢反应磁链；提高电枢铁心的饱和度，可使槽漏磁回路的磁阻增加，以减小漏磁链。上述措施均有利于减小电气时间常数。

3. 电动机的连续堵转转矩和峰值堵转转矩

电动机的连续堵转转矩是指它在长期堵转下，稳定温升不超过允许值时所能输出的最大堵转转矩。这种情况下的电枢电压称为连续堵转电压，相应的电枢电流称为连续堵转电流。

因电动机的温升与散热情况有关，所以在不同的使用条件下，力矩电动机可以输出不同的连续堵转转矩值。

力矩电动机在运行时，会产生一个正比于电枢电流的去磁电流。为此，电动机在出厂前，必须经受规定电流的正、反两个方向的磁性稳定处理，使电动机工作在预定的回复线上。该稳定磁化电流称为峰值电流。在这种情况下，力矩电动机所能输出的堵转转矩就是峰值堵转转矩。因此，力矩电动机的峰值堵转转矩是受电动机磁钢去磁条件限制的最大堵转转矩。

在系统中，为了使力矩电动机快速动作，往往在短时间内输入一个较大的电流，使电动机迅速加速。此电流值可以允许超过连续堵转电流，但决不允许超过峰值电流。否则，就会使电动机磁钢失磁，转矩下降，并使电动机性能产生不可逆的变化。如果电动机磁钢一旦失磁，必须重新充磁才能恢复正常工作。

第五节 交流同步伺服电动机

直流伺服电动机和交流异步伺服电动机的转速，随着电动机轴上所带负载转矩或加在控制绕组上的控制信号电压的改变而变化。但在有些控制系统中，要求电动机的转速恒定不变，即要求电动机的转速不随负载和控制电压的变化而改变。交流同步伺服电动机是具有这种特性的电动机。

随着电力电子技术、计算机技术和控制理论的发展，交流同步伺服电动机的应用越来越广泛。它在无线电通信设备、自动和遥控装置、程序控制器、高级音像设备和钟表等要求恒速传动的自动控制装置中的使用也越来越多。

结构上，交流同步伺服电动机也由定子和转子两部分组成。各种同步电动机的定子结构与一般异步电动机定子相同，定子铁心也由带齿槽的冲片叠成，在槽中嵌入对称三相或二相绕组。

按定子绕组所接电源的相数分，交流同步伺服电动机可分为三相和单相两大类。单相同步伺服电动机又分为电容移相式和罩极式两种。

按转子结构的不同，同步伺服电动机又分为永磁式、磁阻式和磁滞式3种。这些电动机转子上均没有励磁绕组，也无电刷接触，结构简单，工作可靠。

一、永磁式同步伺服电动机

1. 结构形式

永磁式同步伺服电动机的转子由永久磁钢制成。为了解决起动问题，转子上还设有笼型起动绕组。图6-7所示为瓦片永磁体径向转子结构。永磁体贴于转子表面，极间用铝、铜等隔磁材料隔开，以减小漏磁，而转子导条放置在永磁体内侧。与其他形式同步伺服电动机相比，其输出转矩大、体积小、耗电小、结构简单、可靠，已成为同步伺服电动机中最主要的品种，在各种自动控制系统中得到广泛的应用。

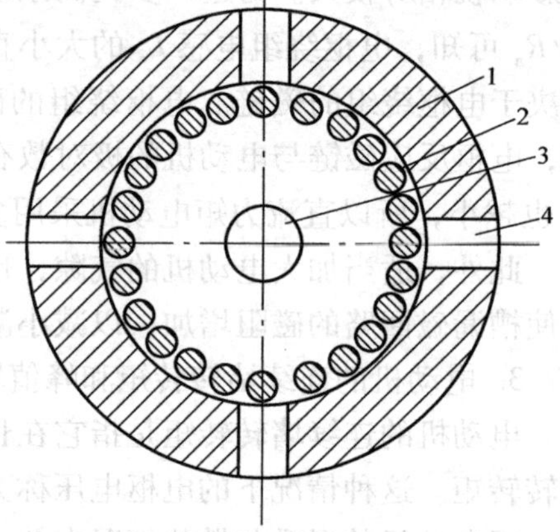

图6-7 瓦片永磁体径向转子结构

1—永磁体 2—转子导条

3—转轴 4—非磁性材料

2. 工作原理

永磁同步伺服电动机的转子可以制成一对极或多对极的。现以两极电动机为例说明其工作原理。

图6-8所示的转子为一个两极的永磁转子。当电动机的定子绕组通上交流电后，就产生一个旋转磁场，在图6-8中以一对旋转磁极N，S表示。当定子磁场以同步转速 n_s 逆时针方向旋转时，根据异性磁极相吸的原理，定子磁极就吸引转子磁极，带动转子一起旋转，并且转子的旋转速度与定子旋转磁场的同步转速 n_s 相等。虽然定、转子磁极轴线之间的夹角会随负载的变化而改变，但只要负载不超过某一极限，转子就始终跟着定子旋转磁场以同步转速 n_s 转动。转子的转速为

$$n = n_s = 60f/p\,(\mathrm{r/min}) \qquad (6-8)$$

式中 f——电源频率；

p——电动机极对数。

由式（6－8）可知，转子转速仅取决于电源频率和极对数。略去定子电阻，永磁同步伺服电动机的电磁转矩为

$$T_e = \frac{mpE_0U}{\omega_s X_d}\sin\theta + \frac{mpU^2}{2\omega_s}\left(\frac{1}{X_d} - \frac{1}{X_q}\right)\sin 2\theta$$

式中 m 为电动机相数；$\omega_s = 2\pi f$ 为电角速度；U、E_0 分别为电源电压和空载反电动势有效值；X_d、X_q 分别为电动机直轴，交轴同步电抗；θ 称为 α 切角或转矩角。图 6－9 是永磁同步伺服电动机的矩角特性。图中曲线 1 为上式中第 1 项由永磁磁场与定子电枢反应磁场相互作用产生的永磁转矩；曲线 2 为上式中的第 2 项，即由电动机 d、q 轴磁路不对称而产生的磁阻转矩；曲线 3 为曲线 1 和曲线 2 的合成。由于永磁同步电动机的直轴同步电抗 X_d 一般小于交轴同步电抗 X_q、磁阻转矩为一负正弦函数，因而矩角特性曲线上最大转矩值对应的转矩角大于 $\pi/2$。

矩角特性上的最大转矩值 T_{emax} 称为永磁同步电动机的失步转矩。如果电动机轴上负载转矩超过此值，电动机将失步甚至停转。

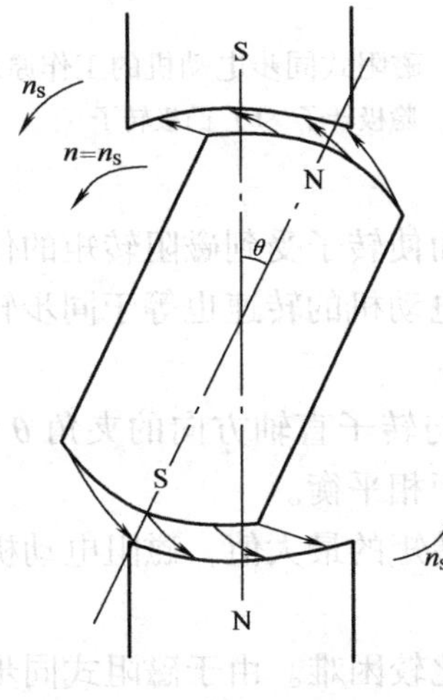

图 6－8　永磁同步电动机的工作原理

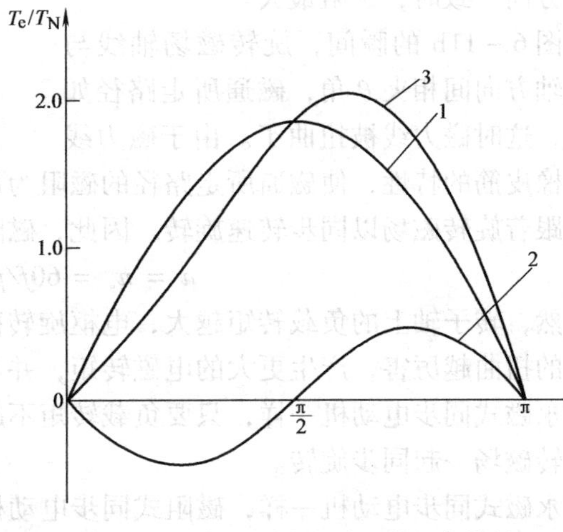

图 6－9　永磁同步电动机的矩角特性

二、磁阻式同步伺服电动机

1. 结构形式

磁阻同步伺服电动机又称为反应式同步电动机，是利用转子上直轴和交轴方向磁阻不等产生磁阻转矩而工作的同步电动机，具有结构简单、制造容易、成本低廉、无滑动接触、运行可靠等优点，可用于电子设备、记录仪器、光学仪器及摄影、录音和录像等设备中。

磁阻同步伺服电动机的定子与一般同步电动机或异步电动机相同。为在转子结构上产生磁阻转矩，转子直轴与交轴的磁阻不同。转子结构分外反应式（凸极式）、分块式、内反应式（磁障式）和磁各向异性转子式等。图 6－10 给出了其

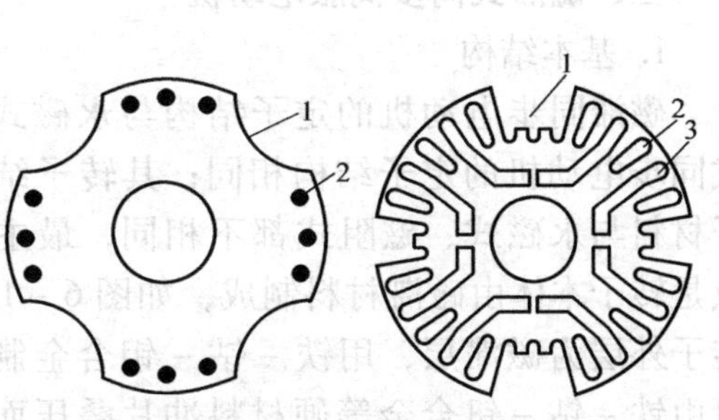

图 6－10　磁阻式同步电动机转子结构

a）外反应式　b）内反应式

1—外反应槽　2—转子鼠笼导条　3—内反应槽

中的两种结构形式。通过将外反应槽与内反应槽相结合的方法，增大交轴的磁阻，从而增大直轴、交轴同步电抗比 X_d/X_q，以提高磁阻同步电动的运行性能。

为了提高磁阻同步电动机自起动能力，转子也装有笼型起动绕组。

2. 工作原理

磁阻式同步电动机的工作原理可用图 6－11 来说明。图中外边的一对 N、S 磁极表示电枢旋转磁场。图 6－11a 是一个圆柱形的隐极转子，直、交轴磁阻相等，使 $X_d=X_q$，不存在电磁力及电磁转矩。图 6－11b 是一个凸极转子，沿着凸极的方向为直轴方向，与凸极轴线正交的方向为交轴方向。显然，当旋转磁场轴线与转子直轴方向一致时，通过磁通路径的磁阻最小；磁力线与横轴方向一致时，磁阻最大。

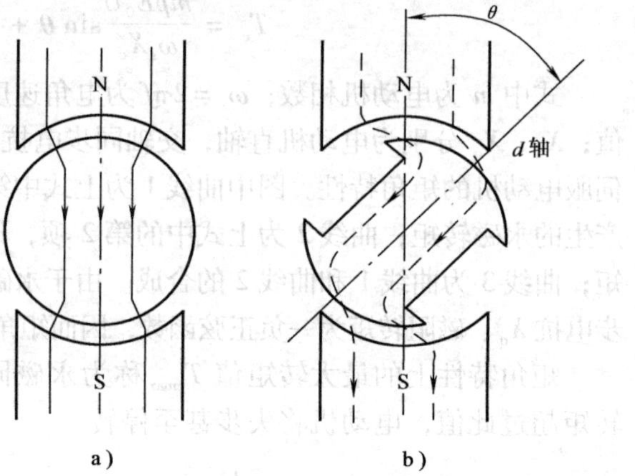

图 6－11 磁阻式同步电动机的工作原理

a）隐极转子 b）凸极转子

在图 6－11b 的瞬间，旋转磁场轴线与转子直轴方向间相夹 θ 角，磁通所走路径如图所示，这时磁力线被扭曲了。由于磁力线有类似橡皮筋的特性，使磁通所走路径的磁阻为最小，从而使转子受到磁阻转矩的作用，迫使转子跟着旋转磁场以同步转速旋转。因此，磁阻式同步电动机的转速也等于同步转速，即

$$n = n_s = 60f/p(\text{r/min})$$

显然，转子轴上的负载转矩越大，电枢旋转磁场轴线与转子直轴方向的夹角 θ 也越大，磁力线的扭曲越厉害，产生更大的电磁转矩，并与负载转矩相平衡。

与永磁式同步电动机一样，只要负载转矩不超过电磁转矩的最大值，磁阻电动机转子始终与旋转磁场一起同步旋转。

与永磁式同步电动机一样，磁阻式同步电动机起动也比较困难。由于磁阻式同步电动机转子上装有起动绕组，接通电源后，磁阻式同步电动机类似于异步电动机一样起动（异步起动）。当转速接近同步转速时，在磁阻转矩的作用下牵入同步运行（牵入同步）。

三、磁滞式同步伺服电动机

1. 基本结构

磁滞同步电动机的定子结构与永磁式、磁阻式同步电动机的定子结构相同；其转子结构和转子材料与永磁式、磁阻式都不相同，最主要的特点是转子本体由磁滞材料制成，如图 6－12 所示。转子外层为磁滞层，用铁－钴－钼合金制成，也可由铁－钴－钒合金等硬材料冲片叠压而成。它的磁滞回线很宽，即剩磁感应强度 B_r 和矫顽磁力 H_c 都较大，如图 6－13 中的曲线 2 所示。转子磁滞层内为内圈套筒，套筒套在转轴上，可用磁性

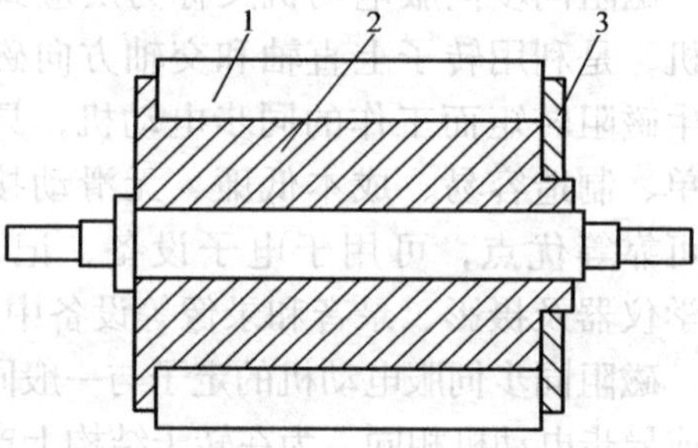

图 6－12 磁滞同步电动机的转子结构

1—硬磁材料 2—套筒 3—挡环

或非磁性材料制成。用磁性套筒制成的转子，磁滞层中的磁力线以径向分量为主，称为径向磁通转子，如图 6 - 14a 所示；用非磁性套筒（如黄铜、铝合金、耐高温塑料等）制成的转子，磁滞层中的磁力线以切向分量为主，称为切向式结构，如图 6 - 14b 所示。

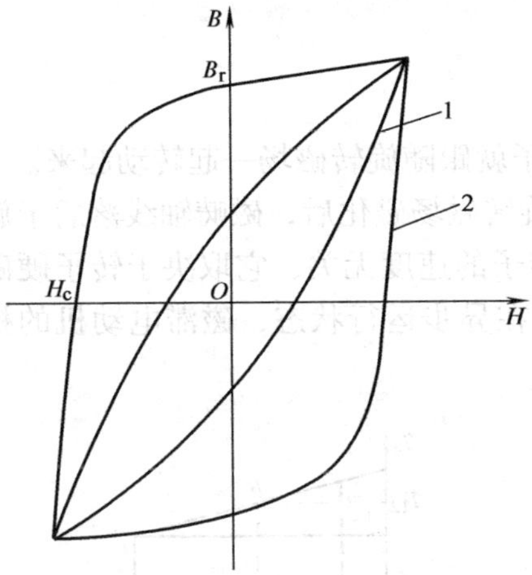

图 6 - 13 铁磁材料的磁滞回线

1—软磁材料 2—硬磁材料

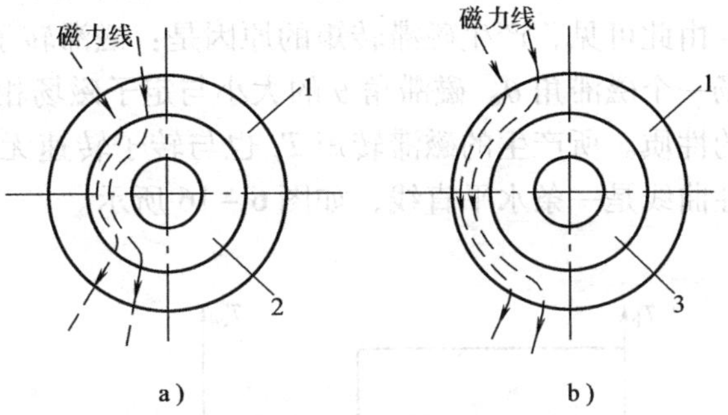

图 6 - 14 磁滞同步电动机的转子形式

1—硬磁材料 2—磁性套筒 3—非磁性套筒

磁滞电动机的起动转矩大，能自行牵入同步运行；磁滞电动机具有结构简单、工作可靠、机械强度高、起动电流小、电磁噪声低和适于高速运行等优点。但其体积和质量都较同功率的其他同步伺服电动机大，价格也较贵，效率和功率因数较低，特别适用于负载转动惯量大、频繁起动、恒速恒转矩、高速等同步驱动装置。

2. 工作原理

磁滞电动机的工作原理是：当定子绕组接通交流电源产生旋转磁场，该旋转磁场使转子磁滞层磁化，再与定子旋转磁场作用而产生转矩。

磁滞材料的磁滞回线比较宽，剩磁磁通密度 B_r 和矫顽力 H_c 都比较大。根据磁畴学说，铁磁材料可看成由许多小磁畴（单元磁体）组成，在外界磁场的作用下，这些小磁畴会发生偏转。对于磁滞材料来说，这些小磁畴之间存在较大的摩擦力，使磁畴的偏转跟不上外磁场的旋转，以致在时间上滞后一个角度，从而产生磁滞转矩。

下面以一对极的磁滞电动机为例加以说明。在图 6 - 15 中，气隙磁场以同步转速旋转，用一对 N、S 磁极表示。当旋转磁场以同步转速相对转子旋转时，转子中所有的磁畴将跟着旋转磁场的方向进行排列。在起始磁化时，转子磁畴排列方向与旋转磁场轴线方向一致（见图 6 - 15a），这时旋转磁场与磁畴之间只有径向力 F，不产生转矩。当旋转磁场相对转子旋转以后，转子磁畴也要顺着旋转磁场方向转动。由于转子是由硬磁材

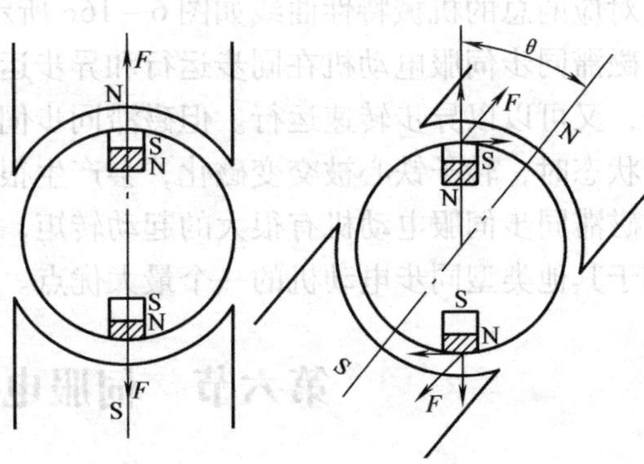

图 6 - 15 磁滞同步电动机的工作原理

a) $\theta = 0°$ b) $\theta > 0°$

料做成，磁畴之间存在很大的摩擦力，磁畴不能跟随旋转磁场转过同样的角度，而要落后一个 θ 角，称为磁滞角。这样，所有磁畴产生的转子磁场也落后定子旋转磁场一个磁滞角 θ，如图 6－15b 所示。由于磁滞角的出现，旋转磁场对磁畴的拉力 F 除有径向分量 F_r 外，还有切向分量 F_t，其中

$$F_r = F\cos\theta$$

$$F_t = F\sin\theta$$

这个切向分量便形成了磁滞转矩 T_n，在它作用下，转子就跟随旋转磁场一起转动起来。

由此可见，产生磁滞转矩的原因是：磁滞转子被旋转磁场磁化后，磁畴轴线落后于旋转磁场一个磁滞角 θ。磁滞角 θ 的大小与定子磁场相对转子的速度无关，它取决于转子硬磁材料的性质。所产生的磁滞转矩 T_n 也与转子转速无关。在异步运行状态，磁滞电动机的机械特性曲线是一条水平直线，如图 6－16 所示。

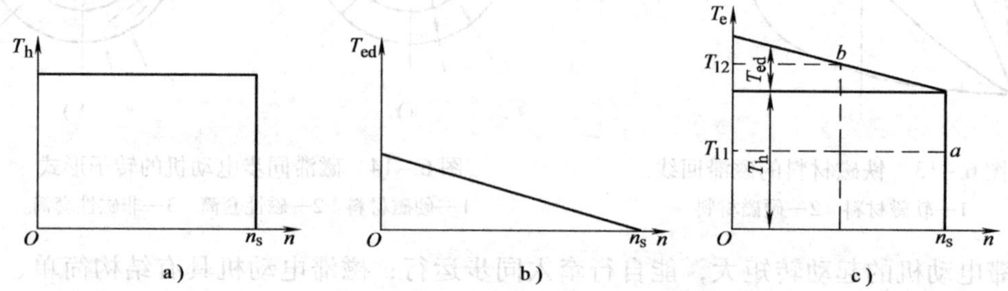

图 6－16 磁滞同步电动机的机械特性曲线

a）磁滞转矩 b）涡流转矩 c）总转矩

除了磁滞转矩外，转子转速低于同步转速时，转子和旋转磁场之间存在相对运动，定子旋转磁场切割磁滞转子产生涡流，涡流与旋转磁场作用产生涡流转矩，以 T_{ed} 表示。它为异步转矩，随转子转速的增加而减小，转子转速为同步转速时，其值为零。对应的机械特性曲线如图 6－16b 所示。由于磁滞材料为硬磁材料，涡流转矩相对于磁滞转矩较小。

考虑了磁滞转矩 T_n 和涡流转矩 T_{ed} 后，磁滞同步电动机的总转矩为

$$T_e = T_n + T_{ed}$$

对应的总的机械特性曲线如图 6－16c 所示。

磁滞同步伺服电动机在同步运行和异步运行都能产生电磁转矩，因而它既可以同步转速运行，又可以以异步转速运行。但磁滞同步伺服电动机很少工作于异步运行状态，因为异步运行状态时，转子铁心被交变磁化，会产生很大的磁滞损耗。

磁滞同步伺服电动机有很大的起动转矩，不需要设置任何起动绕组就能自起动，这是它有别于其他类型同步电动机的一个最大优点。

第六节 伺服电动机的应用举例

由伺服电动机组成的伺服系统，按控制对象的不同可分为：

（1）速度控制方式　电动机的速度是被控制的对象。

（2）位置控制方式　电动机的转角位置是被控制的对象。

（3）转矩控制方式　电动机的转矩是被控制的对象。

（4）混合控制方式　此种系统可采用上述的多种控制方式，并能从一种控制方式切换到另一种控制方式。

在伺服系统中，通常采用前两种控制方式。它们的原理框图如图 6-17 所示。

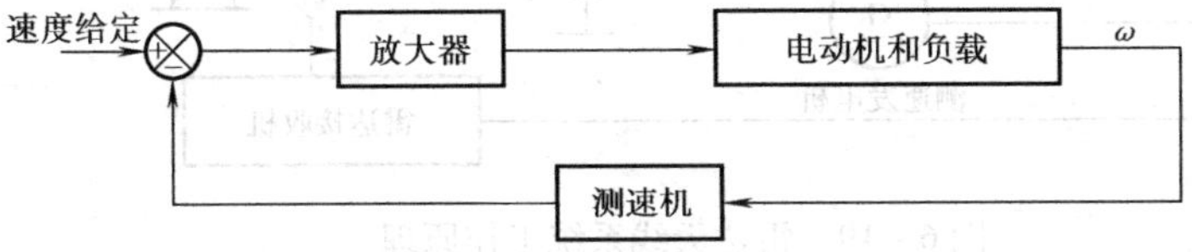

a）

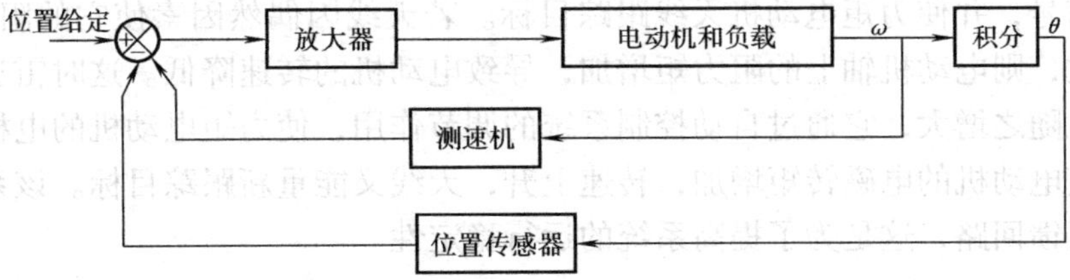

b）

图 6-17　速度控制和位置控制时的原理框图

a）速度控制方式　b）位置控制方式

在新闻摄影机中的数字锁相回环系统就是一个典型的速度控制系统。图 6-18 中给出了电动机速度控制的基本锁相回环。在此系统中，速度的给定量和反馈量都是以脉冲信号形式出现的。当电动机的转速低于所要求的转速时，由脉冲测速发电机发出的脉冲频率低于参考频率，这时由频率相位比较器输出控制信号，使电源以全压向电动机供电，电动机立即加速；反之，若电动机的转速高于所要求的转速时，脉冲测速发电机发出的脉冲频率则高于参考频率，这时由频率相位比较器发出控制信号，电源停止向电动机供电，使电动机减速。只有当电动机的转速等于所需要的转速时，脉冲测速发电机发出的脉冲频率才等于参考频率。这时频率相位比较器发出一连续的脉冲信号，该脉冲的频率即为参考频率，而脉冲波形的占空比就反映电动机稳定运行时的电压，使电动机的转速严格地锁在所要求的转速上。

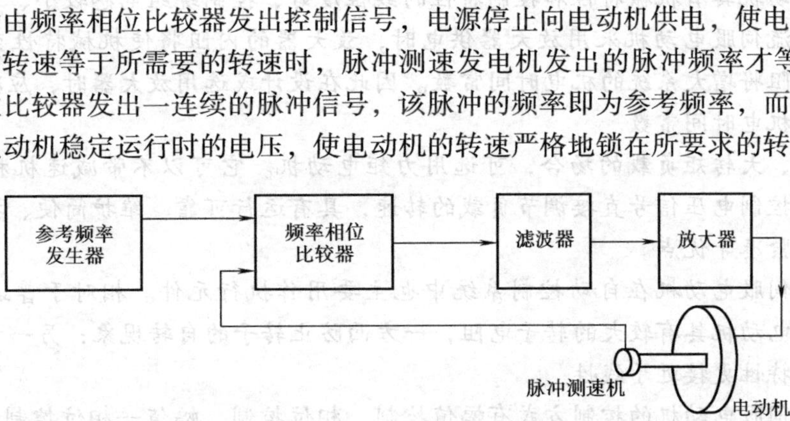

图 6-18　电动机速度控制的基本锁相回环

雷达天线系统中，由直流力矩电动机组成的主传动系统就是一个典型的位置控制方式的随动系统。其工作原理如图 6-19 所示。

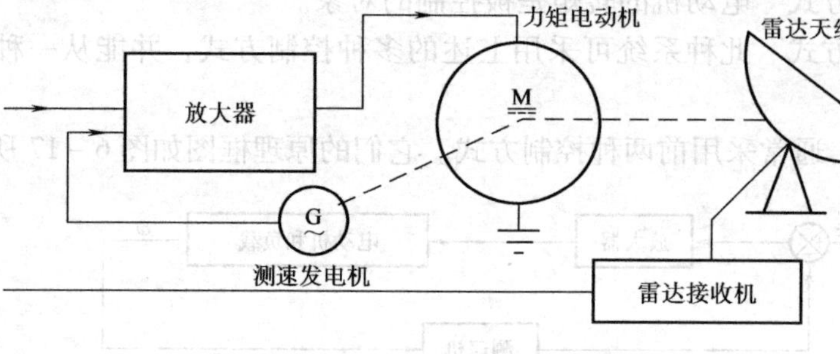

图 6－19　雷达天线系统工作原理

被跟踪目标的位置经雷达天线系统检测并发出误差信号，此信号经放大后便作为力矩电动机的控制信号，并使力矩电动机天线跟踪目标。若天线因偶然因素使它的阻力发生改变，例如阻力增大，则电动机轴上的阻力矩增加，导致电动机的转速降低。这时雷达天线系统检测误差信号也随之增大，它通过自动控制系统的调节作用，使力矩电动机的电枢电压立即增高，相应地使电动机的电磁转矩增加，转速上升，天线又能重新跟踪目标。该系统中使用了测速发电机反馈回路，这是为了提高系统的运行稳定性。

本 章 小 结

伺服电动机将电压信号转变为电动机转轴的角速度或角位移输出，在自动控制系统中作执行元件。

直流伺服电动机是指使用直流电源的伺服电动机，实质上是一台他励式直流电动机。除传统型直流伺服电动机外，还有盘式电枢、空心杯型转子和无槽电枢等低惯量直流伺服电动机。它们大大减小了直流伺服电动机的机电时间常数，改善了电动机的动态特性。直流伺服电动机有电枢控制和磁极控制两种控制方式，其中以电枢控制方式应用较多。电枢控制时，直流伺服服电动机具有机械特性和控制特性的线性度好、控制绕组电感较小、电气过渡过程短等优点。直流伺服电动机采用放大器供电时，放大器的内阻将使机械特性变软；另一方面，放大器内阻将增大系统的机电时间常数。因此在设计或选用放大器时，应减少放大器的内阻，以减小机电时间常数。

在低转速、大转矩负载的场合，可选用力矩电动机。它可以不带减速机构直接驱动负载，并由输入控制电压信号直接调节负载的转速，具有运行可靠、维护简便、振动小、机械噪声小和结构紧凑等优点。

交流异步伺服电动机在自动控制系统中也主要用作执行元件。相对于普通的异步电动机，异步伺服电动机具有较大的转子电阻，一方面防止转子的自转现象；另一方面可使伺服电动机的机械特性更接近于线性。

交流异步伺服电动机的控制方式有幅值控制、相位控制、幅值—相位控制和双相控制 4 种。通过改变控制电压的值，就可以控制电动机的转速。采用双相控制时，即控制电压和励磁电压大小相等，相位相差 90°电角度，电动机始终工作在圆形旋转磁场下，能获得最佳的运行性能。通常加在伺服电动机上的控制电压是变化的，所以电动机运行在不对称状态。由于反向旋转磁场的存在，使电动机的输出转矩下降，空载转速降低。

利用对称分量法分析异步伺服电动机的运行性能，得到各种不同有效信号系统时的机械特性和调节特性。可以看出，当控制电压发生变化时，电动机转速也发生相应变化，进而达到控制转速的目的。与直流伺服电动机相比，交流异步电动机的机械特性和调节特性都是非线性的。

在自动控制系统中，当要求电动机的转速恒定不变，即要求电动机的转速不随负载的变化而改变时，可以使用交流同步伺服电动机。根据转子结构特点，同步伺服电动机可分为永磁式、磁阻式和磁滞式3种。这些电动机的定子结构与异步电动机相同，转子上均没有励磁绕组。永磁同步电动机和磁阻同步电动机的转速为同步转速；磁滞式同步电动机既可在同步转速运行，也可在异步转速运行，只是在异步状态下会产生很大的磁滞损耗。

复习思考题

1. 用分析电枢控制类似的方法，推导出电枢绕组加恒定电压、磁极绕组加控制电压时直流伺服电动机的机械特性和调节特性，并说明这种控制方式有哪些缺点。

2. 若直流伺服电动机的励磁电压下降，对电动机的机械特性和调节特性有哪些影响？

3. 若已知一台直流伺服电动机的转动惯量，如何从电动机的机械特性上估算出电动机的机电时间常数τ_m？

4. 若有两台型号相同的直流伺服电动机，如何通过实验测定它们的机电时间常数τ_m？

5. 为什么两相伺服电动机的转子电阻要设计得相当大？若转子电阻过大对电动机的性能会产生哪些不利影响？

6. 一台直流伺服电动机，其电磁转矩为0.2倍额定转矩时，测得起动电压为4V，并当电枢电压$U_a=49V$时，电动机转速为1500r/min，试求电磁转矩为额定值。要使转速为3000r/min，应加多大的电枢电压？

7. 一台型号为45SY06的直流伺服电动机，额定电压27V，转速9000r/min，功率28W，测得电动机的转动惯量$J=6.228\times10^{-6}kg\cdot m^2$，按标准规定，电动机的机电时间常数应不大于30ms，试问该电机的机电时间常数是否符合要求？

8. 什么是“自转”现象？对两相伺服电动机应采取哪些措施来克服？

9. 已知一台直流伺服电动机的电枢电压$U_a=110V$，空载电流$I_{a0}=0.005A$，空载转速$n_0=4000r/min$，电枢电阻$R_a=80\Omega$，试求：

（1）当电枢电压$U_a=67.5V$时的理想空载转速n_0和堵转转矩T_a。

（2）该电动机若用放大器控制，放大器内阻$R_i=80\Omega$，开路电压$U_i=67.5V$，求这时的理想空载转速速n_0和堵转转矩T_a。

（3）当阻力转矩T_1+T_0由$3\times10^{-3}N\cdot m$增至$40\times10^{-3}N\cdot m0$时，求上述两种情况下转速的变化Δn。

第七章　无刷直流电动机

本章应知

1. 了解永磁无刷直流电动机的基本构成和应用。
2. 了解转子位置检测装置的有传感器检测和无传感器位置检测。
3. 了解三相桥 PWM 控制和前端斩波控制的调速系统。
4. 了解双重绕组无刷直流电动机的控制电路和调速系统。
5. 了解双通道无刷直流电动机调速系统的特点。
6. 了解无刷直流电动机三相桥单极 PWM 的控制方法。
7. 了解无刷直流电动机前端 PWM 斩波控制方法。

本章应会

1. 掌握三相单极性永磁无刷直流电动机的工作原理。
2. 掌握电子换相电路的构成和单、双极性电路。
3. 掌握无刷直流电动机调速系统的调整。

第一节　概　　述

直流电动机的换向不仅使电动机结构复杂、成本增加，而且使其运行的可靠性大为降低，维护费用明显增加。无刷直流电动机的发展很快，已经在很多领域广泛应用，成为小功率电动机的一个重要分支。无刷直流电动机基本上采用永磁结构。永磁无刷直流电动机具有优良的调速性能、高效率特性以及高可靠性，广泛应用于航空航天、家用电器、计算机外围设备、录像机以及工业自动控制系统等领域。

永磁无刷直流电动机由直流电源或整流电源供电，用电子换向电路取代了传统的机械换向器和电刷装置，因此是一种无刷结构的新型直流电动机。

为了实现电枢绕组的电子换相，必须预知转子磁极位置，因此永磁无刷直流电动机必须具有转子位置检测装置，利用位置检测信号来控制相应电子功率器件的导通与截止，使电动机获得恒定方向的电磁转矩。

第二节　永磁无刷直流电动机的基本构成

永磁无刷直流电动机需要由以下 3 部分构成，即电动机本体、转子位置检测装置和电子换向电路，其原理框图和基本构成分别如图 7－1 和图 7－2 所示。

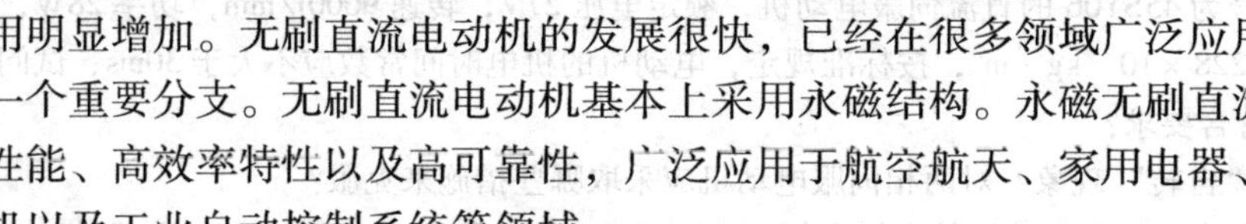

图 7－1　永磁无刷直流电动机的原理框图

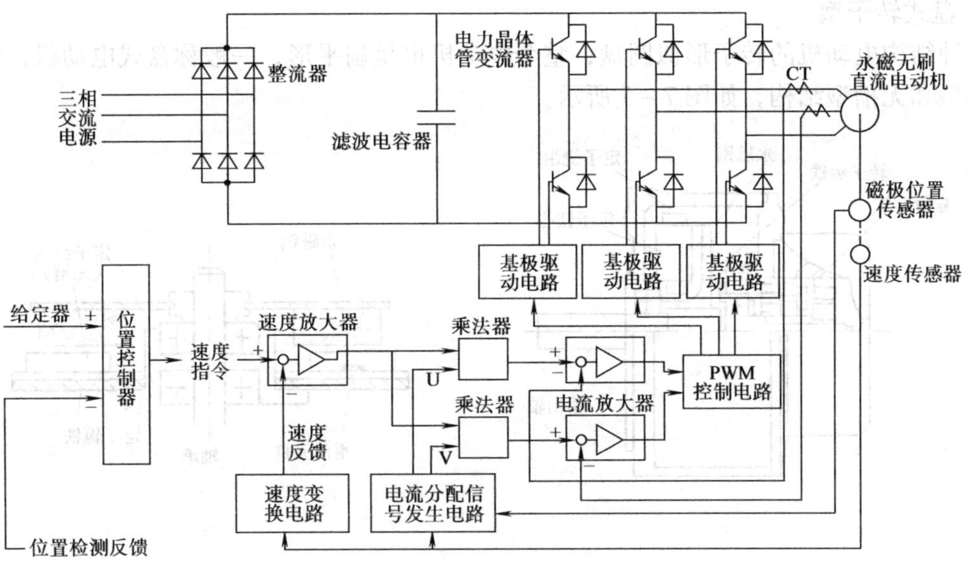

图 7－2　永磁无刷直流电动机的基本构成

一、电动机本体

永磁无刷直流电动机实际上是一台永磁同步电动机，其电枢绕组多为三相或四相绕组，也可以做成两相或五相绕组，转子采用永磁磁极。这种电动机的结构形式有多种，大体上可分为以下几种类型：

1. 内转子型

这种结构与变通永磁同步电动机的结构基本相同，如图 7－3 所示。为了抑制转矩的脉动，常做成定子斜槽，永磁体表面的形状也需要进行精心的设计。有槽式结构电动机的热容量大，过载能力较强，适合用于较大功率的电动机。小功率电动机也可以做成无槽式结构，把电枢绕组贴附在定子铁心的内表面。

2. 外转子型

这种结构与反装式永磁同步电动机的结构基本相同，如图 7－4 所示。定子铁心固定在与端盖成为一体的铁心托架上，槽内嵌放电枢绕组，永磁磁极位于定子的外侧。外转子型电动机的转矩脉动较小，但转子的转动惯量较大。

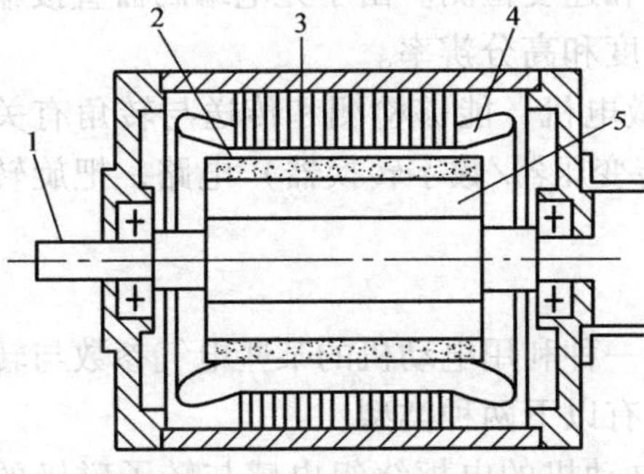

图 7－3　内转子有槽式结构

1—轴　2—转子永磁钢　3—定子铁心
4—定子绕组　5—转子轭铁

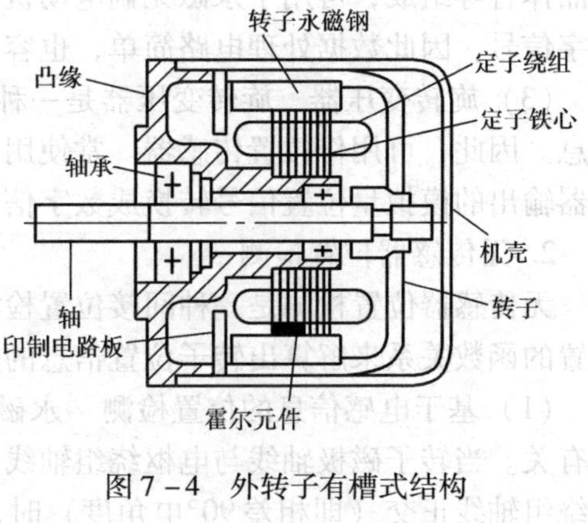

图 7－4　外转子有槽式结构

3. 盘式转子型

这种结构电动机的转子形似圆盘，整个电动机也呈扁平形，一般称盘式电动机，也可做成有槽型和无槽型结构，如图 7 - 5 所示。

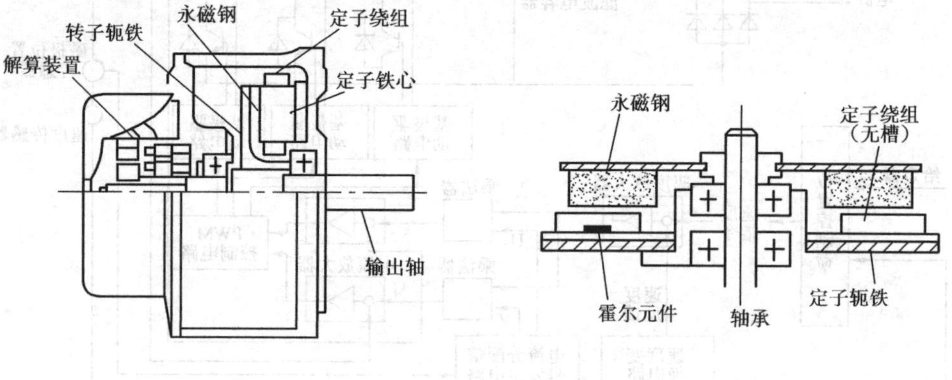

图 7 - 5　盘式电动机的结构

a）有槽型　b）无槽型

二、转子位置检测装置

位置检测装置是无刷直流电动机的重要组成部分。转子位置检测的方法主要有传感器位置检测和无传感器位置检测两类，分别介绍如下：

1. 传感器位置检测

传感器位置检测就是利用位置传感器来获取转子位置信号，以便用于电子换向电路中相应功率器件的导通和截止控制。常用的位置传感器主要有霍尔传感器、光电编码器和旋转变压器等。

（1）霍尔传感器　永磁无刷直流电动机应用较多的是利用霍尔元件制成的霍尔传感器。霍尔元件是一种磁电转换元件，采用直流稳压源供电时，霍尔电动势与外磁场的磁感应强度成正比，即霍尔电动势的波形可以忠实地反映被测外磁场的波形。因此，霍尔传感器输出的霍尔电动势信号实际上就提供了永磁无刷直流电动机的转子磁极位置信息，可根据这一信息对电枢绕组进行换向控制。无刷直流电动机的实用化，在很大程度上就是依靠了霍尔位置传感器。

（2）光电编码器　光电编码器是一种数字信号检测装置，主要由码盘、发光元件和光电晶体管等组成，可用于永磁无刷电动机的位置检测和速度检测。由于光电编码器直接输出数字信号，因此数据处理电路简单，也容易实现高精度和高分辨率。

（3）旋转变压器　旋转变压器是一种精密控制微电机，能够检测和传送与转角有关的信息。因此，可用作位置传感器。常使用 RDC（旋转变压器/数字转换器）电路，把旋转变压器输出的模拟量位置信号转换成数字信号。

2. 无传感器位置检测

无传感器位置检测是一种间接位置检测技术，是一种利用电动机的某些电气参数与转子位置的函数关系来解算出转子位置信息的方法，主要有以下两种类型：

（1）基于电感信息的位置检测　永磁无刷直流电动机的电枢绕组电感与转子磁极的位置有关。当转子磁极轴线与电枢绕组轴线重合时，电枢绕组电感最大；当转子磁极轴线与电枢绕组轴线正交（即相差 90°电角度）时，电枢绕组电感最小。因此，检测电枢绕组电感就可以间接获得转子磁极位置信息，从而控制电枢绕组的导通状态，实现电动机的无传感器位置控制。通常检测非导通相电感，也可以检测导通相电感。

(2) 基于反电动势的位置检测　永磁无刷电动机运行时，电枢绕组中将要感应出反电动势。当转子磁极轴线与电枢绕组轴线重合时，恰为反电动势的过零点。检测非导通相的反电动势过零点，就可以间接检测转子磁极位置，从而控制电枢绕组的换相。

三、电子换向电路

永磁无刷直流电动机电子换向电路的原理框图可参考图7-2。它包括功率放大电路、脉宽调制（PWM）与基极驱动电路以及反馈控制电路等。

功率放大电路可分为单极性和双极性两种。单极性时，电动机电枢绕组的电流是单方向流通的；双极性时，电枢绕组中的电流可以双向流通。在图7-2中，电动机采用了三相绕组结构，其功率放大电路采用了三相桥式双极性功率晶体管开关电路。显然，功率放大电路提供给电枢绕组的电源电压波形为方波。

反馈控制电路一般由位置控制、速度控制和电流控制3部分组成，构成了一个三闭环反馈控制系统。其反馈信号分别来自位置传感器、速度传感器以及电流互感器。

PWM（脉宽调制）控制电路主要用来调节电动机的供电电压，以便实现电动机的速度控制。位置控制信息、速度控制信息以及电流控制信息的PWM控制信号，经基极驱动电路放大后，就可以用来控制大功率晶体管的导通和截止，从而实现电枢绕组的换向控制、电动机的位置控制以及速度控制。

目前，永磁无刷直流电动机的电子换向电路已经集成化，常把控制电路、PWM电路以及基极驱动电路集成到一起，制成专用芯片。芯片内一般还具有电流保护、欠电压保护、温度保护以及桥臂短路保护等多种保护功能。

第三节　永磁无刷直流电动机的工作原理

为简单起见，以一台三相单极性永磁无刷直流电动机为例，来说明其工作原理。其主电路的原理图如图7-6所示。位置传感器信号与对应相绕组的电流波形如图7-7所示。

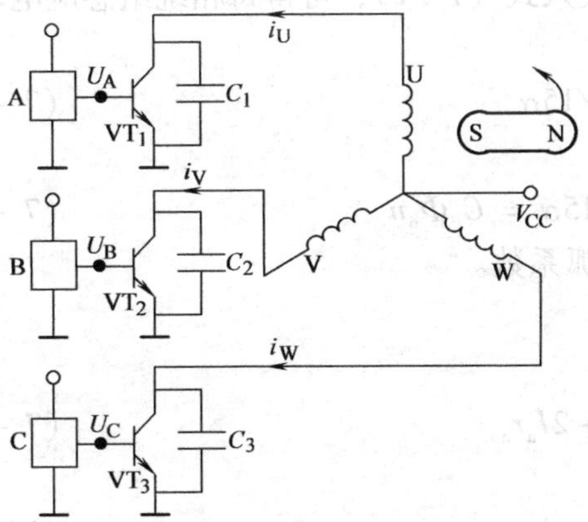

图7-6　主电路原理图

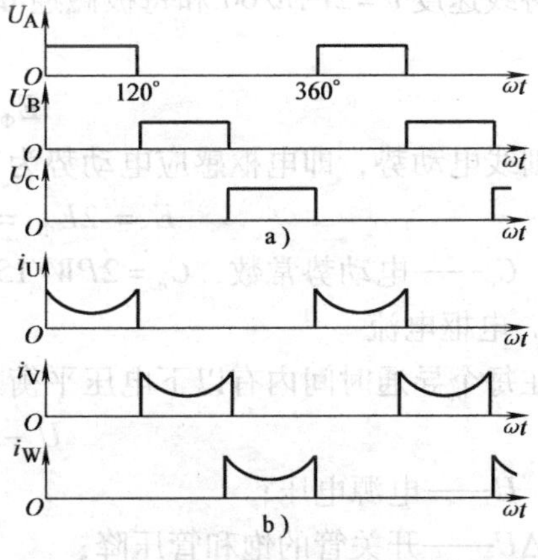

图7-7　位置传感器信号与对应相绕组的电流波形
a) 位置信号波形　b) 电枢电流波形

可以看出，功率开关电路由3个功率开关器件组成，分别控制三相绕组的导通与截止。当转子永磁磁极转到如图7-6所示位置（磁极轴线滞后于U相绕组轴线90°电角度）时，位置传感器A输出位置控制信号，使功率器件VT_1饱和导通，则U相绕组中将有电流流过。这时，定子电枢磁场与转子永磁磁场正交，二者之间相互作用产生电磁转矩，使转子向逆时针方向旋转。当转子永磁磁极转过120°电角度（即磁极轴线滞后V相绕组轴线90°电角度）时，位置传感器B输出位置控制信号，使功率器件VT_2饱和导通，则V相绕组中将有电流流过。这时，定、转子磁场间产生的电磁转矩，使转子继续向逆时针方向旋转。当转子永磁磁极再转过120°电角度（即磁极轴线滞后W相绕组轴线90°电角度）时，位置传感器C输出位置控制信号，使功率器件VT_3饱和导通，则W相绕组中将有电流流过。如此反复循环，电动机在恒定方向的平均电磁转矩作用下，就可以带动机械负载运行。

由以上分析可知，对于三相单极性永磁无刷直流电动机来说，需要3个霍尔元件作为位置传感器。在位置信号的控制下，每个功率开关元器件的导通角为120°电角度。需要正、反转控制时，只需将位置传感器所输出信号的顺序从A-B-C改为A-C-B就可以了。

第四节 永磁无刷直流电动机的性能与应用

一、性能

通过分析，永磁无刷直流电动机的机械特性和调节特性均较硬，具有和有刷直流电动机一样好的控制性能，可以通过改变电源电压实现无级调速。

以单相导通三相星形联结绕组为例，推导无刷直流电动机的电磁转矩、电枢电流和反电动势等公式。为便于分析，不考虑开关管开关动作的过渡过程和电枢绕组的电感。

1. 电枢绕组感应电动势

单根导线在气隙磁场中感应电动势为

$$e = B_\delta l v$$

设电枢绕组每相串联匝数为W，则每相绕组的感应电动势为

$$E_\Phi = 2We \tag{7-1}$$

将线速度$v=2P\tau n/60$和每极磁通$\Phi_\delta = B_\delta \alpha \tau l$代入式（7-1），可得每相绕组感应电动势为

$$E_\Phi = PW\Phi_\delta n/15\alpha \tag{7-2}$$

则线电动势，即电枢感应电动势为

$$E = 2E_\Phi = 2PW\Phi_\delta n/15\alpha = C_e \Phi_\delta n \tag{7-3}$$

式中 C_e——电动势常数，$C_e=2PW/15\alpha$，α为极弧系数。

2. 电枢电流

在每个导通时间内有以下电压平衡式：

$$U - 2\Delta U = E + 2I_a r_a \tag{7-4}$$

式中 U——电源电压；

ΔU——开关管的饱和管压降；

I_a——每相绕组电流；

r_a——每相绕组电阻。

由式（7-4）得

$$I_a = (U - 2\Delta U - E)/2r_a \tag{7-5}$$

3. 电磁转矩

在任一时刻，电动机的电磁转矩 T（单位 N·m），由电枢绕组的磁场与转子永磁磁场相互作用产生，则 $T=\dfrac{2E_\Phi I_a}{\omega}=\dfrac{EI_a}{\omega}$，用 $\omega=2\pi n/60$ 及式（7-2）代入，则有

$$T = \frac{2PW\Phi_\delta nI_a/15\alpha}{\omega} = \frac{4P}{\pi\alpha}W\Phi_\delta I_a = C_T\Phi_\delta I_a \tag{7-6}$$

式中 C_T——转矩常数，$C_T=4PW/\pi\alpha$。

4. 转速

将式（7-3）代入式（7-5）得转速 n（单位为 r/min）为

$$n = \frac{U - 2\Delta U - 2I_a r_a}{C_e\Phi_\delta} \tag{7-7}$$

空载转速（单位为 r/min）为

$$n_0 = \frac{U - 2\Delta U}{C_e\Phi_\delta} = 7.5\alpha\frac{U - 2\Delta U}{PW\Phi_\delta} \tag{7-8}$$

5. 电动势系数和转矩系数

电动势系数［单位为 V/（r·min^{-1}）］为

$$K_e = \frac{E}{n} = C_e\Phi_\delta = \frac{2P}{15\alpha}W\Phi_\delta \tag{7-9}$$

转矩系数（单位为 N·m/A）为

$$K_T = \frac{T}{I_a} = C_T\Phi_\delta = \frac{4P}{\pi\alpha}W\Phi_\delta \tag{7-10}$$

当电动机转速以角速度 ω 来表示，则电动势系数（单位为 V·s/rad）为

$$K'_e = \frac{E}{\omega} = \frac{E}{2\pi n/60} = \frac{60}{2\pi}K_e \tag{7-11}$$

将式（7-9）代入式（7-11）得

$$K'_e = \frac{60}{2\pi}\cdot\frac{2P}{15\alpha}W\Phi_\delta = \frac{4P}{\pi\alpha}W\Phi_\delta = K_T \tag{7-12}$$

可见，电动势系数 K'_e 与转矩系数 K_T 相等。

二、机械特性和调节特性

从式（7-7）可得到无刷直流电动机的机械特性为

$$n = \frac{U - 2\Delta U}{C_e\Phi_\delta} - \frac{2r_a}{C_e\Phi_\delta}I_a = \frac{U - 2\Delta U}{C_e\Phi_\delta} - \frac{2r_a}{C_eC_T\Phi^2_\delta}T \tag{7-13}$$

可见，无刷直流电动机的机械特性与有刷直流电动机的机械特性的表达式相同，机械特性较硬。但此式是在忽略电枢绕组电感时得到的，故与实际电机的机械特性有一定区别。

根据式（7-5）、式（7-6）和式（7-7）可分别求得调节特性的起动电压 U_0 和斜率 K，即

$$U_0 = \frac{r_aT_{em}}{C_T\Phi_\delta} + \Delta U$$

$$K = \frac{1}{C_T \Phi_\delta}$$

可见，无刷电动机的调节特性也与有刷直流电动机一样，线性度较好。

三、应用

与其他交流电动机相比，无刷直流电动机的电子装置和控制技术是最简单的，在航空航天领域广泛应用。在先进的全电飞机中，大量采用无刷直流电动机作驱动和伺服电动机。例如，功率电传技术就是用电作动器代替液压作动器来驱动和控制舵面，而无刷直流电动机是其中关键部件。如果电动机定子采用多重绕组，并与相应的电子装置配套，便可形成多个控制通道，提高了可靠性。图7－8所示为飞机舵面双通道控制系统框图。图7－8中作动器框未画，而控制器包括功率变换和信号处理两部分。

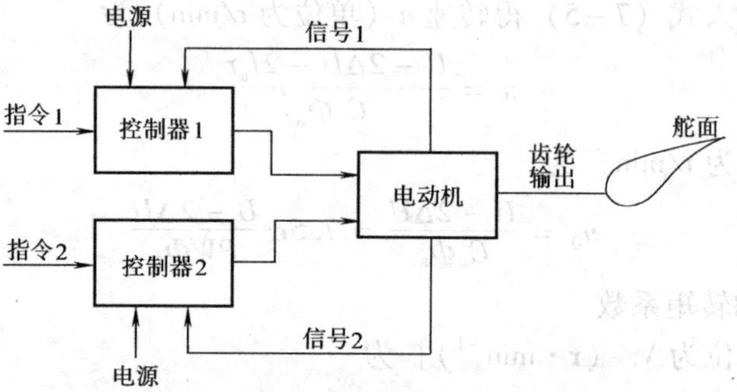

图7－8　飞机舵面双通道控制系统框图

无刷直流电动机与锁相稳速技术结合可获得精密的恒速控制，其稳速精度达10^{-4}，完全能满足精密陀螺仪的要求。空间站上的姿态控制系统采用控制力矩陀螺CMG作为执行机构。CMG由恒速旋转的飞轮、支撑飞轮的支架和转动支架的伺服机构组成。上述两台高精度恒速无刷直流电动机分别从飞轮两侧进行驱动，如图7－9a所示。为了实现三维空间控制，需要多个CMG组成陀螺群，并在空间形成某种几何构形；研究表明，6只CMG组成的五棱锥构形最优，如图7－9b所示。

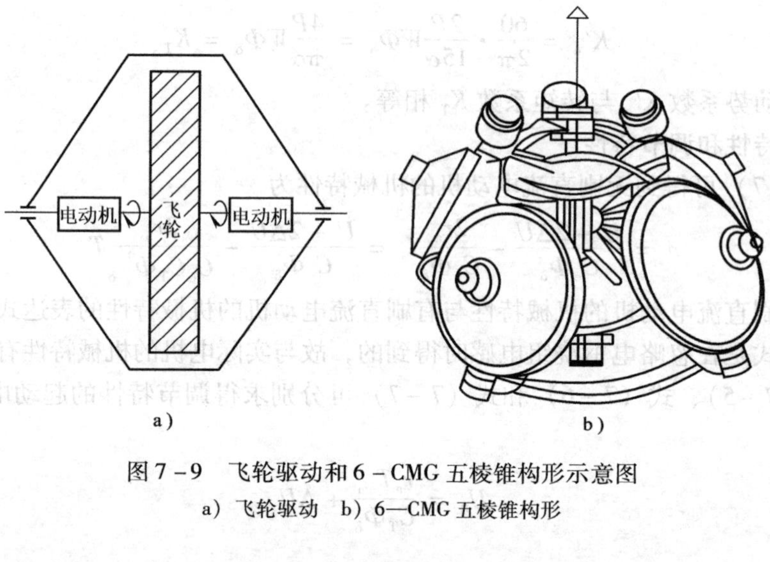

图7－9　飞轮驱动和6－CMG五棱锥构形示意图

a）飞轮驱动　b）6—CMG五棱锥构形

飞船的姿态控制采用组合功率/姿态控制系统 IPACS。与 CMG 不同，飞轮变速时，它作为一个储能部件。飞船绕地球轨道飞行一次需 90min，当飞船在阳光区轨道上时，太阳能电池提供电能，两台无刷直流电机作电动机运行，把飞轮加速到 35000r/min 来储存动能。当飞船在黑暗区轨道上时，飞轮释放动能，并驱动两台电机作发电机运行，替代太阳能电池为飞船上的设备提供电能，一直到转速降到 17500r/min 为止。IPACS 的姿态控制与 CMG 相似，由支架的伺服机构来完成。

第五节　无刷直流电动机调速系统

一、系统的控制方式

无刷直流电动机控制系统，采用两相方波电压供通电，三相六状态控制方法。功率电路采用三相桥逆变电路，如图 7－10 所示。按照图 7－10 中的晶体管标号定义，当控制电动机正转时，晶体管导通次序为 VT_1、VT_2、…、VT_6；当控制电动机反转时，晶体管导通次序为 VT_6、VT_5、…、VT_1。无刷直流电动机相绕组通电过程见表 7－1。表 7－1 中符号 U/V 表示 U 相电流为正、V 相电流为负，其他类推。

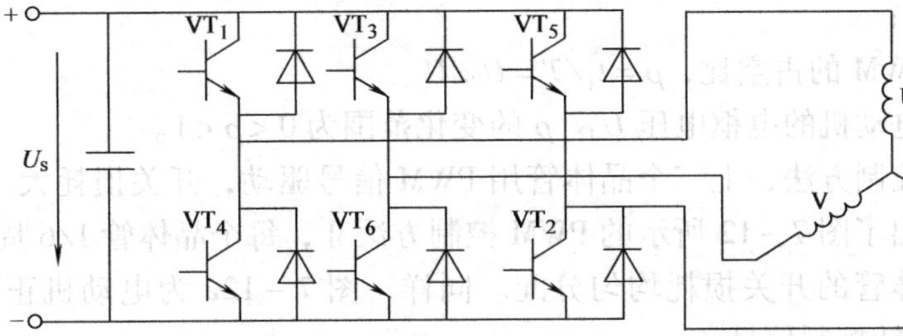

图 7－10　无刷直流电动机三相桥逆变电路

表 7－1　无刷直流电动机相绕组通电过程

转子位置	0°～60°	60°～120°	120°～180°	180°～240°	240°～300°	300°～360°
正转	U/V	U/W	V/W	V/U	W/U	W/V
反转	V/U	W/U	W/V	U/V	U/W	V/W

无刷直流调速系统 U_d 的控制通常采用脉宽调制（PWM）控制方法，具有电路简单，调速范围宽和损耗小等优点，在中小功率直流电动机系统中得到广泛的应用。

1. 三相桥单极性 PWM 控制

为了控制电动机的转速或转矩，可以通过控制相绕组电压或控制直流电压 U_d 来实现，通常采用简单的单极性 PWM 控制方法。

三相桥单极性 PWM 控制方法之一是三相桥上半部三个晶体管（VT_1、VT_3、VT_5）用 PWM 信号驱动，而三相桥下半部三个晶体管（VT_2、VT_4、VT_6）用方波信号驱动，如图 7－11 所示。其中，图 7－11a 为电动机正转控制信号；图 7－11b 为电动机反转控制信号。这样加到每相绕组上的电压可以用上半部三个晶体管的 PWM 信号的占空比来控制。

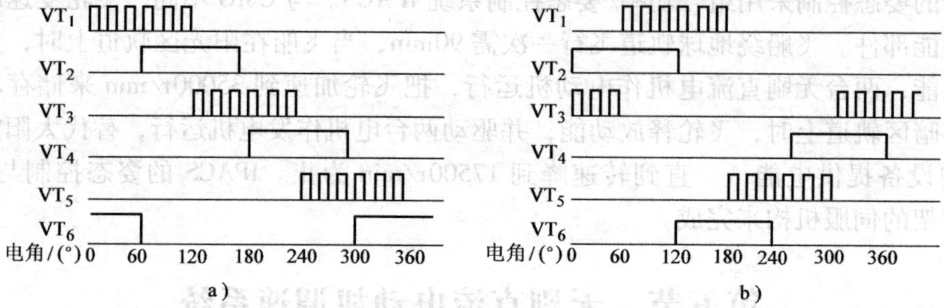

图 7-11 单极性 PWM 控制信号 I

a）电动机正转控制信号 b）电动机反转控制信号

电动机得到的平均电压为

$$U_d = \frac{t_1}{T}U_s = \rho U_s \tag{7-14}$$

式中 T——PWM 信号周期；

t_1——脉冲宽度；

U_s——电源电压；

ρ——单极性 PWM 的占空比，$\rho = t_1/T = U_d/U_s$。

控制 ρ 就可控制电动机的电枢电压 U_d。ρ 的变化范围为 $0<\rho<1$。

图 7-11 所示的控制方法，上三个晶体管用 PWM 信号驱动，开关损耗大，容易导致晶体管发热，因此又提出了图 7-12 所示的 PWM 控制方法Ⅱ，每个晶体管 1/6 周期处于 PWM 斩波状态，使每个晶体管的开关损耗均匀分配。同样，图 7-12a 为电动机正转控制信号，图 7-12b 为电动机反转控制信号。

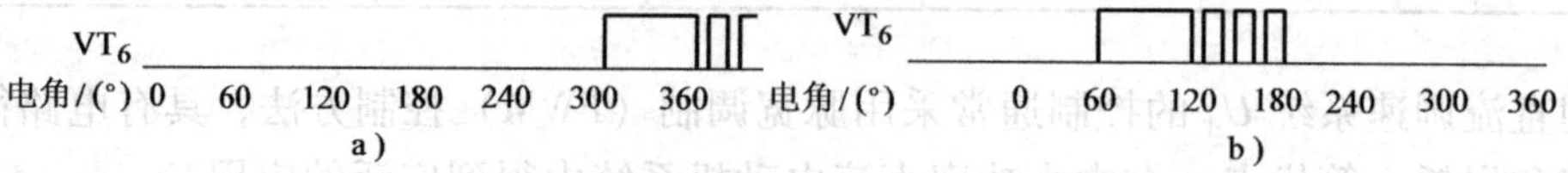

图 7-12 单极性 PWM 控制信号Ⅱ

a）电动机正转控制信号 b）电动机反转控制信号

当采用 IGBT 等开关器件时，PWM 的开关频率可选择为 20kHz，脉冲周期 T 为 0.05ms，与电磁时间常数相比时间很短，甚至可以忽略，控制电路等效为放大环节。

2. 前端 PWM 斩波控制

对于高速（如 10000r/min）宽调速的航空无刷直流电动机，电磁时间常数很小，采用

IGBT 等开关器件时，频率为 20kHz 的单极性控制方法电流常不能连续，导致调速范围小，机械特性很软，并且电磁干扰严重。

图 7－13 所示的功率电路适用于高速无刷直流电动机，由斩波器与逆变器两部分组成。斩波器控制电动机的转速与电动机的电动和制动状态，逆变器控制电动机的换相和换向。

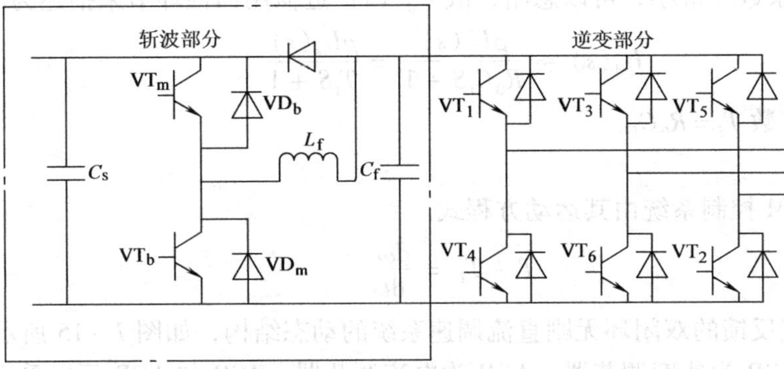

图 7－13　航空无刷直流电动机功率电路

斩波器由晶体管 VT_m、VT_b 与二极管 VD_m、VD_b 组成。其中 VT_m、VD_m 控制电动机电动运行，VT_b、VD_b 控制电动机的制动。电动机在电动状态时，PWM 信号控制 VT_m 斩波，并控制逆变器直流电源的电压 U_d。其中 L_f 和 C_f 组成斩波器的滤波电路，VT_m 导通电流经 VT_m、L_f、逆变器晶体管和电动机绕组构成回路。当 VT_m 关断时，回路中的滤波电感 L_f、电动机绕组电感经二极管 VD_m 续流。该电路经过调节 VT_m 的占空比，来调节逆变器的直流电源电压，以控制电动机的转速。

在电动机的制动状态，PWM 信号控制晶体管 VT_b 斩波。当 VT_b 导通时，VT_b、L_f、逆变器的续流二极管和电动机绕组形成短路回路，电动机反电动势使绕组电流反向，形成制动转矩，这时属于能耗制动方式。当 VT_b 关断时，电流经 VD_b、电源侧的滤波电容 C_s 续流，使电容 C_s 上产生泵升电压；如果电路接在直流汇流条上，则能量回馈给电网，此时为回馈制动。该电路通过调节 VT_b 的占空比，可以调节制动电流的大小，即制动转矩的大小。

图 7－13 所示电路，可以简化为图 7－14a 所示的斩波器等值电路和图 7－14b 所示的逆变器与电动机等值电路。

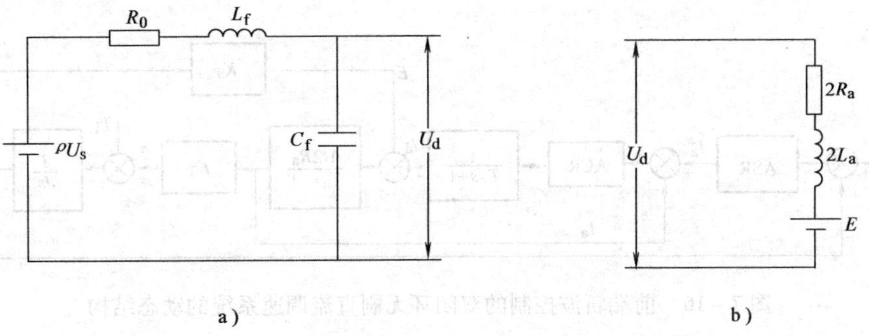

图 7－14　等值电路

a）斩波器等值电路　b）逆变器与电动机等值电路

由图7－14a 得到斩波器的输出电压 U_d 与占空比 ρ 的关系为

$$U_d(s) = \frac{\rho U_s(s)}{C_f L_f S^2 + R_0 C_f S + 1}$$

式中 R_0——斩波器等效电阻。

因高次项 S^2 的系数非常小，可以忽略，故 U_d (s) 近似用惯性环节来描述为

$$U_d(s) \approx \frac{\rho U_s(s)}{R_0 C_f S + 1} = \frac{\rho U_s(s)}{T_f S + 1} \tag{7-15}$$

其中斩波时间常数 $T_f = R_0 C_f$。

二、调速系统

对于单极性 PWM 控制系统由其运动方程式

$$T - T_L = \frac{d\omega}{dt}$$

得到速度与电流反馈的双闭环无刷直流调速系统的动态结构，如图7－15所示。图中的 ω^* 为给定角速度，ASR 为速度调节器，ACR 为电流调节器。ASR 与 ACR 可以采用比例、积分、微分控制器（PID）。

由图7－15可见，双闭环无刷直流调速系统结构与双闭环直流电动机调速系统相同，速度调节器对角速度误差 $\Delta\omega = \omega^* - \omega$ 进行 PID 运算，其输出作为电流给定值 I_a^*；电流调节器 ACR 对电流误差 $\Delta I_a = I_a^* - I_a$ 进行 PID 运算，输出为 PWM 控制电压值 $U_d = \rho U_a$，对电动机进行控制。

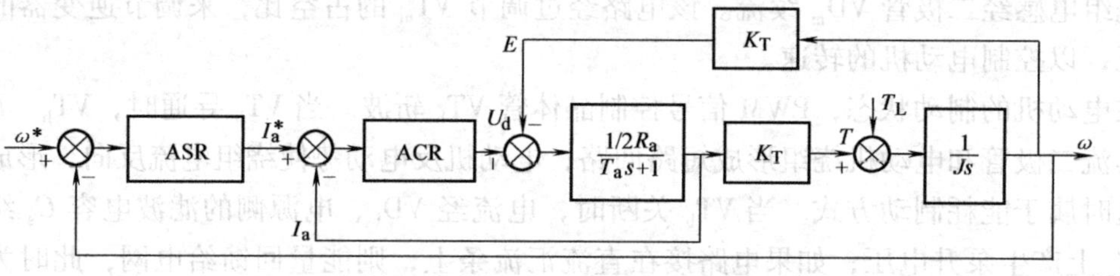

图7－15 单极性 PWM 控制的双闭环无刷直流调速系统的动态结构

如果采用前端斩波控制方法，则系统的动态结构如图7－16所示。其中 ACR 的输出为前端斩波器控制信号，即占空比 ρ。

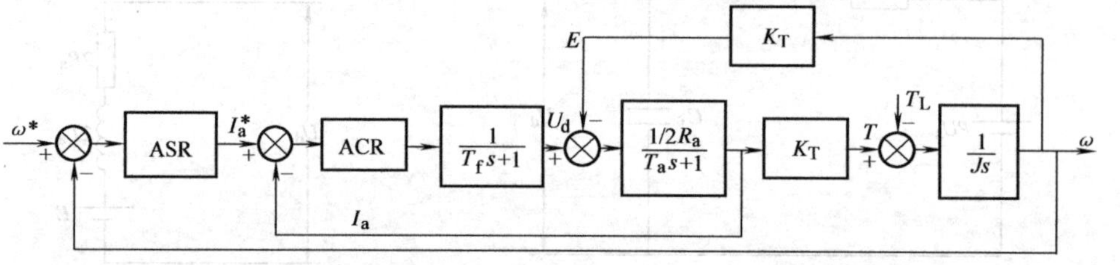

图7－16 前端斩波控制的双闭环无刷直流调速系统的动态结构

因无刷直流调速系统结构与直流调速系统相同，故调节器 ASR 与 ACR 的设计可以采用相同的设计方法，如工程设计方法。

三、航空双通道无刷直流电动机调速系统

1. 双重绕组无刷直流电动机

双重绕组无刷直流电动机，是在定子槽中嵌放两套三相集中绕组，星形联结，两套绕组互差30°电角。由两套独立的功率电子器件实现三相桥电路驱动，如图 7－17 所示。

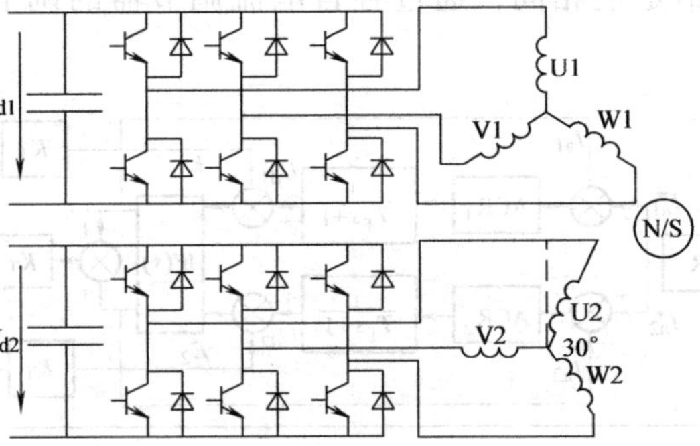

图 7－17　双重绕组无刷直流电动机电路

电动机的位置传感器采用无刷旋转变压器。控制器为微处理器，实现电流换相及闭环控制。两套绕组与功率电路形成图 7－18 所示的航空双通道无刷直流电动机调速系统框图。

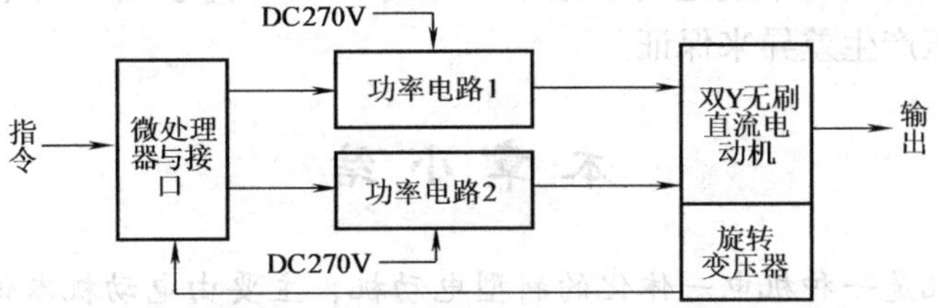

图 7－18　航空双通道无刷直流电动机调速系统框图

电动机采用 120°导通的二相导通方式。每套绕组在每个周期有 6 个换相状态，两套绕组有 12 个换相状态，见表 7－2。

表 7－2　双重电动机的换相控制

转子位置	0°～30°	30°～60°	60°～90°	90°～120°	120°～150°	150°～180°
绕组 1	U1/V1	U1/V1	U1/W1	U1/W1	V1/W1	V1/W1
绕组 2	W2/V2	U2/V2	U2/V2	U2/W2	U2/W2	V2/W2
转子位置	180°～210°	210°～240°	240°～270°	270°～300°	300°～330°	330°～360°
绕组 1	V1/U1	V1/U1	W1/U1	W1/U1	W1/V1	W1/V1
绕组 2	V2/W2	V2/U2	V2/U2	W2/U2	W2/U2	W2/V2

表 7－2 中转子位置是转子磁场的电角位置，U1/V1 表示电动机的第一套绕组的 U 相绕组电压为正，V 相绕组电压为负，其余类推。

双通道无刷直流电动机控制系统正常时采用通道工作方式。当一套功率电路发生故障时就转换成单通道工作方式，能够容错运行。

2. 双通道无刷直流电动机调速系统的特点

为了避免上述双通道无刷直流电动机调速系统（见图 7-18）由于控制电压 $U_{d1} \neq U_{d2}$ 而导致两套绕组电流不相等的情况，双通道控制系统要采用电流均衡控制策略。调速系统结构（见图 7-19），采用 2 个电流调节器 ACR_1、ACR_2 与 1 个速度调节器 ASR 来实现。每个电流调节器的给定值相同，通过各自电流调节器的调节作用使两套绕组电流保持一致。

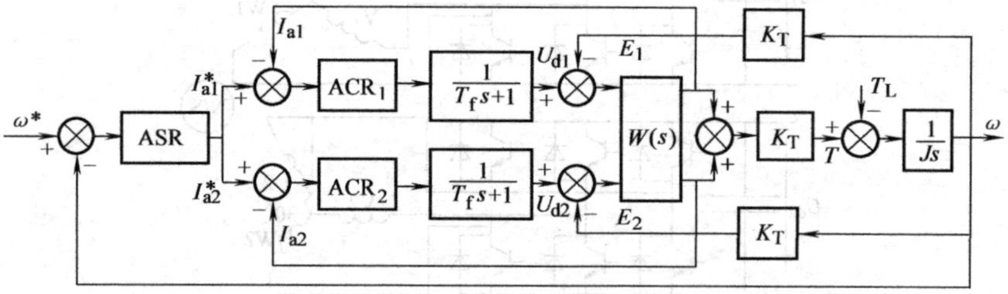

图 7-19 双通道无刷直流电动机的电流均衡控制调速系统结构

在该控制系统中，两个 ACR 为无静差调节器。当电动机与电路构成的两个通道参数一致时，ACR 通过控制两个通道的电压均衡，来调节两个通道电流的均衡，使两个调节器的工作状态完全一致。而当两个通道的参数不一致时，ACR 为了调节两个通道电流一致，只有通过调节控制电压产生差异来保证。

本章小结

无刷直流电动机是一种机电一体化的新型电动机，主要由电动机本体、位置传感器和控制器组成。它使用位置传感器及功率电子开关代替传统的直流电动机中的电刷和换向器，具有普通直流电动机的控制特性。

无刷直流电动机的电机本体是一种永磁同步电动机，其主要特征是气隙磁场波形与电枢电流均为方波。

位置传感器是无刷直流电动机的重要组成部分。常见的位置传感器有霍尔开关式位置传感器（磁敏式）、电磁式位置传感器和光电式位置传感器 3 种。控制方式包括有位置传感器检测和无位置传感器检测两种方式。无位置传感器控制方式有反电动势过零检测法、定子三次谐波检测法、锁相环技术法和电感法。

逆变器主电路有桥式和非桥式两种，而电枢绕组既可接成星形也可接成三角形，因此电枢绕组与逆变器主电路的联结有多种不同的组合。直流无刷电动机最常见的工作方式是星形三相三状态和星形三相六状态工作方式，应根据实际使用场合和要求选择电枢绕组的联结方式。

无刷直流电动机通过改变电源电压实现无级调速，既可进行开环调速，也可以实现闭环控制。改变电枢绕组导通相序可以改变电动机的转向。

以专用集成电路芯片为核心构成的无刷直流电动机调速系统，具有结构简单，调速方便，开发周期短，性能稳定和运行速度快等特点，而以微型计算机技术为核心的数模混合控制系统与全数字化控制系统是无刷直流电动机控制的主流。

复习思考题

1. 无刷直流电动机与普通直流电动机相比有何区别？
2. 位置传感器在无刷直流电动机中起什么作用？
3. 简述使用霍尔位置传感器控制二相导通三相六状态无刷直流电动机的工作原理。
4. 如果电动机转子是多极对数时，如何设计位置传感器结构？
5. 比较三相星形联结二相导通方式与三相星形联结一相导通方式有何不同？
6. 当转矩较大时，永磁无刷直流电动机的机械特性为什么会向下弯曲？
7. 试分析利用无位置传感器进行反转控制的原理。
8. 无刷直流电动机能否使用交流电源供电？

第八章　磁阻电机

本章应知

1. 了解磁阻电机的结构和工作原理。
2. 了解磁阻电机电感随转子位移角的变化关系和转矩特性。
3. 了解磁阻电机与步进电机和同步磁阻电机的主要差别。
4. 了解 SR 电机角度控制、电流斩波控制和电压斩波控制方法及特点。
5. 了解常用的组合控制方式：高速角度控制、低速电流斩波控制、变角度电压斩波控制和定角电压斩波控制。
6. 了解 SR 电机功率变换器常见的主电路形式，如双开关型、双绕组型、电容分压型、H 桥型、公共开关型等。
7. 了解 SR 发电机的工作原理，SR 发电机发电运行的条件。

本章应会

1. 掌握 SR 电机调速系统中功率变换电路的设计。
2. 掌握功率开关器件和续流二极管的选用。
3. 掌握一台四相 8/6 极 SR 电动机调速系统中功率变换电路的设计实例。
4. 掌握位置信号的检测器中光敏式位置检测器检测法。
5. 掌握速度检测数字式测速方法：M 法、T 法、全额 M/T 法。
6. 掌握电流检测中的电阻采样和霍尔电流传感器采样法。
7. 掌握双通道 SR－S/G 系统中 SR 电机的作用和容错工作能力。

第一节　磁阻电机的结构和工作原理

一、结构

磁阻电机即 SR 电机，是磁阻电机驱动系统（SRD）中实现机电能量转换的部件，它的结构和工作原理与反应步进电机相似。图 8－1 为典型 SR 电机的结构原理。定、转子均由普通电工钢片叠压而成，形成双凸极结构；定子各极齿上绕有集中绕组，径向相对极的绕组串联，构成一相。

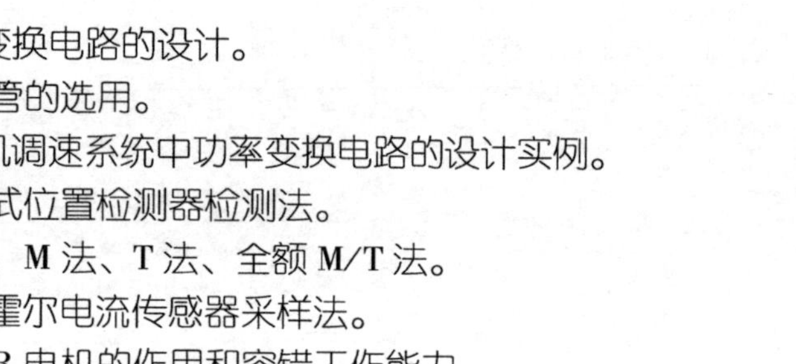

图 8－1　四相 8/6 极典型 SR 电机结构原理（只画出其中一相）

SR 电机可以设计成单相、两相、三相、四相及多相等不同相数结构，且有每极单齿结构和每极多齿结构，轴向气隙、径向气隙和轴向—径向混合气隙结构，内转子和外转子结构。低于三相的 SR 电机一般设有自起动能力。相数多，有利于减小转矩波动，但导致结构复杂，主开关器件多和成本增高。应用较多的是三相、四相和五相结构。表 8-1 为常见 SR 电机定、转子极数组合方案。

表 8-1 常见 SR 电机定、转子极数组合方案

极数 / 相数 m	1	2	3	4	5	6
定子 Z_8	2	4	6	8	10	12
转子 Z_r	2	2	4	6	8	10

二、工作原理

磁阻电机的转矩是磁阻性质的，现以图 8-1 为例来说明。

当 A 相绕组电流控制开关 S_1、S_2 闭合时，A 相励磁，所产生的磁场力图使转子旋转到转子极轴线 aa′与定子极轴线 AA′重合位置，从而产生磁阻性质的电磁转矩。顺序给 A、B、C、D 相绕组通电（B、C、D 各相绕组在图中未画出），则转子便按逆时针方向连续转动起来；反之，依次给 B、A、D、C 相绕组通电，则转子会沿着顺时针方向转动。在多相电机的实际运行中，也常出现两相绕组或两相以上绕组同时导通的情况。当每相定子绕组轮流通电一次后，转子转过一个转子极距。

设每相绕组开关频率为 f，每个周期 m 相轮流导通，每分钟有 $60mf$ 个步进状态，转子极数为 Z_r，则 SR 电机的同步转速（单位为 r/min）可表示为

$$N = 60mf/N_p = 60f/Z_r$$

由于是磁阻性质的电磁转矩，故 SR 电机的转向与相绕组的电流方向无关，仅取决于相绕组通电的顺序，这使其能够充分简化功率变换器电路。

在图 8-1 中，当主开关 S_1、S_2 接通时，A 相绕组从直流电源 U 吸收电能，而当 S_1、S_2 断开时，绕组电流通过续流二极管 VD_1、VD_2，将剩余能量回馈给电源 G。因此，SR 电机具有能量回馈的特点，系统效率高。

但是 SR 电机有两个重要特征，一个是磁路严重非线性，另一个是电流的非正弦性。在对 SR 电机作定性分析时，若忽略磁路的非线性，则电磁转矩可表示为

$$T(\theta, i) = \frac{i^2}{2} \cdot \frac{dL}{d\theta}$$

式中 L——任意转子位移角下的相电感。

图 8-2 为理想线性假设下相电感随转子位移角的变化关系。电机每旋转一圈，相电感变化的周期数等于转子的极对数，周期长度等于转子极距。每个周期可分为 4 个区间，$\theta_1 \leqslant \theta \leqslant \theta_2$ 时，电感为最小值 L_{min}，且恒定，电磁转矩为 0；$\theta_2 \leqslant \theta \leqslant \theta_3$ 时，电感增大，相绕组通以电流，则产生正转矩，处于电动机状态；$\theta_3 \leqslant \theta \leqslant \theta_4$ 时，电感为最大值 L_{max}，且恒定，不产生电磁转矩；$\theta_4 \leqslant \theta \leqslant \theta_5$ 时，是电感下降区间，相绕组通以电流，则产生负转矩，处于发电机状态。因此通过控制相绕组电流导通的时刻、相电流脉冲的幅值和宽度，即可控制 SR 电机转矩的大小和方向。

SR 电机的转矩特性 $T=f(n)$ 可分为 3 个区域，即恒转矩区、恒功率区和自然特性区（串励特性区），如图 8－3 所示。在恒转矩区，由于电机转速较低，电机反电动势小，因此需对电流进行斩波限幅，称为电流斩波控制（CCC）方式；也可采用调节相绕组外加电压有效值的 PWM 控制方式。在恒功率区，通过调节主开关管的开通角和关断角取得恒功率特性，称为角度位置控制（APC）方式。在自然特性区，电源电压、开通角和关断角均固定，由于自然特性与串励直流电机的特性相似，故亦称为串励特性区。转速 n_1、n_2 为各特性交换的临界转速，是 SR 电机运行和设计时要考虑的重要参数。n_1 是 SR 电机开始运行于恒功率特性的临界转速，定义为 SR 电机的额定转速，亦称为第一临界转速，对应功率即为额定功率；n_2 是能得到额定功率的最高转速，恒功率特性的上限，可控条件都达到了极限。当转速再增加时，输出功率将下降，n_2 亦称为第二临界转速。

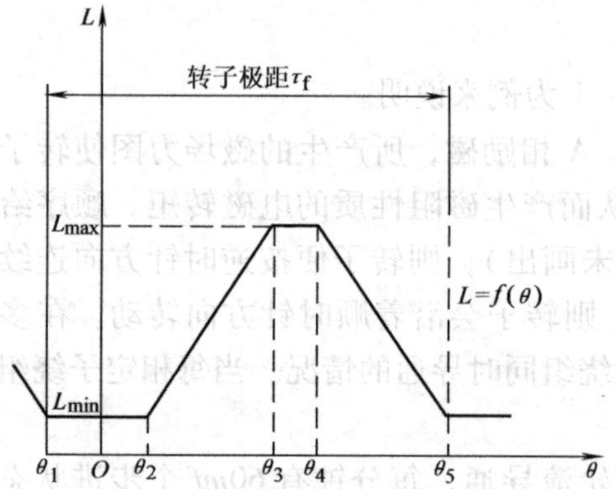

图 8－2 相电感随转子位移角的变化关系

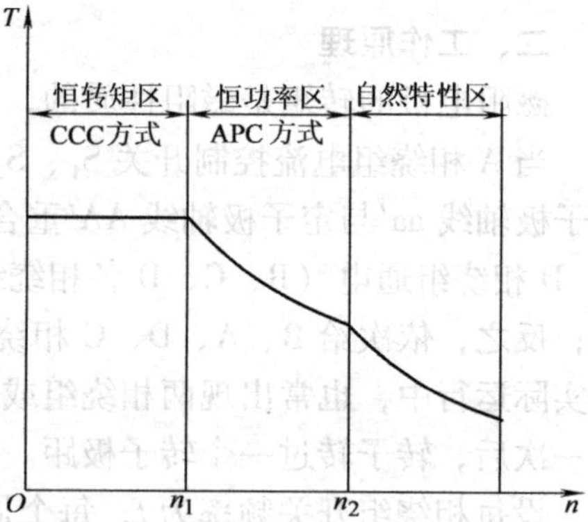

图 8－3 SR 电机的 $T=f(n)$ 特性

第二节 磁阻电机驱动系统的特点

磁阻电机驱动系统（SRD）主要有以下特点：

1）电机结构简单、坚固，制造工作简单，成本低，转子仅由电工钢片叠压而成，可工作于极高转速；定子线圈为集中绕组，嵌放容易，端部短而牢固，工作可靠，能适用于各种恶劣、高温甚至强振动环境。

2）转矩方向与相电流方向无关，从而可减少功率变换器的开关器件数，降低系统成本，并且功率变换器不会出现直通故障，可靠性高。

3）调速范围宽，控制灵活，易于实现各种特殊要求的转矩——速度特性，具有较强的再生制动能力。

由于 SR 电机为双凸极结构，不可避免地存在转矩波动。噪声的存在是 SR 电机最主要的缺点。

从电机结构和运行原理上看，SR 电机与大步距角的反应式步进电机十分相似，但两者是有本质差别的，体现在电机设计、控制方法、性能特性和应用场合等方面，见表 8－2。

表 8-2 SR 电机与步进电机的主要差别

SR 电机	步进电机
利用转子位置反馈信号运行于自同步状态，多用于功率驱动系统，对效率指标要求很高，功率等级至少可达到数百千瓦，甚至数千千瓦，并可运行于发电状态	工作于开环状态，多用于伺服控制系统，对步距精度要求很高，对效率指标要求不严格，只作电动状态运行
可控参数多，既可调节主开关管的开通角和关断角，也可采用调压或限流斩波控制	一般只通过调节电源步进脉冲的频率来调节转速

SR 电机也可视为一种反应式同步电机，但它与常规的反应式同步电机有许多不同之处，见表 8-3。

表 8-3 SR 电机与反应式同步磁阻电机的主要差别

SR 电机	反应式同步磁阻电机
定、转子均为凸极结构	定子为齿、槽均匀分布的光滑内腔
定子绕组是集中绕组	定子嵌有多相分布绕组
励磁是顺序施加在各相绕组上的电流脉冲	励磁是一组多相平衡的正弦波电流
各相磁链随转子位置作三角波或梯形波变化，不随电流改变	各相自感随转子位置作正弦变化，不随电流改变

另外，SR 电机定子各相绕组在物理上和电磁上互相独立，具有最高的故障容错能力，这个特征使它在一相或多相发生故障时仍能产生转矩。因此，在飞行控制、燃油泵、滑油泵和风机等驱动系统中都将广泛应用。

第三节 SR 电机的控制方式

一、角度控制

SR 电机角度控制即是控制开通角 θ_{on} 和关断角 θ_{off}。在 $\theta_{on}\sim\theta_{off}$ 之间，对绕组加正电压，在绕组中建立和维持电流；在 θ_{off} 之后一段时间内，对绕组加反电压，电流续流并快速下降，直至消失。角度控制得到的电机特性有以下特点：

1）可改变电机工作状态，使该电流波形的主要部分置于电感波形的上升段，使电机电动运行；反之，使电流波形的主要部分置于电感波形的下降段，则电机制动运行。

2）可改变电机的转矩和转速，电动状态下开通角 θ_{on} 提前，则在最小电感区段电流上升时间加长，使电流波形加宽，峰值和有效值增加，改变了与电感波形的相对位置。

3）改变 θ_{off} 一般不影响电流峰值，但影响电流波形宽度及其同电感曲线的相对位置，电流有效值也随之变化，因此 θ_{off} 同样影响电机的转矩转速，但影响小于 θ_{on}。

同样的分析也可用于制动运行状态。

角度控制是控制 SR 电机调速系统的一种最有效的方法。采用角度控制，SR 电机性能有以下特点：

（1）转矩调节范围大　如果定义电流存在区间 t 占电流周期 T 的比例 t/T 为电流占空

比，则角度控制下电流占空比的变化范围几乎从 0～100%。

（2）电机效率高　通过角度优化控制，使电机在不同负载下均能保持高效率。

（3）通电的相数可变　电机出力较大，转矩脉冲较小。

（4）不适用于低速　角度控制方式中，电流峰值主要由旋转电动势限制。低速旋转电动势减小，可使电流峰值大至不允许值。

二、电流斩波控制

电流斩波控制方式如图 8－4 所示。在 $\theta=\theta_{on}$ 时，功率电路开关元件接通，绕组电流 $i(t)$ 从零开始上升，当电流增长到一定峰值 i_{max} 时，使绕组断电（称斩波关断）。绕组承受反压，电流快速下降，经时间 T_1 后，绕组重新通电（称斩波导通）。如此反复通电、断电，形成斩波电流波形，直至在 $\theta=\theta_{on}$ 时实行相关断，电流衰减至零。

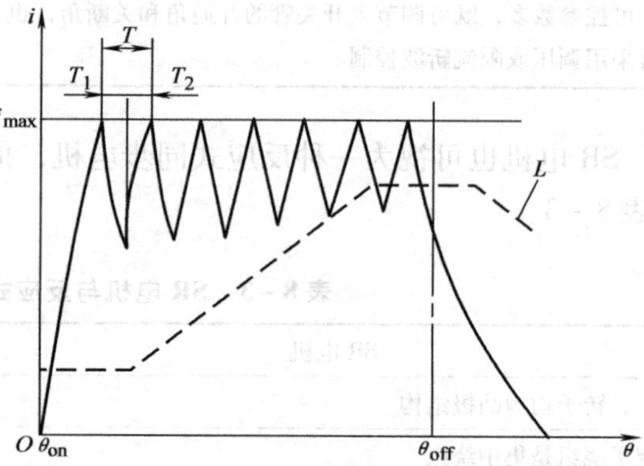

图 8－4　电流斩波控制方式

在电流斩波控制方式中，选择 θ_{on} 和 θ_{off} 能使电流波形的主要部分置于电感的上升段或下降段，使电机处于电动运行或制动运行。控制 i_{max} 的大小能调节电流峰值，起到调节电机转矩和转速的作用。斩波周期 T 主要由 T_1 决定，T_1 小则电流的平均值与峰值之比增大，有利于在一定电流峰值下提高电机出力。同时，T 小有利于降低噪声。但要取得较小的 T，则要求功率电路开关元件工作频率提高，需选择高频开关元件，成本较高，且开关损耗较大。

采用电流斩波控制方式，SR 电机性能的特点如下：

1）适用于低速和制动运行　电机低速运行时，由于绕组中旋转电动势小，故电流增长快。在制动运行时，由于旋转电动势的方向和绕组端电压的方向相同，所以使电流比低速运行时增长更快。采用电流斩波控制方式还可以限制电流峰值的增长，并起到良好、有效的调节作用。

2）转矩平稳　由于每个电流波形呈较宽的平顶波，故产生的转矩也较平稳。各相综合的总电动机转矩脉冲一般也较采用其他控制方式时要明显小。

3）适合用做转矩调节系统　如果选择的斩波周期较小，并忽略相导通以相关断时电流建立和消失过程（转速低时近似如此），则本方式下绕组电流波形近似为平顶方波波形。平顶方波的幅值对应了一定的电机转矩，该转矩基本不受其他因素（如电源电压、转速等）的影响。因此本控制方式十分适合构成转矩调节系统，具有转矩电机特性。

4）用作调速系统时，抗负载扰动的动态响应慢　本方式中由于电流峰值被限制，当电机转速在负载扰动作用下发生变化时，电流峰值无法相应自动改变，因此系统在负载扰动下的动态响应较慢。

三、电压斩波控制

在 $\theta_{on}\sim\theta_{off}$ 通电区间内，使功率开关按 PWM（脉宽调制）控制方式工作。脉冲周期 T 固定，占空比 T_1/T 可调。在 T_1 内，绕组加正电压；在 T_2 内，绕组加零电压或反电压。其电压、电流波形如图 8－5 所示。改变占空比，则绕组电压的平均值变化（如图 8－5 中水平虚线所示），绕组电流也相应变化，从而实现转速和转矩的调节。与电流斩波控制方式类似，提高脉冲频率$f=1/T$，则电流波形比较平滑，电机出力增大，噪声减小，但功率开关元件工作频率增大。

电压斩波控制方式通过 PWM 方式调节绕组电压平均值，进而能间接限制和调节过大的绕组电流，故能用于高速运行，又适合于低速运行。其余特点与电流斩波控制方式相反，即适合用作转速调节系统。其抗负载扰动的动态响应较快，但低速运行时转矩脉动较大。

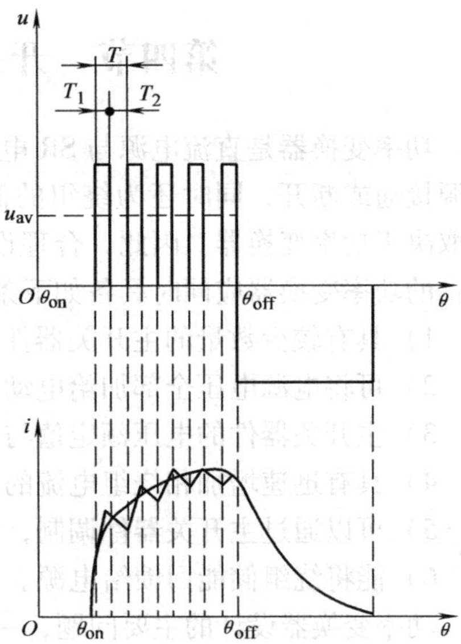

图 8-5 电压斩波控制方式下的电压与电流波形

四、实用控制方式

磁阻电机控制系统（SRD）可采用多种控制方式，不同的方式对应的电机特性差异很大。为了使电动机在各种不同工作条件下均有较好的性能指标，一般可选用几种制控方式的组合。下面简要介绍常用的几种控制方式。

1. 高速角度控制和低速电流斩波控制

这种控制方式有利发挥二者的长处，克服二者的短处，能在较宽调速范围内（如 1∶40）使电机有较好的特性和性能指标。

这种控制方法的缺点在中速时较突出。若采用角度控制，则电流脉冲窄而尖，转矩脉动大，电流峰值也大；若采用电流斩波控制，则在θ_{off}后续流过程较长，影响出力和效率。其解决办法是：低速电流斩波控制时结合角度控制，当转速高时，使θ_{off}适当提前。

两种控制方式的过渡也应予以充分重视。一是注意在两种方式转换时的参数对应关系。避免转矩较大的不连续；二是两种方式升速、降速时的转换点要有一定回差。一般使前者高于后者，避免在该速附近处于经常性的控制方式转换过程中。如电机额定转速为 1500r/min 时，由电流斩波向角度控制方式的转换速度为 640r/min，由角度控制向电流斩波方式的转换速度为 580r/min。

2. 变角度电压斩波控制

这种控制方法的要点是靠电压斩波调节电动机的转速和转矩，并使θ_{on}和θ_{off}随转速改变。由于电动工作时，希望绕组电流置于电感的上升段，考虑到电流的建立过程和续流消失过程需一定时间，所以电流波形总比通电区间$\theta_{on}\sim\theta_{off}$有所滞后。转速越高，通电区间对应的时间就越短，电流波形滞后就越多。

此种工作方式下的转速、转矩调节范围大，高速、低速均有较好的电动机性能，且不存在两种不同控制方式互相转换的问题。其缺点是：控制方式的实现稍显复杂，同时要求功率开关的工作频率较高，否则斩波噪声较大。

3. 定角电压斩波控制

其控制方式与变角度电压斩波控制类似，只是θ_{on}和θ_{off}不随转速改变。与变角度电压斩波控制相比，这是一种简化的控制方式。θ_{on}和θ_{off}应取兼顾高速、低速运行的中间值，适用的调速范围一般不太大，如 1∶20。其优点是控制方式的实现简单，适用于小功率简易型系统。

第四节 开关磁阻电动机的功率变换器

功率变换器是直流电源与SR电机的接口，在控制器的控制下起到开关作用，使绕组与电源接通或断开，同时还为绕组的储能提供回馈路径。SRD系统的性能和成本，很大程度上取决于功率变换器。因此，合理设计功率变换器是整个SRD系统设计成败的关键。性能优良的功率变换器应同时具备如下条件：

1）具有较少数量的主开关器件。

2）可将电源电压全部加给电动机相绕组。

3）主开关器件的电压额定值与电动机接近。

4）具有迅速增加相绕组电流的能力。

5）可以通过主开关器件调制，有效地控制相电流。

6）能将绕组储能回馈给电源。

功率变换器设计的主要问题，一是功率器件的选择及其电流定额的确定，二是功率变换器主电路结构的设计。下面对这些问题分别进行介绍。

一、功率变换器常见的主电路形式

SRD系统的功率变换器电路结构有多种，不同结构电路的主开关器件数量和定额、能量回馈形式以及适用场合均不同，设计时应特别注意。

1. 双开关型主电路

如图8-6所示，双开关型功率变换器每相有两只主开关和两只续流二极管。当两只主开关VT_1和VT_2同时导通时，电源U_S向电动机绕组供电；当VT_1和VT_2同时关断时，相电流沿图中箭头方向经续流二极管VD_1和VD_2续流，将电动机的磁场储能以电能形式迅速回馈电源，实现强迫换相。

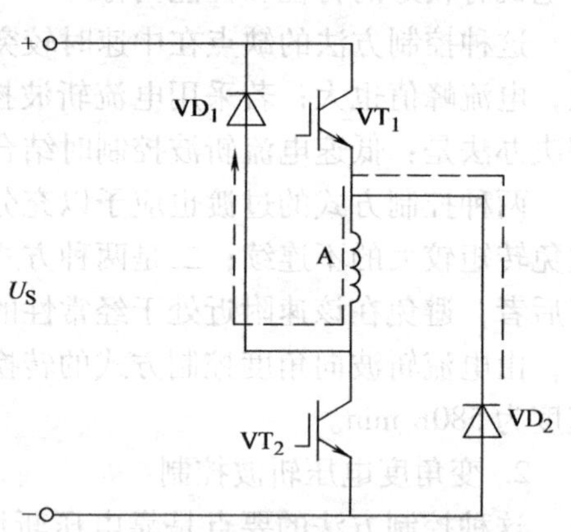

图8-6 双开关型功率变换器

这种结构的主要优点：一是开关器件电压容量要求比较低，特别适合于高压和大功率场合；二是各相绕组电流可以独立控制，且控制简单。缺点是开关器件比较多。

双开关型功率变换器适用于任意相数的SRD系统。三相SRD系统最常用的主电路形式就是双开关型主电路（也叫三相不对称半桥型主电路），如图8-7所示。

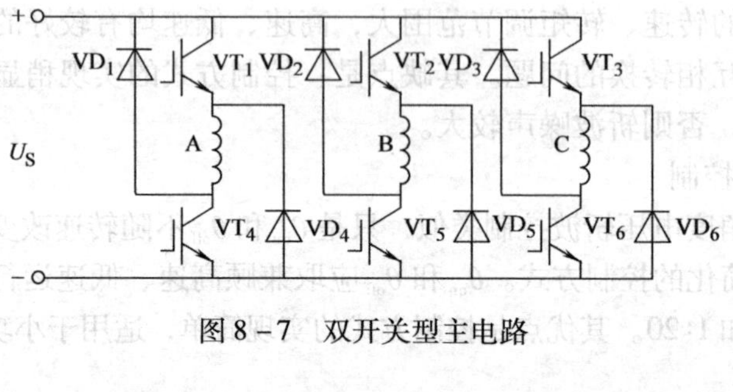

图8-7 双开关型主电路

2. 双绕组型主电路

图 8-8 所示为双绕组型主电路，每相均有主、副两个绕组。主开关 VT 导通时，电源对主绕组供电，形成图示实线箭头方向的电流；当 VT 关断时，靠磁耦合将主绕组的电流转移到辅助绕组，通过二极管 VD 续流（续流电流的方向为图中虚线箭头方向），向电源回馈电能，实现强迫换相。为了保证主、辅助绕组之间紧密耦合，通常主、辅助绕组是双线并绕而成，同名端反接，其匝数比为 1∶1。

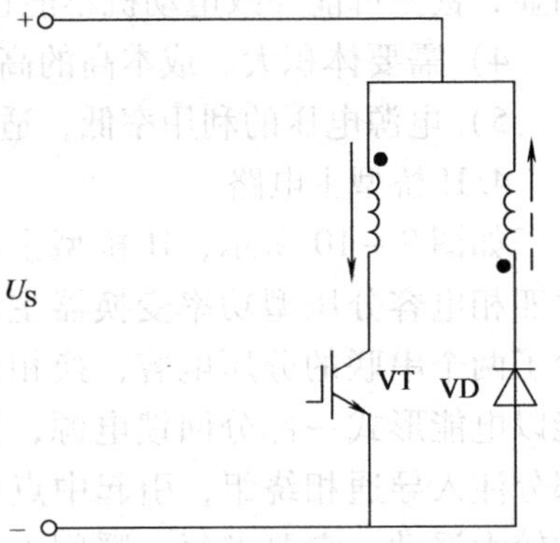

图 8-8 双绕组型主电路

双绕组型功率变换器电路简单，每相只有一个开关管，开关器件少，这是它最大的优点。但是，主开关除了要求承受电源电压外，还要承受辅助绕组续流时的互感器电动势。如设主、辅助绕组的匝数比为 1∶1，并认为它们完全耦合，则主开关的额定工作电压应为 $2U_S$。实际上，主、辅助绕组之间不可能完全耦合，致使在 VT 关断瞬间，因漏磁及漏感作用，其上会形成较高的尖峰电压，故 VT 需要有良好的吸收回路，才能安全工作。另外，由于采用主、副两个绕组，电机槽及铜线利用率低，铜耗增加、体积增大。

3. 电容分压型主电路

电容分压型主电路也叫电容裂相型主电路或双电源型主电路，是四相 SR 电动机广泛采用的一种功率变换器电路，如图 8-9 所示。这种结构的功率变换器每相只需要一个功率开关器件和一个续流二极管，各相的主开关器件和续流二极管依次上下交替排布；电源 U_S 被两个大电容 C_1 和 C_2 分压，得到中点电位 $U_0 = U_S/2$（通常 $C_1 = C_2$）；四相绕组的一端共同接至电源的中点。

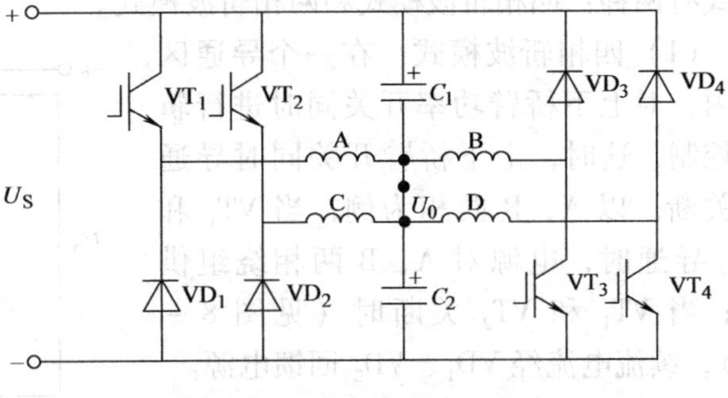

图 8-9 电容分压型主电路

在此电路中，SR 电动机采用单相通电方式，当上桥臂的开关管 VT_1 导通时，A 相绕组从电容 C_1 吸收电能；当 VT_1 断开时，则 VD_1 导通，A 相绕组的剩余能量回馈给电容 C_2。而当下桥臂 VT_3 导通时，绕组 B 从 C_2 吸收电能；当 VT_3 断开时，B 相绕组的剩余能量经 VD_3 回馈给 C_1。因此，为了保证上、下两个电容的工作电压对称，该电路仅适用于偶数相电动机。由于采用电容分压，加到电动机绕组两端的电源电压仅为 $U_S/2$，电源电压的利用率降低。在同等功率情况下，主开关器件的工作电流为双开关型电路中功率器件的两倍。而每个主开关器件和续流二极管的额定工作电压为 $U_S + \Delta U$（ΔU 是换相引起的瞬间电压）。

电容分压型功率变换器电路有以下特点：

1）每相只用一个开关，功率器件少，结构最简单。

2）电动机的相数必须是偶数，上下两路负载必须均衡。

3）在实际工作时，由于分压电容不可能很大，中点电位是波动的。在低速时波动尤为明显，甚至可能导致电动机不能正常工作。

4）需要体积大、成本高的高压大电容。

5）电源电压的利用率低，适用于电源电压较高的场合。

4. H 桥型主电路

如图 8－10 所示，H 桥型主电路比四相电容分压型功率变换器主电路少了两个串联的分压电容，换相的磁能以电能形式一部分回馈电源，另一部分注入导通相绕组，引起中点电位的较大浮动。它要求每一瞬间上、下桥臂必须各有一相导通。本电路特有的优点是：可以实现零电压续流，提高系统的控制性能。

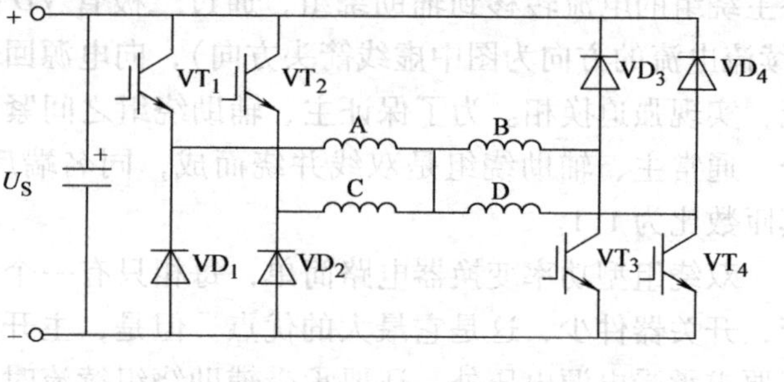

图 8－10　H 桥型主电路

H 桥型主电路只适用于四相或四的倍数相的 SR 电动机，它也是四相 SR 电动机广泛采用的一种功率变换器的主电路形式。实际上，四相电容分压型主电路采用两相导通方式时，其工作情况和 H 桥型主电路是相同的。

在这种电路中，SR 电动机采用两相通电的工作方式，通过斩波控制进行调速。其斩波模式有两种：四相斩波模式和两相斩波模式。

（1）四相斩波模式　在一个导通区间内，对上下桥臂功率开关同时进行斩波控制，这时，上下桥臂开关同时导通或关断。以 A、B 两相为例，当 VT_1 和 VT_2 导通时，电源对 A、B 两相绕组供电；当 VT_1 和 VT_2 关断时（见图 8－11），续流电流经 VD_1、VD_2 回馈电源。

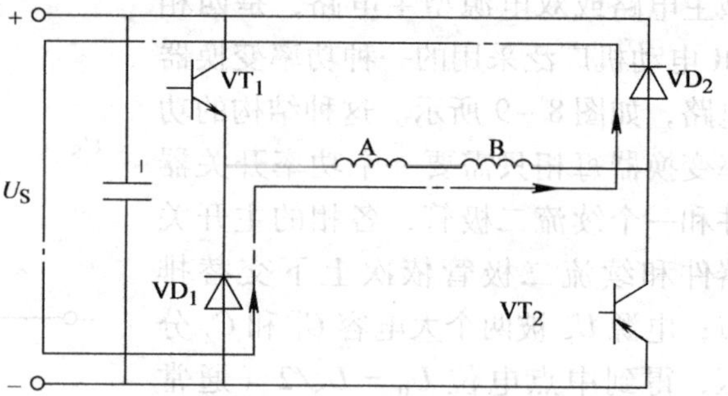

图 8－11　四相斩波时的续流回路

采用四相斩波控制时，关断相储存的电能回馈给电源，续流电流下降较快，这给换相带来好处，但绕组中的电流不够平滑，会使噪声增大。此外，由于每只主开关器件在导通区间始终处于高频开关状态，开关损耗比较大。

（2）两相斩波模式　在一个导通区间内，仅对上桥臂功率开关（或下桥臂功率开关进行斩波操作，而使另一桥臂的功率开关始终处于开通状态。仍以 A、B 两相为例，当 VT_1 和 VT_2 导通，电源对 A、B 两相绕组供电；当 VT_1 关断、VT_2 导通时（见图 8－12），A 相电流注入导通相。

这种斩波方式的特点是续流期间绕组两端电压近似为 0，所以电流下降缓慢，续流期间没有能量回馈电源。

为了使各相电流更加一致以及使各相功率开关负荷相同，可使上、下桥臂开关轮流斩波。

5. 公共开关型主电路

图 8－13 所示的电路是三相公共开关型功率变换器的主电路，除每相各有一个主开关外，各相还有一个公共开关 VT。公共开关对供电相实施斩波控制，当 VT 和 VT_1 同时导通时，电源向 A 相绕组供电；当 VT_1 导通、VT 关断时，A 相电流经 VD_1 续流。当 VT 和 VT_1 都关断时，电源通过 VD 和 VD_1 反加于 A 相绕组两端，实施强迫续流换相；若 VT 导通、VT_1 关断，相电流将经 VD 续流，因 A 相绕组两端不存在与电源供电电压反极性的换相电压，不利于实现强迫换相。

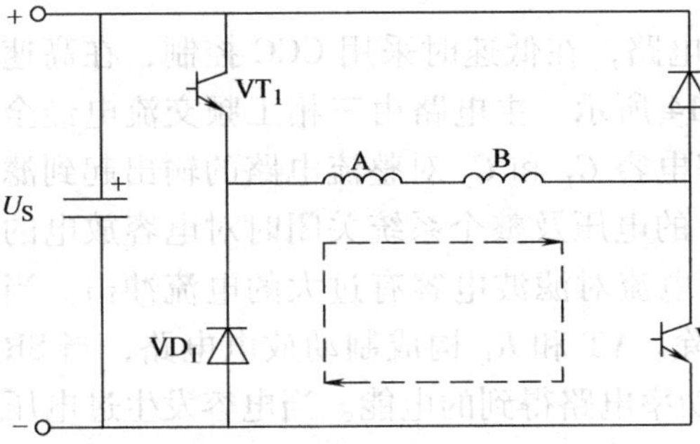

图 8－12　两相斩波时的续流回路

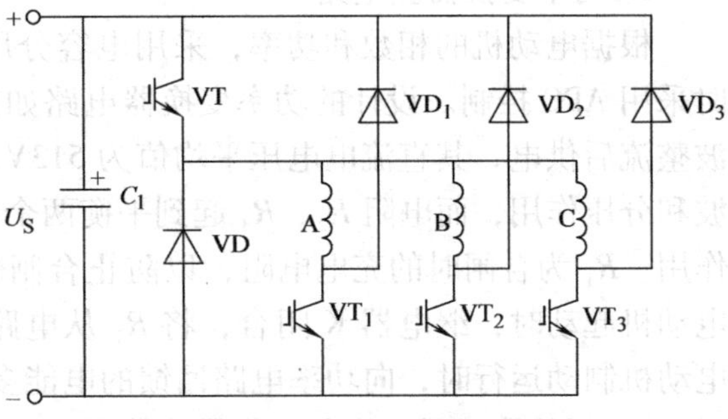

图 8－13　三相公共开关型功率变换器的主电路

该电路所需的开关器件和二极管数量较双开关型电路大为减少，可适用于相数较多的场合，其价格明显降低，但相数太多，公共开关管的电流定额和功率定额都大大增加，若其损坏，将导致各相同时失控。

二、功率开关器件和续流二极管的选用

目前可供选择的功率开关器件主要有晶闸管（SCR）、门极关断（GTO）晶闸管、功率晶体管（CTR）、功率场效应晶体管（MOSFET）、绝缘栅双极晶体管（IGBT）和 MOS 控制晶闸管（MCT）。

随着电子技术的发展，低压、小功率 SRD 系统功率变换器的主开关器件可选 MOSFET，中、小功率系统一般都选 IGBT，而大功率系统则可选用 MCT。

对于续流二极管，要求反向恢复时间短、反向恢复电流小、具有软恢复特性，这有助于减少功率变换器的开关损耗，限制主开关和续流二极管上的电流、电压振荡和电压尖峰，因此一般都选用快恢复二极管。

主开关器件和续流二极管的选择还取决于系统容量大小、电压定额要求和电流定额等因素。

（1）电压定额　考虑到主开关和续流二极管开关过程中要能承受一定的瞬时过电压，主开关和续流二极管的电压定额一般取其额定工作电压的 2～3 倍。

（2）电流定额　主开关器件的电流额定值有两种：一是体现电流脉冲作用的峰值电流定额；二是体现电流连续作用的有效值电流定额。对能承受较大电流峰值的开关器件，则有效值电流定额是决定开关器件容量的主要参数。对于二极管而言，因其能承受较大的冲击电流，也以有效值定额作为选型的依据。管子的电流定额常取其最大工作电流的 1.5～2 倍。

在已知 SR 电动机的额定功率 P_N 的情况下，可以用下面的经验公式近似估算开关器件

的最大峰值电流，并作为其选型的依据，即

$$I = 2.1P_N/U_S$$

三、主电路设计实例

下面以一台四相 8/6 极 SR 电动机调速系统为例，说明 SRD 系统功率变换器的设计。

1. 系统的主要技术指标

额定功率为 30kW；额定转速为 1500r/min；转速范围为 50~2000r/min；电源为三相交流 380V/50Hz；双向运行，停车制动；起动转矩为 1.5×190N·m；过载能力为 120%。

2. 功率变换器主电路

根据电动机的相数和功率，采用电容分压型主电路，在低速时采用 CCC 控制，在高速时采用 APC 控制。设计的功率变换器电路如图 8-14 所示。主电路由三相工频交流电经全波整流后供电，其直流电电压平均值为 513V。电解电容 C_1 和 C_2 对整流电路的输出起到滤波和分压作用，而电阻 R_2、R_3 起到平衡两个电容上的电压及整个系统关闭时对电容放电的作用。R_1 为合闸时的充电电阻，以防止合闸时浪涌电流对滤波电容有过大的电流冲击。当电动机起动时，继电器 K 闭合，将 R_1 从电路中切除。VT 和 R_L 构成制动放电电路，当 SR 电动机制动运行时，向功率电路回馈的电能多于从功率电路得到的电能。当电容发生过电压时，VT 开关管开通，将电容能量泄放到电阻 R_L 上。

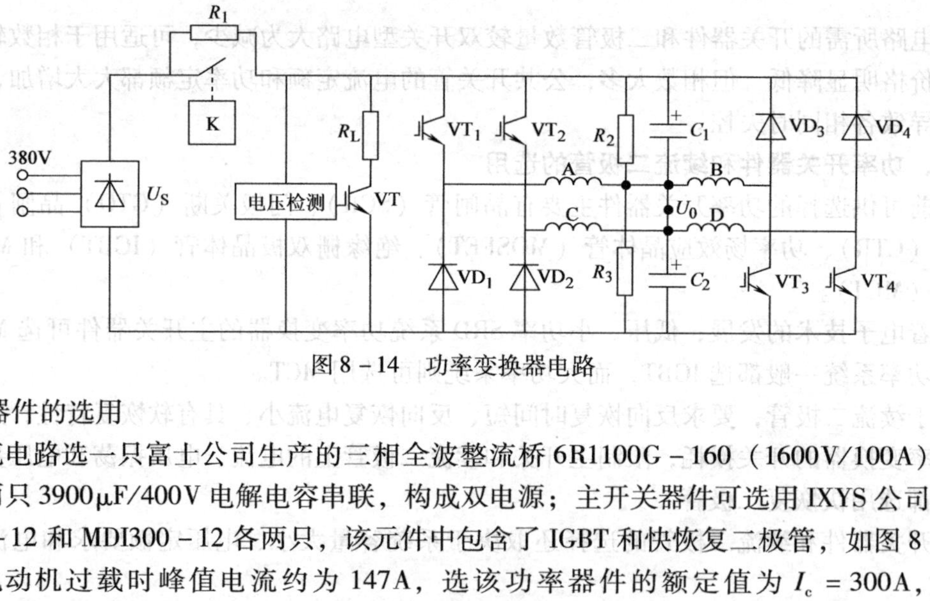

图 8-14 功率变换器电路

3. 器件的选用

整流电路选一只富士公司生产的三相全波整流桥 6R1100G-160（1600V/100A）；滤波电容选两只 3900μF/400V 电解电容串联，构成双电源；主开关器件可选用 IXYS 公司生产的 MID300-12 和 MDI300-12 各两只，该元件中包含了 IGBT 和快恢复二极管，如图 8-15 所示。因电动机过载时峰值电流约为 147A，选该功率器件的额定值为 $I_c = 300A$，$U_{ces} = 1200V$。IGBT 驱动电路选用富士公司的 EXB841 混合驱动 IC。

4. IGBT 驱动电路

EXB841 是日本富士公司生产的专用驱动模块，可用于驱动 300A/1200V 以下或 400A/600V 以下的 IGBT。整个电路信号延迟时间不超过 1μs，最高工作频率可达 40kHz。它只需外部提供一个 +20V 的单电源，内部自己产生一个 -5V 反偏压。模块采用高速光耦隔离，射极输出，并有短路保护及慢速关断功能。EXB841 由以下几部分组成：放大部分、过电流保护部分和 5V 电压基准部分。其原理和典型应用电路分别如图 8-16 和图 8-17 所示。

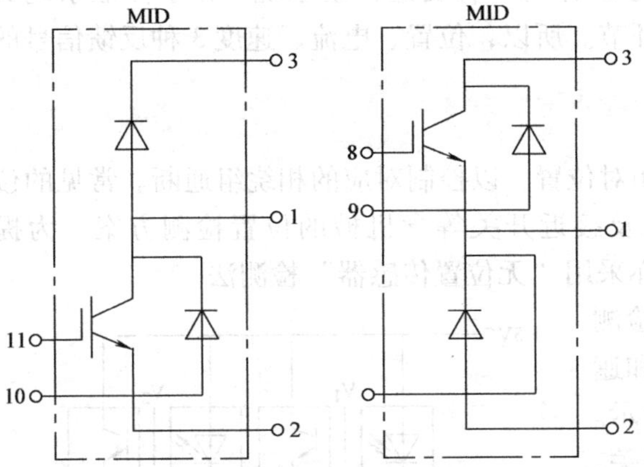

图 8－15　IGBT 模块结构图

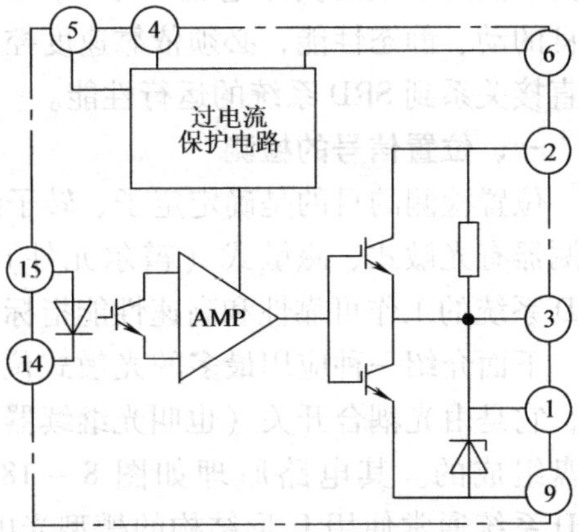

图 8－16　EXB841 工作原理

EXB841 是 EXB 系列驱动器中的一种，该系列驱动器有 EXB840/841（高速型，最大 40kHz 运行）和 EXB850/851（标准型，最大 10kHz 运行）几种。EXB840/850 可以驱动 150A/600V 和 75A/1200V 以下一个单元，EXB841/851 可用于驱动 400A/600V 以下或 300A/1200V 以下的 IGBT。

此外，常见的 IGBT 驱动 IC 还有三菱公司的 M57962L 可驱动 400A/600V 或 300A/1200V 以下的 IGBT 一个单元。

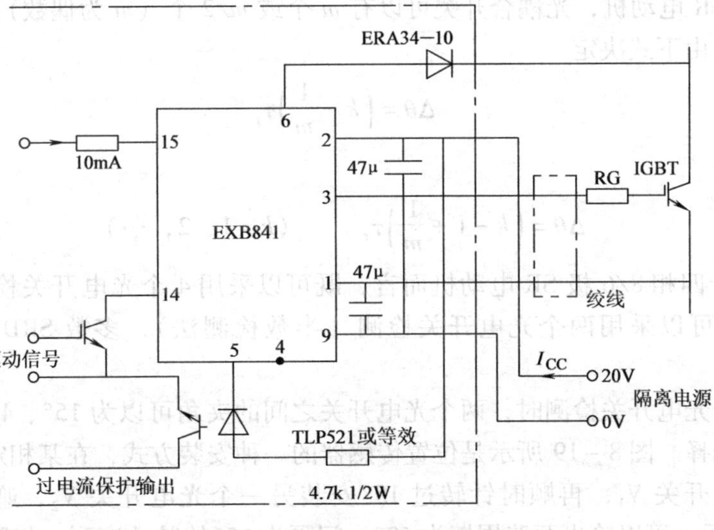

图 8－17　EXB841 典型应用电路

第五节　开关磁阻电动机传动系统的反馈信号检测

SRD 系统的反馈信号主要有电流、位置、速度 3 种。SRD 系统工作在自同步状态，转子位置信号是各相主开关器件正确进行逻辑切换的根据。SRD 系统在起动和低速运行时，通常采用电流斩波控制相电流的大小，即使在 APC 方式下，为了防止系统过载或故障运行，也需要监测绕组的实际电流。另外，SRD 系统作为一种变速传动系统，为了保证系统具有优良的动、静态性能，必须依靠速度控制环节。所以，位置、电流、速度 3 种反馈信号的检测直接关系到 SRD 系统的运行性能。

一、位置信号的检测

位置检测的目的是确定定子、转子的相对位置，以控制对应的相绕组通断。常见的位置检测器有光敏式、磁敏式（霍尔元件）以及接近开关等含机械的位置检测方案。为提高 SRD 系统的工作可靠性和高速性能指标，亦采用"无位置传感器"检测法。

下面介绍一种应用最多的光敏式位置检测器，它是由光耦合开关（也叫光继续器）和遮光盘组成的。其电路原理如图 8－18 所示。SRD 系统通常使用 U 形结构的槽型光电开关，其发射器（发光二极管）和接收器（光敏晶体管）分别位于 U 形槽的两侧，并形成一个光轴，当物体经过 U 形槽且阻断光轴时，光电开关就产生开关信号。光电耦合开关可固定在定子上或机壳上。遮光盘有与转子凸极、凹槽数相等的齿槽，且齿槽均匀分布。遮光盘固定在转子轴上，与电动机同步旋转，通过遮光盘使光敏元件导通和关断，产生包含转子位置信息的脉冲信号。

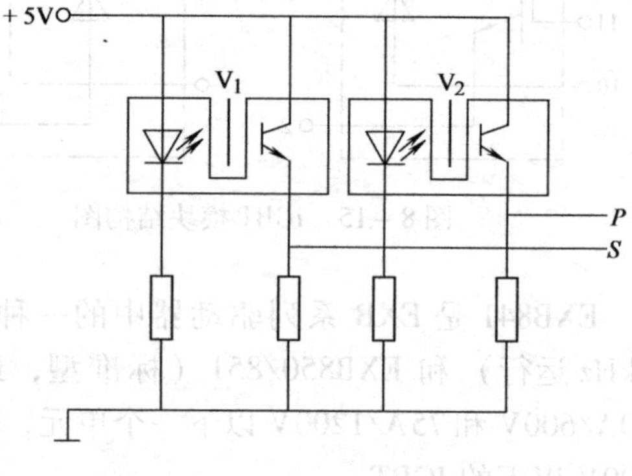

图 8－18 光电位置检测器电路原理

对于 m 相 SR 电动机，光耦合开关可以有 m 个或 $m/2$ 个（m 为偶数），相邻两个光耦合开关之间的夹角由下式决定

$$\Delta\theta=\left(k-\frac{1}{m}\right)\tau_r$$

或

$$\Delta\theta=\left(k-1+\frac{1}{m}\right)\tau_r \qquad (k=1,\ 2,\ \cdots)$$

例如，对于四相 8/6 极 SR 电动机而言，既可以采用 4 个光电开关检测转子位置（全数检测法），也可以采用两个光电开关检测（半数检测法），多数 SRD 系统采用半数检测法。

当采用两个光电开关检测时，两个光电开关之间的夹角可以为 15°、45°或 75°，其安装位置也有多种选择。图 8－19 所示是位置传感器的一种安装方式，在某相定子绕组中心线位置安装一个光电开关 V_1，再顺时针转过 15°安装另一个光电开关 V_2，遮光盘的齿槽等分 30°。电路通电后，可以输出两路周期为 60°、间隔为 15°的脉冲序列，如图 8－20 所示。两路位置信号经过逻辑变换，即可用于控制四相绕组的通断。图 8－21 给出了基本位置信号、绕组电感波形和不同控制方式下的通电逻辑。

这种检测方法将不对齐位置（转子槽中心线与定子极中心线对准位置）定义为角度基准点，比较直观，易于控制。

对于三相 SR 电动机，需要 3 个光电开关来完成转子位置的检测，不难分析出三相 6/4 极和三相 12/8 极 SR 电动机的位置传感器的安装位置及其通电逻辑。

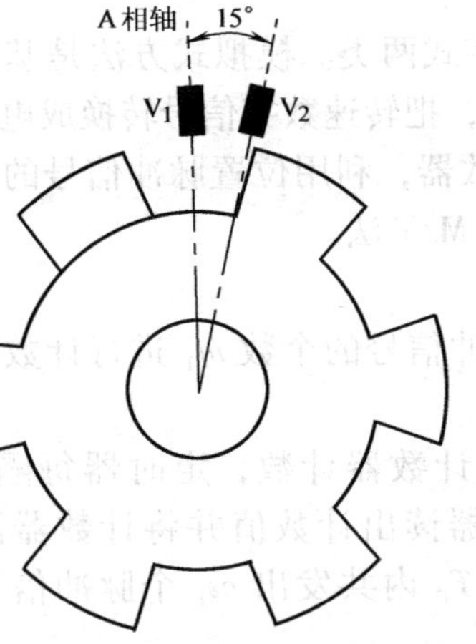

图 8－19 四相 8/6 极 SR 电动机位置传感器

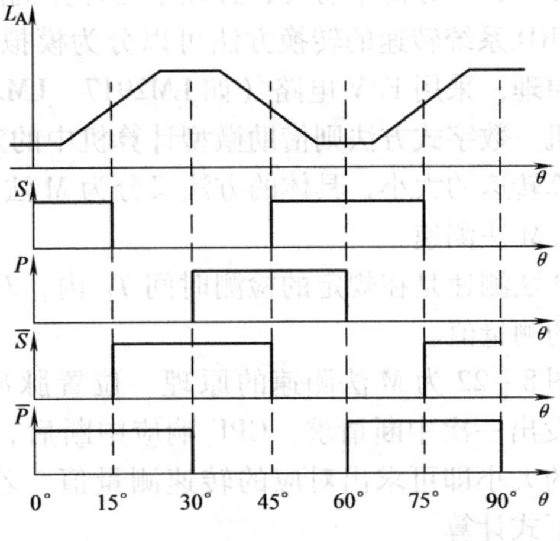

图 8－20 四相基本位置信号

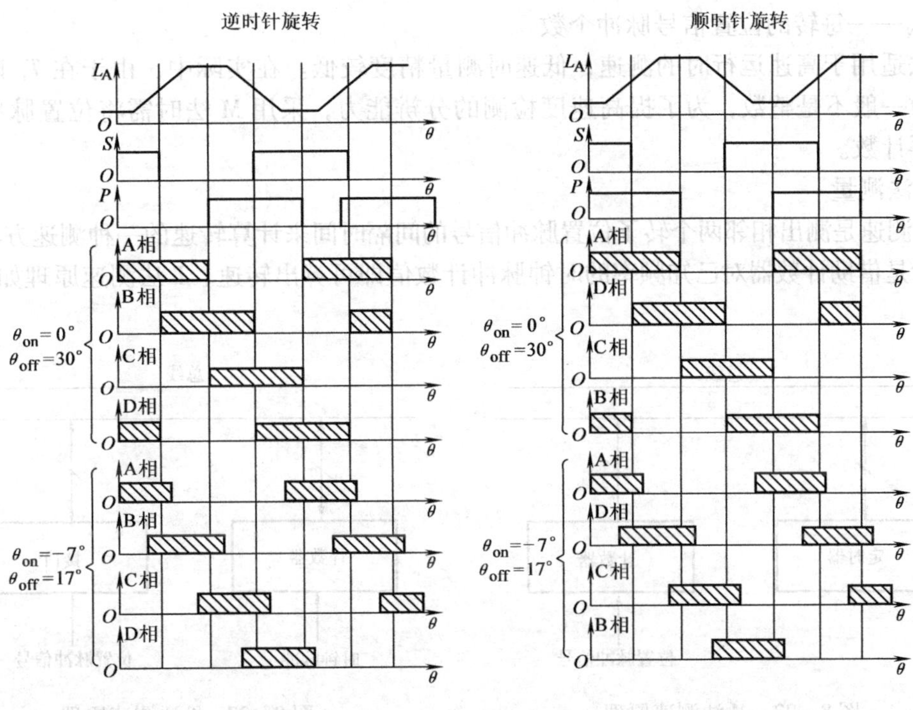

图 8－21 基本位置信号、绕组电感波形和不同控制方式下的通电逻辑

二、速度信号的检测

对于 SR 电动机，在采用光敏式位置传感器检测转子位置时，如电动机转速为 n（r/min），则一相转子位置信号的频率为

$$f_{\mathrm{p}}=\frac{N_{\mathrm{r}}n}{60}$$

可见转子位置检测信号的频率与电动机的转速成正比，将测出的转子位置信号的频率经过转换即可得到转速。由于 SRD 系统位置检测输出信号为数字信号，故其转速检测不需要

附加器件，十分简单易行，且便于与计算机接口。

SRD 系统转速的转换方法可以分为模拟式和数字式两类。模拟式方法是基于频率电压转换原理，采用 F/V 电路（如 LM2917、LM2907 等），把转速数字信号转换成电压量来控制电动机。数字式方法则借助微型计算机中的定时/计数器，利用位置脉冲信号的周期和频率来计算转速的大小，具体的方法又分为 M 法，T 法和 M/T 法。

1. M 法测速

M 法测速是在规定的检测时间 T_C 内，对位置脉冲信号的个数 m_1 进行计数，从而得到转速的测量值。

图 8－22 为 M 法测速的原理。位置脉冲信号由计数器计数，定时器每隔时间 T_C 向 CPU 发出一次中断请求，CPU 响应中断后，从计数器读出计数值并将计数器清零。由计数值的大小即可求出对应的转速测量值。若在时间 T_C 内共发出 m_1 个脉冲信号，则转速可由下式计算

$$n = \frac{60m_1}{P_N T_C}$$

式中　P_N——每转的位置信号脉冲个数。

M 法适用于高速运行时的测速，低速时测量精度较低。在实际中，由于在 T_C 时间内的脉冲个数一般不是整数，为了提高速度检测的分辨能力，采用 M 法时需将位置脉冲信号经倍频后再计数。

2. T 法测量

T 法测速是测出相邻两个转子位置脉冲信号的间隔时间来计算转速的一种测速方法，而时间的测量是借助计数器对已知频率的时钟脉冲计数值即可算出转速。T 法测速原理如图 8－23 所示。

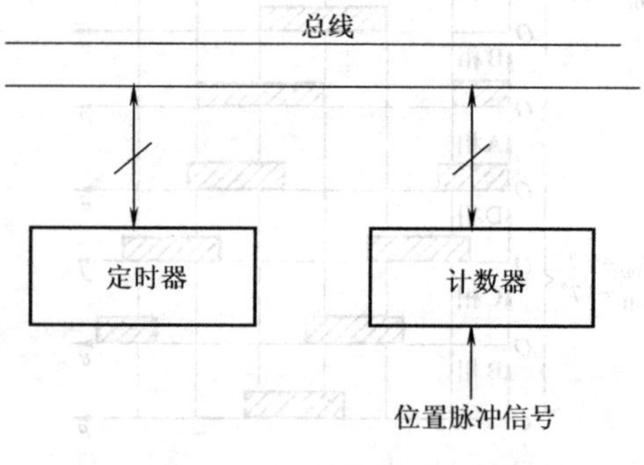

图 8－22　M 法测速原理

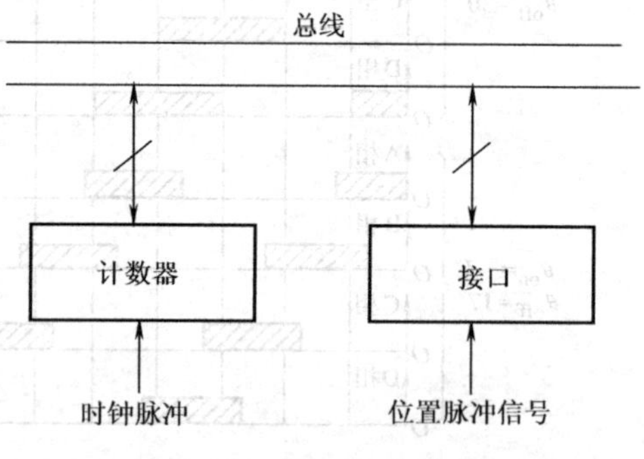

图 8－23　T 法测速原理

设时钟频率为 f，两个位置脉冲间的时钟脉冲个数为 m_2，则电动机转子位置脉冲信号的周期 T 为

$$T = \frac{m_2}{f}$$

如果 SR 电动机转子旋转一周，转子位置脉冲信号含有的脉冲个数为 P_N，则电动机的转速 n 为

$$n = \frac{60}{TP_N} = \frac{60f}{P_N m_2}$$

可见，T 法测得的转速与时钟脉冲计数值 m_2 成反比，转速越高，测得的计数值越小，估算误差越大。因此，T 法测速较适合于低速场合。T 法测速的优点是：低速段对转速的变化具有较强的分辨能力，可以提高系统低速运行的控制性能。

3. M/T 法测速

M/T 法综合了 M 法和 T 法的优点，既可在低速段可靠地测速，又可在高速段具有较高的分辨能力，这样在较宽的转速范围内均有很好的检测精度。图 8-24 为 M/T 法测速原理。其测速是在稍大于规定时间 T_C 的某一时间 T_D 内，分别对位置信号的脉冲个数 m_1 和高频时钟脉冲个数 m_2 进行计数，求出的转速为

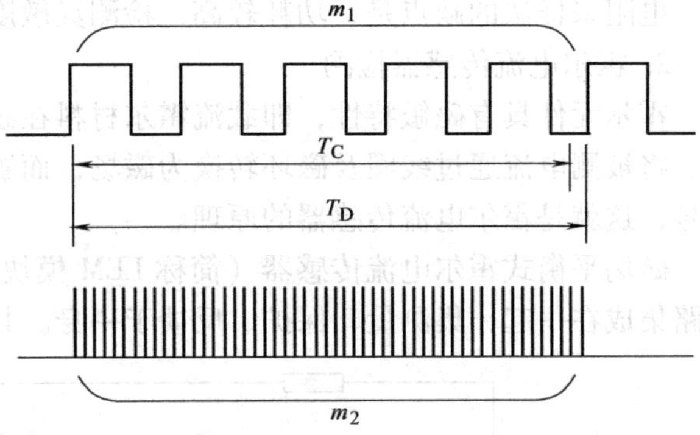

图 8-24 M/T 测速原理

$$n = \frac{60 m_1 f}{P_N m_2}$$

T_D 的开始和结束都应当是位置脉冲信号的上跳沿，以保证检测精度。

三、电流信号的检测

SRD 系统要实现低速电流斩波控制、主开关过电流保护及电动机热保护，就必须对主电路的电流进行实时检测。系统的电流检测常采用电阻采样和霍尔电流传感器采样两种方法。

1. 电阻采样检测

电阻采样电路主要由采样电阻和光隔离器以及一些补偿电路构成。采样电阻对相电流采样后通过补偿电路降低功耗，提高检测的灵敏度和电流检测的线性度，然后经光隔离器送出信号。采样电阻必须是低电感、电阻温度系数小的电阻，且阻值一定要小。

图 8-25a 是一个简单的电阻采样电流检测电路，其中，R 是电流 I_L 的采样电阻，V 为光耦合器。该电路的传输特性为

$$U_0 = \frac{\beta R R_1}{R + R_1} I_L - \frac{\beta R_2}{R + R_1} U_D$$

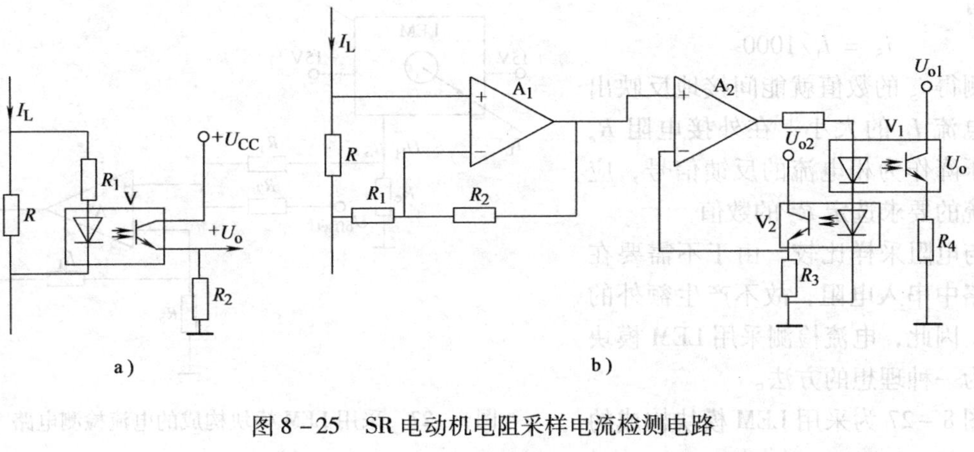

图 8-25 SR 电动机电阻采样电流检测电路

由于 U_D 存在和 β 并非常数，U_0 和 I_L 不是线性关系，且采样电阻的功耗与电流检测的灵敏度成反比，因此，此电路一般适用于检测电流的阈值。图 8－25b 为克服上述不足进行了以下改进：一是增加运算放大器 A_1，减少采样电阻功耗与检测灵敏度的矛盾；二是增加运算放大器 A_2 和光电耦合器 V_2 来提高检测的线性度。

电阻采样法的缺点是：功耗较高，检测灵敏度较低，电流检测的线性度也不好。

2. 霍尔电流传感器检测

霍尔元件具有磁敏特性，即载流霍尔材料在磁场中会产生垂直于电流和磁场的霍尔电动势。将被测电流通过线圈及磁环转换为磁场，而置于磁场中的霍尔元件则将磁场转变为电压信号，这就是霍尔电流传感器的原理。

磁场平衡式霍尔电流传感器（简称 LEM 模块）将互感器、磁放大器、霍尔元件和电子线路集成在一起，集测量、保护、反馈于一身。其工作原理如图 8－26 所示。

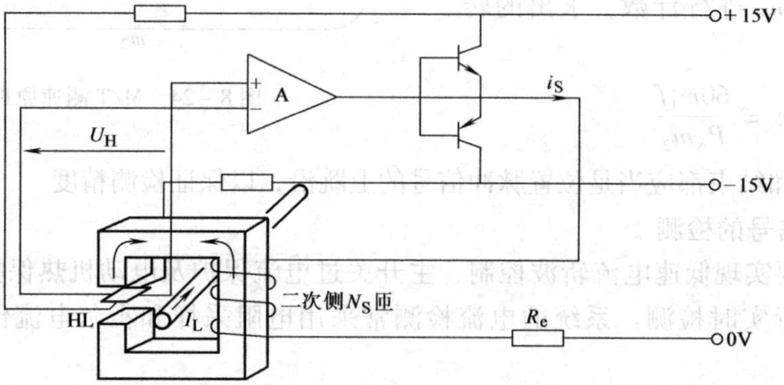

图 8－26　磁场平衡式霍尔电流传感器工作原理

LEM 模块的最大优点是借“磁场补偿”的思想，保持铁心磁通为 0。被测电流 I_L 通过导线（一次侧）产生的磁场，使霍尔元件 HL 感应出霍尔电压 U_H，U_H 经放大器放大后，产生一个补偿电流 i_S，而 i_S 流经 N_S 匝线圈（二次侧），产生的磁场将抵消 I_L 产生的磁场，使 U_H 减小。i_S 越大，合成磁场越小，直到穿过霍尔元件的磁场是 0 为止，这时补偿电流 i_S 便可间接地反映出 I_L 的数值。若设一、二次侧线圈的匝数比为 N_L∶N_S =1∶1000，因稳定时磁动势平衡，即

$$N_L I_L = N_S i_S$$

所以有

$$i_S = I_L/1000$$

测得 i_S 的数值就能间接地反映出被测电流 I_L 的大小，在外接电阻 R_e 上的压降作为相电流的反馈信号，应视系统的要求选定 R_e 的数值。

与电阻采样比较，由于不需要在主电路中串入电阻，故不产生额外的损耗。因此，电流检测采用 LEM 模块确实为一种理想的方法。

图 8－27 为采用 LEM 模块构成的

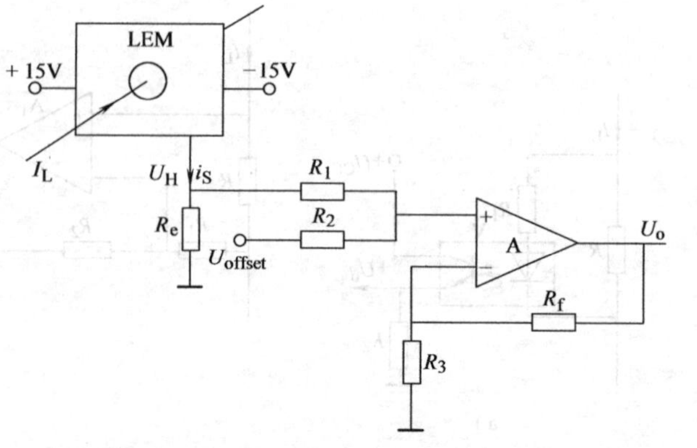

图 8－27　采用 LEM 模块构成的电流检测电路

电流检测电路。LEM 模块需要 +15V 和 -15V 两个电源，输出双方向电流。实际测量中可根据具体情况选择合适的测量电阻 R_e，并通过加法器和偏置电压 U_{offset} 将检测到的电压信号变换到适当的范围。

由于 SR 电动机的工作原理决定了它任意时刻只能有最多两相绕组同时导通，对于四相 SR 电动机，A 相和 C 相不能同时导通，B 相和 D 相也不能同时导通。因此可以使 A、C 相和 B、D 相分别共用一个采样电阻，如图 8-28 所示。

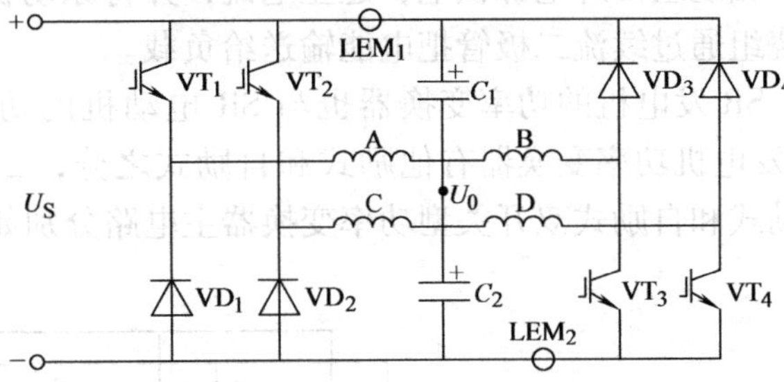

图 8-28　四相 SR 电动机电流检测

对于三相 SR 电动机，如果采用单相通电方式（如 A→B→C→A…），则可以只用一只传感器检测，如图 8-29 所示。如果采用三相六拍通电方式（如 A→AB→B→BC→C→CA→A…），则需要用 3 只传感器分别检测相电流。

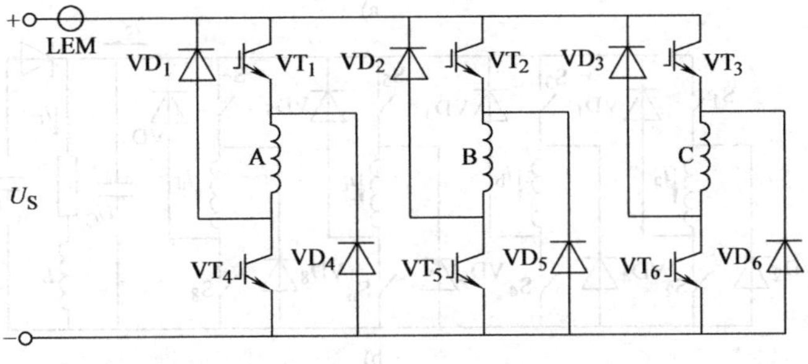

图 8-29　三相 SR 电动机电流检测

第六节　开关磁阻发电机

一、开关磁阻发电机的组成

开关磁阻发电机（简称 SRG 或 SR 发电机）系统由 SR 发电机本体、位置检测器、功率变换器、控制器和电源等部分组成，如图 8-30 所示。

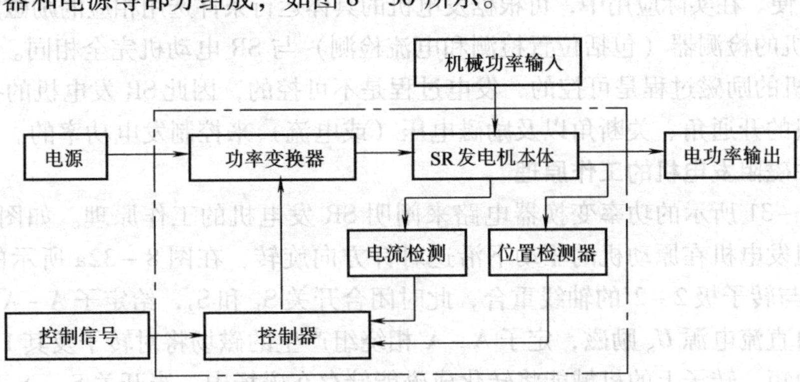

图 8-30　开关磁阻发电机系统的组成框图

SR 发电机的结构与 SR 电动机的结构相同，转子上没有绕组，定子绕组同时兼具励磁绕组和电枢绕组的功能。这种特殊结构决定了 SR 发电机的励磁和发电是分时性的。在励磁阶段，相绕组由外电源供电，建立电流，并将原动机的机械能转化为磁场储能；在发电阶段，相绕组通过续流二极管把电能输送给负载。

SR 发电机的功率变换器也与 SR 电动机的功率变换器相似。不过由于励磁方式不同，SR 发电机功率变换器有他励式和自励式之分，二者的主要区别在于电源的连接方式不同。他励式和自励式双开关型功率变换器主电路分别如图 8－31a 和图 8－31b 所示。

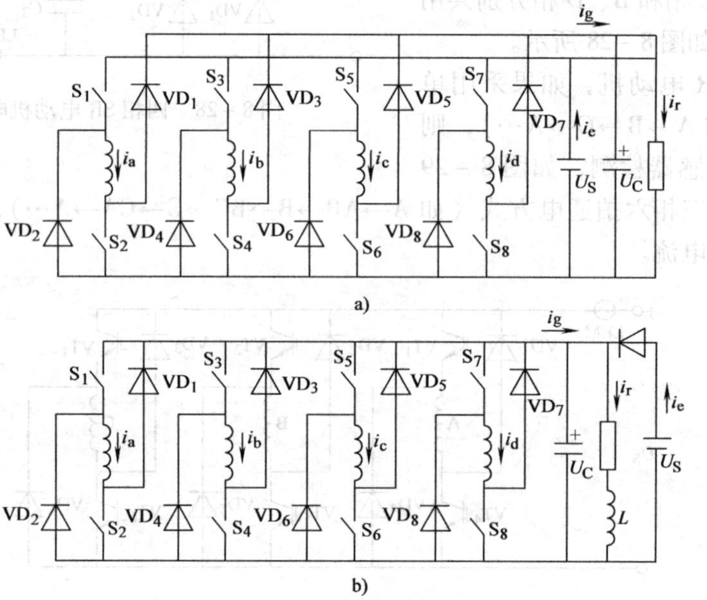

图 8－31　双开关型功率变换器主电路

a）他励式　b）自励式

自励式就是在电压建立的初始瞬间，由外电源提供初始励磁，当电压达到控制所需的稳定值后，切断外电源，此后由 SR 发电机本身发出的电压提供励磁。在这种模式中，由于建压后不再需要外电源，系统体积较小，效率高。他励式是励磁电路与发电电路彼此独立，在 SR 发电机运行过程中始终由外部电源提供励磁，励磁电压与输出电压无关，两者可以独立调节，因此控制比较方便。在实际应用中，可根据发电机的具体运行条件选用相应的励磁方式。

SR 发电机的检测器（包括位置检测和电流检测）与 SR 电动机完全相同。

SR 发电机的励磁过程是可控的，发电过程是不可控的，因此 SR 发电机的控制器也是通过控制相绕组的开通角、关断角以及励磁电压（或电流）来控制发电功率的。

二、开关磁阻发电机的工作原理

结合图 8－31 所示的功率变换器电路来阐明 SR 发电机的工作原理。如图 8－32 所示，假设开关磁阻发电机在原动机的驱动下沿逆时针方向旋转，在图 8－32a 所示的位置，定子 B－B′相绕组与转子极 2－2′的轴线重合，此时闭合开关 S_1 和 S_2，给定子 A－A′相绕组通电，即该相绕组由直流电源 U_S 励磁，定子 A－A′相绕组产生的磁场将对转子及其 1－1′产生顺时针方向的阻力矩，转子上的机械能将转化成磁能储存在磁场中。当开关 S_1，S_2 断开时，A－

A′相电流通过二极管 VD_1 和 VD_2 续流，储存在磁场中的磁能将转化成电能回馈至电源，从而完成了机械能和电能之间以磁场为媒介的机电能量转化过程。

当发电机旋转到 C－C′绕组轴线与转子极 3－3′轴线重合位置时，将励磁切换至 B－B′相，则 B－B′相产生的磁场与转子极 2－2′之间的相互作用与上述 A－A′相与转子极 1－1′之间的相互作用相似。因此，连续不断地按照 A→B→C→D→A…的顺序给发电机各相绕组励磁，作用在转子上的机械能将源源不断地转化成电能，实现发电运行。

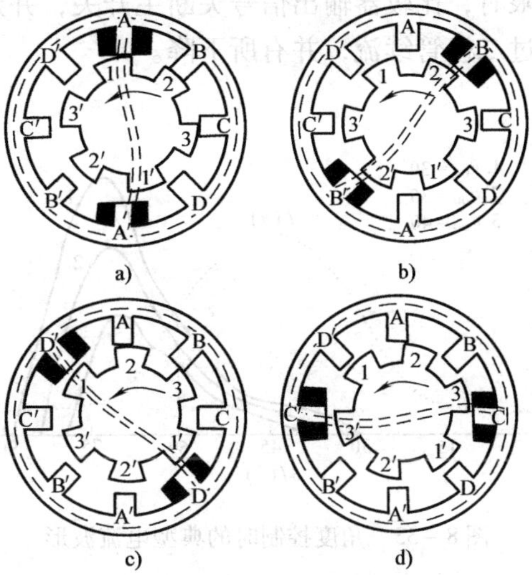

图 8－32 开关磁阻发电机的工作过程

若作用在 SR 发电机转子上的外力方向改变时，只需改变各相的励磁顺序，即可维持其发电运行状态。

综上所述，SR 发电机的工作原理是：发电机转子由原动机拖动旋转，通过转子位置检测器控制各相绕组轮流工作。如一相主开关导通时，相绕组形成电流，之后适时断开主开关，则绕组电流将继续循续流二极管流通，使磁场储能以及以磁场为中介转换的机械能一并以续流电流的形式输送给用电负载，给蓄电池充电。

SR 发电机实现发电运行必须满足以下 3 个条件：

1）必须由原动机提供机械能。

2）必须给绕组提供励磁。

3）必须根据转子位置信息控制绕组适时通断，以实现机械能到电能的转换。

三、开关磁阻发电机的控制策略

由于开关磁阻发电机的转子上没有绕组，其定子绕组同时兼具励磁绕组和电枢绕组的功能，因此 SR 发电机的励磁和发电是分时性的，即一相绕组在某一时刻或处于励磁状态或处于发电状态。在这两个状态中，励磁过程是可控的，发电过程是不可控的，因此只能通过调节励磁电流控制发电功率，达到高效输出电功率的控制目标。

SR 发电机的可控参数主要有开通角 θ_{on}、关断角 θ_{off}、励磁电压 U_S 和相电流上限等。SR 发电机的控制方式主要有 3 种：角度控制（APC）、电流斩波控制（CCC）、PWM 控制。

1. 角度控制

直接调控主开关器件的开通角 θ_{on} 和关断角 θ_{off}，可以影响发电机的励磁过程。θ_{on} 提前或 θ_{off} 推后都增加励磁时间，增大励磁电流 i_C。SR 发电机（三相 6/4 极）的角度控制时的典型电流波形如图 8－33 所示。

由图 8－33 可知，对于 SR 发电机，θ_{off} 推后比 θ_{on} 提前对电流的影响大，这一点与 SR 电动机有所不同。

2. 电流斩波控制

以斩波阈值控制励磁电流 i_C 的大小也是常用的控制方法，在开通角 θ_{on} 至关断角 θ_{off} 范围内，励磁电流不超过控制值。不同斩波限对应的相电流典型波形（三相 6/4 极 SR 发电机）

如图 8－34 所示。

斩波控制方案控制性能较好，实现简单，一般只需控制电流上限。当被控电流大于电流上限时，比较器输出信号关断主开关，并延时 Δt 后再恢复开通主开关。在 Δt 时间内，电流通过二极管续流，并有所下降。

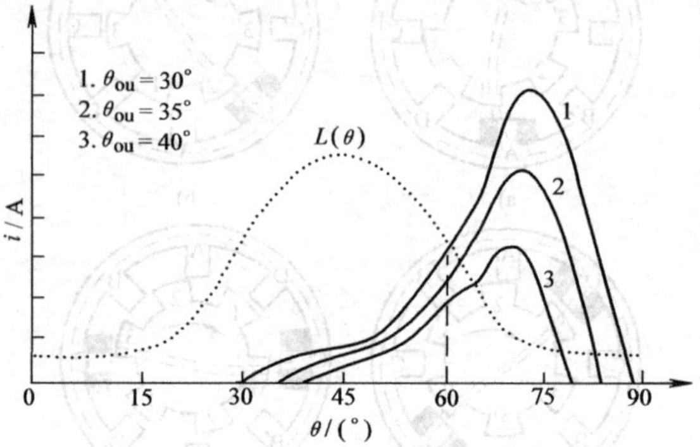

图 8－33　角度控制时的典型电流波形

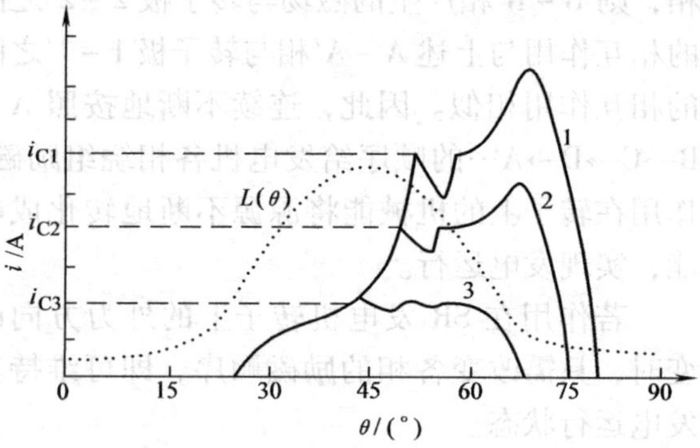

图 8－34　斩波控制时的典型电流波形

3. PWM 控制

将功率变换器主开关的开通角 θ_{on} 和关断角 θ_{off} 固定在优化值上，用 PWM 信号对功率变换器中主开关的触发信号实施调制，调整 PWM 信号的占空比 D 来调节平均励磁电压（$U_{av}=DU_S$），从而调控励磁电流 i_C。图 8－35 所示为不同占空比 D 时的典型相电流波形。占空比增大，i_C 就增大，发电电流及功率也随之增大。

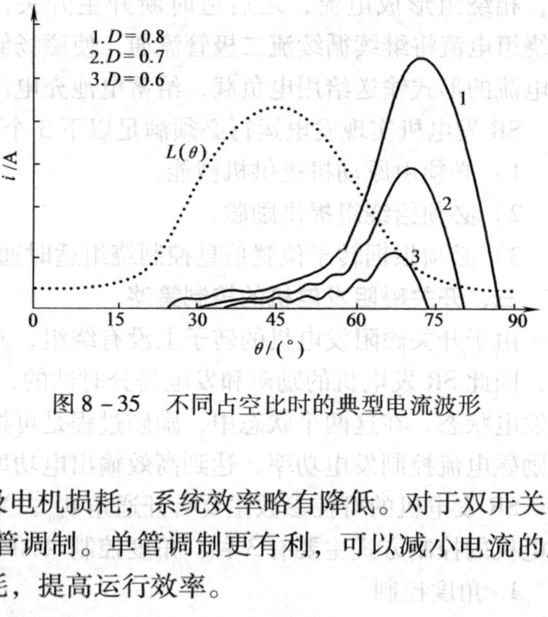

图 8－35　不同占空比时的典型电流波形

励磁电流 i_C 与占空比 D 有很好的线性关系，且 PWM 信号周期即为系统的调控周期。PWM 控制的可控性好，尤其低速时控制特性优于斩波控制方案。PWM 控制需要较高的开关频率，增加了开关损耗及电机损耗，系统效率略有降低。对于双开关型功率变换主电路，可采用两管同时调制或单管调制。单管调制更有利，可以减小电流的脉动，降低振动噪声，减小功率开关的动态损耗，提高运行效率。

第七节　SR 电机的应用

SR 电机由于转子仅由叠片组成，非常适合于高速（5000r/min）、高温（400℃）场合工作。由于定子各相绕组在物理上和电磁上互相独立，具有极高的容错能力，并容易实现电动与发电运行，故 SR 电机被应用在先进的全电飞机的起动/发电系统（SR—S/G 系统）中。

一、SR—S/G 系统

SR—S/G 系统的电机和转子与航空发动机主轴直接连接，构成所谓的内装式起动/发电机。当发动机需要起动时，SR 电机工作在电动状态，带动发动机运转。电动机为恒转矩工作方式。当电动机达到某一转速后，发动机点火并开始运转，SR 电机仍工作在电动状态，为恒功率工作方式。当运转到一定转速后，控制 SR 电机，变为发电状态成为飞机的主发电机。

目前内装式 SR—S/G 的单台功率已达 250kW。某 270V、30kW 的电机数据和特性数据为：

1）航空发动机：1044.4kW（1400hp），48000r/min 内装式 SR—S/G。

2）自动状态：0～8000r/min，恒转矩运行（13.2N·m）；8000～26000r/min，恒功率运行［12.68kW（17hp）］。

3）发电状态：DC 270V，30kW，连续工作转速 26000～48000r/min，过载 45kW，起动持续时间为 5s。

该电机的转矩－转速特性如图 8－36 所示。

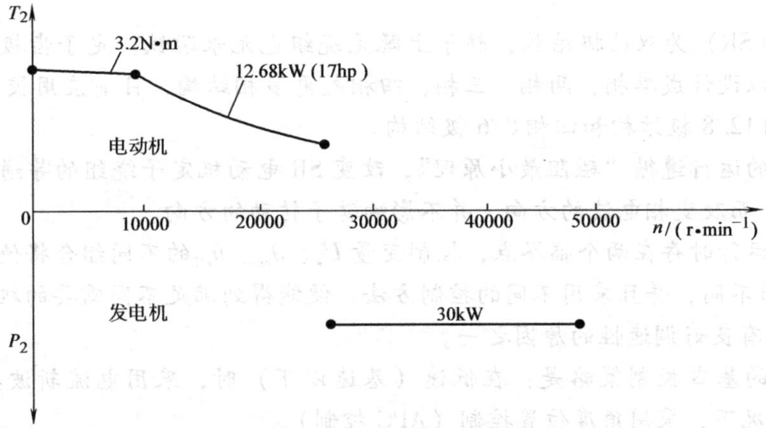

图 8－36　30kW 开关磁阻起动/发电机的转矩—转速特性

二、双通道 SR—S/G 系统

为提高航空供电系统的容错运行能力，采用一种双通道 SR—S/G 系统，如图 8－37 所示。其电机功率为 250kW，由一台三相 SR 和两个独立的功率通道组成，控制盒完成起动和发电系统的控制。

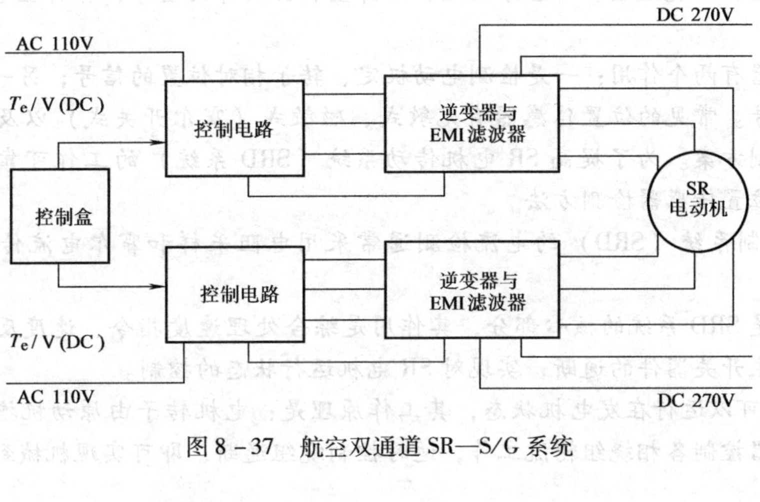

图 8－37　航空双通道 SR—S/G 系统

每个功率通道由一套控制电路和一台功率电子装置（逆变器/EMI 滤波器）组成。在发动机起动时，控制盒使功率电子装置作为逆变器工作，分别驱动 SR 电机的两套绕组，控制电机工作在电动状态，控制盒对电机的转矩（图中的 T_e）进行控制。当发电工作时，控制器使功率电子装置作为整流滤波器工作，输出 270V 直流电，分别驱动各自的负载，控制盒对电机输出电压进行控制。

在发电工作时，如果两个功率通道都未发生故障，那么双通道系统能够输出 250kW 电功率，5s 过载为 330kW；如任意一个功率通道发生故障，正常的功率通道仍能够输出功率，实现容错供电方式。而容错工作时能够输出 125kW 电功率，5s 过载为 165kW，对飞机上的关键负载供电。

本章小结

磁阻电机（SR）为双凸极结构，转子上既无绕组也无永磁铁，定子齿极上绕有集中绕组。SR 电机可以设计成单相、两相、三相、四相或更多相结构，目前应用较多的是三相 6/4 极结构、三相 12/8 极结构和四相 8/6 极结构。

SR 电动机的运行遵循“磁阻最小原理”，改变 SR 电动机定子绕组的导通顺序即可改变电动机的转向；而改变相电流的方向，并不影响转子转动的方向。

SR 电动机运行时存在两个临界点，控制变量 U_s、θ_{on}、θ_{off} 的不同组合将使两个临界点在速度轴上的分布不同，并且采用不同的控制方法，便能得到满足不同需要的机械特性，这就是 SR 电动机具有良好调速性的原因之一。

SR 电动机的基本控制策略是：在低速（基速以下）时，采用电流斩波控制（CCC 控制）；在高速情况下，采用角度位置控制（APC 控制）。

SR 电动机产生的电磁转矩与其相绕组电流的方向无关，通过改变相绕组通电位置和触发顺序就可改变转矩的大小和方向，实现正转电动、正转制动、反转电动和反转制动 4 种运行方式，即可实现四象限运行。

功率变换器的作用有 3 个：起开关作用，使绕组与电源接通或断开；为绕组的储能回馈路径；为 SR 电动机提供电能量，以满足所需机械能的转换。常见的功率变换器主电路形式主要有双开关型、双绕组型、电容分压型、H 桥型和公共开关型等，各种主电路都有各自的适用范围。

位置检测器有两个作用：一是检测电动机定、转子相对位置的信号；另一个是提供转子运行速度的信号。常见的位置传感器有光敏式、磁敏式（霍尔开关式）以及接近开关等含机械的位置检测方案。为了提高 SR 电机传动系统（SRD 系统）的工作可靠性和高速性指标，也采用无位置传感器检测方法。

SR 电机控制系统（SRD）的电流检测通常采用电阻采样和霍尔电流传感器采样两种方法。

控制单元是 SRD 系统的核心部分，其作用是综合处理速度指令、速度反馈信息，控制功率变换器中主开关器件的通断，实现对 SR 电机运行状态的控制。

SR 电机也可以运行在发电机状态，其工作原理是：电机转子由原动机拖动旋转，通过转子位置传感器控制各相绕组轮流工作，适时控制绕组通断，即可实现机械到电能的转换。

SR 发电机的转子上没有绕组，其定子绕组同时兼具励磁绕组和电枢绕组的功能，因此，SR 发电机的励磁和发电是分时性的，即一相绕组在某一时刻或处于励磁状态或处于发电状态。励磁过程是可控的，发电过程是不可控的，因此只能通过调节励磁电流控制发电功率。

SR 发电机的控制方式主要有 3 种：角度控制（APC）、电流斩波控制（CCC）、PWM 控制。

复习思考题

1. 试分析 SR 电机与步进电机的主要区别。
2. 为什么 SR 电动机具有良好的起动性能？
3. 为什么 SR 电动机的转矩方向与产生转矩的电流方向无关？如何获得反向转矩？
4. SR 电动机在低速时为什么采用斩波控制？而在高速时采用角度控制？
5. 试设计三相 6/4 极 SR 电动机的位置传感器，并分析其通电逻辑？
6. 分析 H 型桥形主电路为什么不能用于三相 SR 电动机？
7. 用什么电路可以实现定上下限电流斩波控制？用什么电路可以实现定电流上限和关断时间的斩波控制？试画出电路原理图。
8. 试比较 SR 发电机和 SR 电动机的工作原理和控制系统。

第九章　直线电动机

本章应知

1. 了解直线感应电动机的分类、基本结构、工作原理和工作特点。
2. 了解直线电动机在磁悬浮列车中的应用。
3. 了解磁悬浮列车中常导吸浮型和超导斥浮型直线电动机的区别。
4. 了解直线电动机在笔式记录仪和自动绘图机中的应用。

本章应会

1. 掌握边缘效应的产生原因、影响及消除和改善方法。
2. 掌握永磁式直线直流电动机的结构、分类和工作特点。
3. 掌握电磁式直线直流电动机的结构、分类和工作特点。
4. 掌握直线步进电动机的结构类型。
5. 掌握反应式直线步进电动机的结构和工作原理。
6. 掌握混合式直线步进电动机的结构和工作原理。
7. 掌握平面步进电动机的构成和特点。

直线电动机不需要任何中间转换机构就能产生直线运动，驱动直线运动的生产机械，因此可使系统结构简单、运行可靠、精度和效率高。由于具有以上优点，直线电动机应用非常广泛。

直线电动机的类型很多，从原理上讲，每一种旋转电动机都有与之相对应的直线电动机。直线电动机按其工作原理可分为直线感应电动机、直线直流电动机、直线同步电动机、直线步进电动机等。按结构形式可分为扁平型、圆筒型（或管型）、圆盘型和圆弧型 4 种。此外还有一些特殊的结构。

第一节　直线感应电动机

一、直线感应电动机的主要类型和基本结构

直线感应电动机主要有扁平型、圆筒型和圆盘型 3 种类型。其中，扁平型应用最为广泛。

1. 扁平型

直线电动机可以看作是由旋转式感应电动机演变而来的。设想把旋转感应电动机沿径向剖开，并将圆周展开成直线，即可得到扁平型直线感应电动机，如图 9－1 所示。由定子演变而来的一侧称为一次侧，由转子演变而来的一侧称为二次侧。

图 9－1b 所示的直线感应电动机，其一次侧和二次侧长度是相等的。由于运行时一次侧和二次侧之间要作相对运动，为了保证在所需的行程范围内，一次侧和二次侧之间的电磁耦合始终不变，实际应用时，必须把一次侧和二次侧制造成不同长度，既可以是一次侧长、二次侧短，也可以是一次侧短，二次侧长。前者称为长一次侧，后都称短一次侧，如图 9－2

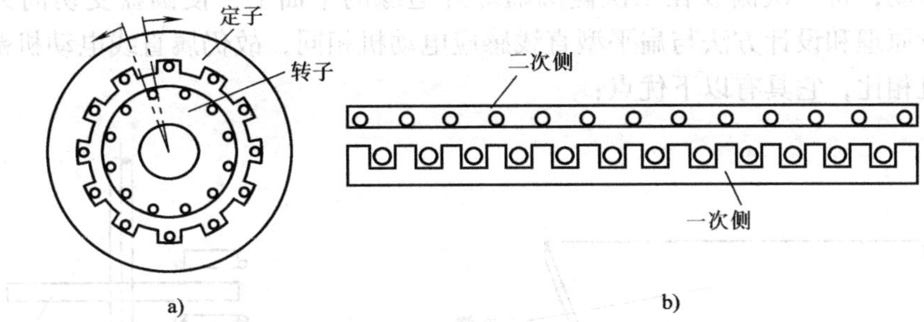

图 9－1　直线感应电动机的演变过程

a）旋转式感应电动机　b）直线感应电动机

所示。由于短一次侧结构比较简单，制造成本和运行费用均较低，故除特殊场合外，一般均采用短一次侧。

图 9－2 所示的扁平型直线感应电动机，仅在二次侧的一边具有一次侧，这种结构形式称为单边型。它的最大特点是在一次侧和二次侧之间存在较大的法向吸力，这在大多数场合下是不希望发生的。若在二次侧的两边都装上一次侧，则法向吸力可以互相抵消，这种结构形式称为双边型，如图 9－3 所示。

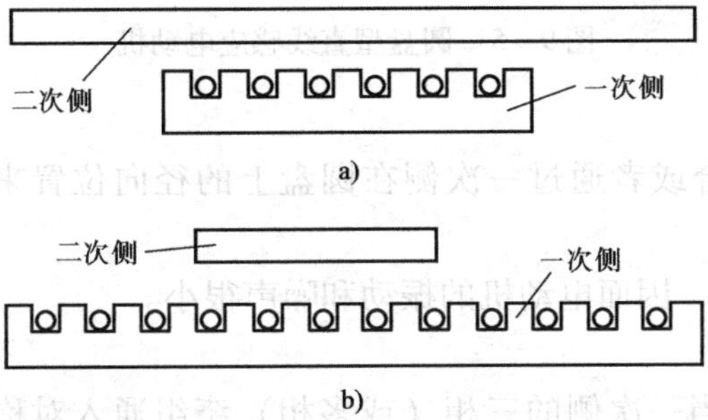

图 9－2　扁平型直线感应电动机

a）短一次侧　b）长一次侧

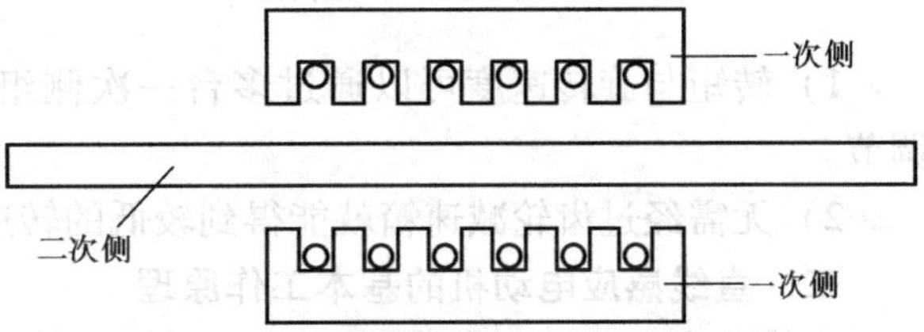

图 9－3　双边型直线感应电动机

扁平型直线感应电动机的一次侧铁心由硅钢片叠成，与二次侧相对的一面开有槽，槽中放置绕组。绕组可以是单相、两相、三相或多相的。二次侧有两种结构类型：一种是栅型结构，铁心上开槽，槽中放置导条；并用端部导条连接所有槽中导条；另一种是实心结构，采用整块均匀的金属材料，可分为非磁性二次侧和钢二次侧。非磁性二次侧的导电性能好，一般为铜或铝。

2. 圆筒型（管型）

将图 9－2a 所示的扁平型直线感应电动机沿着和直线运动相垂直的方向卷成筒形，就形成了圆筒型直线感应电动机，如图 9－4 所示。在特殊场合，这种电动机还可以制成既有旋转运动又有直线运动的旋转直线电动机。旋转直线的运动体可以是一次侧，也可以是二次侧。

3. 圆盘型

圆盘型直线感应电动机如图 9－5 所示。它的二次侧做成扁平的圆盘形状，能绕通过圆心的轴自由转动；将一次侧放在二次侧圆盘靠外边缘的平面上，使圆盘受切向力作旋转运动。但其运行原理和设计方法与扁平型直线感应电动机相同，故仍属直线电动机范畴。与普通旋转电动机相比，它具有以下优点：

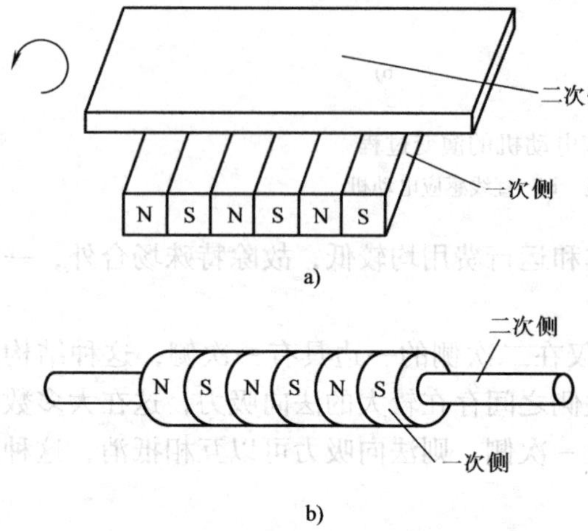

图 9-4 圆筒型直线感应电动机的形成

a）扁平型 b）圆筒型

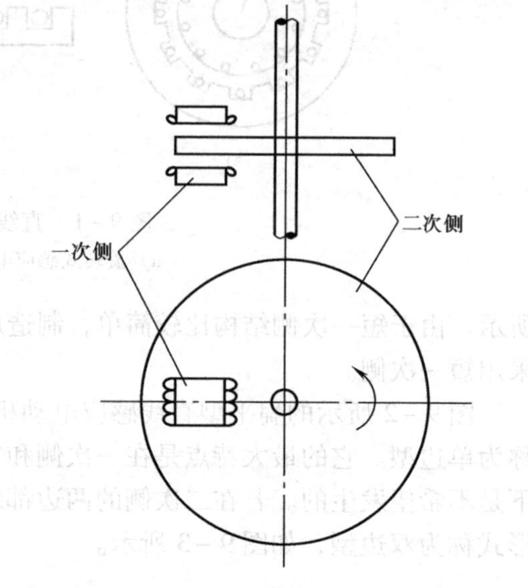

图 9-5 圆盘型直线感应电动机

1）转矩与旋转速度可以通过多台一次侧组合或者通过一次侧在圆盘上的径向位置来调节。

2）无需经过齿轮减速箱就能得到较低的转速，因而电动机的振动和噪声很小。

二、直线感应电动机的基本工作原理

直线感应电动机是由旋转电动机演变而来。当一次侧的三相（或多相）绕组通入对称正弦交流电流时，会产生气隙磁场。当不考虑由于铁心两端开断而引起的纵向边缘效应时，这个气隙磁场的分布情况与旋转电动机相似，沿着直线方向按正弦规律分布。但它不是旋转而是沿着直线平移，称为行波磁场，如图 9-6 中曲线所示。显然行波磁场的移动速度与旋转磁场在定子内圆表面上的线速度是一样的。行波磁场移动的速度称为同步速度，即

$$U_s = \frac{D}{2}\frac{2\pi n_0}{60} = \frac{D}{2}\frac{2\pi}{60}\frac{60f_1}{p} = 2f_1\tau$$

式中 D——旋转电动机定子内圆周的直径；

τ——极距，$\tau = \pi D/2p$；

p——极对数；

f_1——电源的频率。

行波磁场切割二次侧导条，将在导条中产生感应电动势和电流，导条的电流和气隙磁场相互作用，产生切向电磁力。如果一次侧固定不动，则

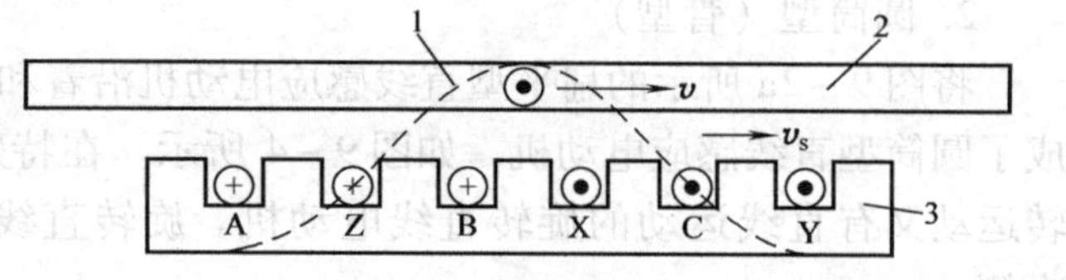

图 9-6 直线感应电动机的工作原理

1—行波磁场 2—二次侧 3—一次侧

二次侧便在这个电磁力的作用下，顺着行波磁场的移动方向作直线运动。若二次侧移动的速度用 v 表示，转差率用 s 表示，则有

$$s=\frac{v_s-v}{v_s}$$

在电动状态时，s 在 0 和 1 之间。

二次侧的移动速度为

$$v=(1-s)v_s=2\tau f_1(1-s)$$

可见，改变极距或电源频率，均可改变二次侧移动的速度；改变一次绕组中通电相序，可改变二次侧移动的方向。

三、直线感应电动机的工作特性

图 9-7 分别示出了直线感应电动机的推力——转差率特性和旋转感应电动机的转矩—转差率特性。旋转感应电动机的最大转矩一般出现在较低的转差处，而直线感应电动机的最大推力则发生在高转差处，即 $s=1$ 附近。因此，直线感应电动机的起动推力大，在高速区域推力小。它的推力—速度特性近似为一直线，具有较好的控制品质，如图 9-8 所示。它的推力可由下式求得：

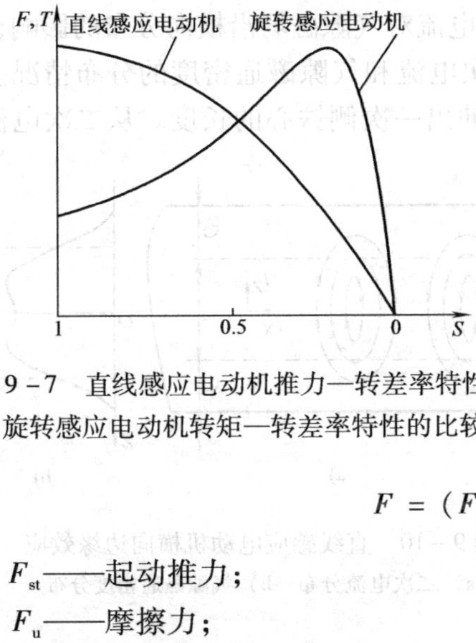

图 9-7　直线感应电动机推力—转差率特性和旋转感应电动机转矩—转差率特性的比较

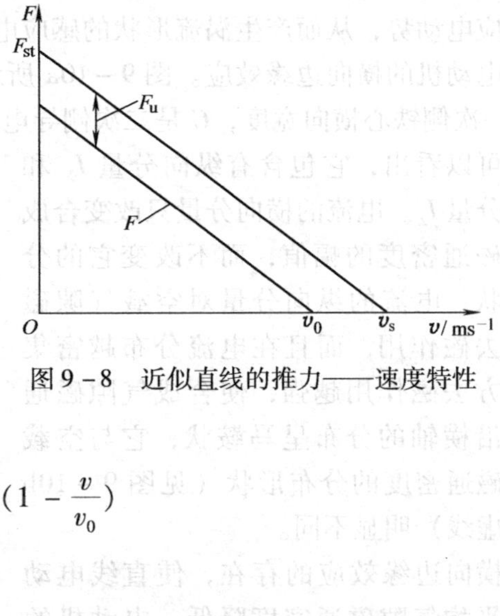

图 9-8　近似直线的推力——速度特性

$$F=(F_{st}-F_u)\left(1-\frac{v}{v_0}\right)$$

式中　F_{st}——起动推力；

F_u——摩擦力；

v_0——空载速度。

四、直线感应电动机的边缘效应

1. 纵向边缘效应

由于直线感应电动机的一次侧铁心是长直的，两端开断形成两个纵向边缘，又因为铁心及槽中的绕组在两端不连续，使各相之间的互感不相等。即使一次侧绕组的供电交流电压对称，也会使各相绕组中产生不对称的电流。它除了正序电流分量外，还会出现负序和零序电流分量。负序电流分量引起负序反向行波磁场，零序电流分量引起零序脉振磁场，这都将在二次侧运行的过程中产生阻力和附加损耗。此现象称为直线感应电动机的静态纵向边缘效应。

直线感应电动机二次侧运动时，还存在另一种边缘效应，称为动态纵向边缘效应，如图9－9所示。设在二次侧导体上有一闭合回路，当它从位置S1进入到一次侧铁心下面的位置S2时，它将切割磁力线，回路内产生感应电动势和电流，该电流反过来要影响磁场的分布，这种效应称为入口端边缘效应。当闭合回路从位置S4移动到位置S5时，闭合回路内的磁通又一次变化，又将引起感应电动势和电流，并影响磁场变化，这种效应称为出口边缘效应。这种边缘效应同样会产生附加损耗和附加力。

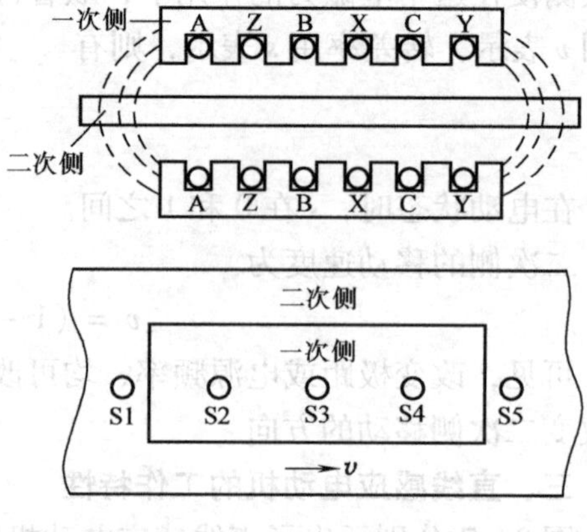

图9－9　直线感应电动机动态纵向边缘效应

纵向边缘效应都将增加附加损耗，减小直线电动机的有效输出，影响直线电动机的运行性。如何改善纵向边缘效应对直线电动机的影响，是目前正在研究的课题之一。

2. 横向边缘效应

当直线感应电动机的二次侧采用实心结构时，在行波磁场的作用下，二次侧导电板中产生感应电动势，从而产生涡流形状的感应电流。该电流对气隙磁场沿横向分布的影响，称为直线电动机的横向边缘效应。图9－10a所示为二次电流和气隙磁通密度的分布情况。图中L是一次侧铁心横向宽度，C是二次侧导电板横向伸出一次侧铁心的长度。从二次电流路径图上可以看出，它包含有纵向分量I_X和横向分量I_Z。电流的横向分量只改变合成气隙磁通密度的幅值，而不改变它的分布形状；电流的纵向分量对空载气隙磁场有去磁作用，而且在电流分布越密集的地方去磁作用越强，使合成气隙磁通密度沿横轴的分布呈马鞍状，它与空载气隙磁通密度的分布形状（见图9－10b中的虚线）明显不同。

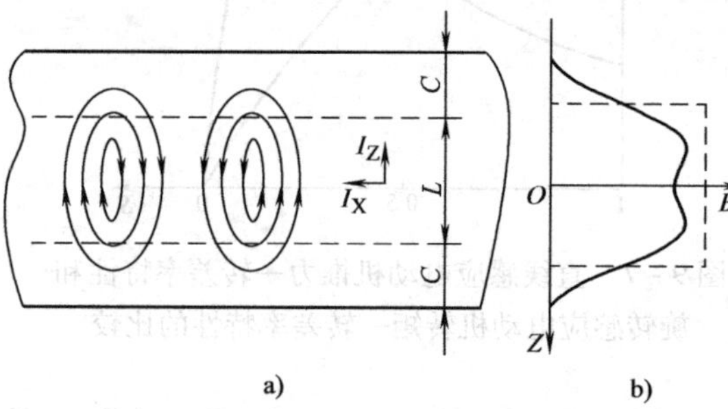

图9－10　直线感应电动机横向边缘效应
a）二次电流分布　b）气隙磁通密度分布

横向边缘效应的存在，使直线电动机的平均气隙磁通密度降低，电动机的输出功率减小。同时，二次侧导电板的损耗增大，电动机的效率降低。横向边缘效应的大小，与二次侧导电板横向伸出一次侧铁心的长度C与极距τ比值C/τ有关，C/τ越大，横向边缘效应越小。可见一次侧和二次侧相等宽度的直线感应电动机的横向边缘效应要大一些。

第二节　直线直流电动机

直线直流电动机通常做成圆筒型。它的优点是：结构简单，运行效率高，控制较方便、灵活并且和闭环控制系统结合可精密控制其位移、速度和加速度，控制范围广，调速平滑性好。它的缺点是：存在带绕组的电枢和电刷。直线直流电动机应用非常广泛，如在工业检测、自动控制、信息系统以及其他技术领域中都有应用。

直线直流电动机类型较多，按励磁方式可分为永磁式和电磁式两大类。前者多用于驱动功率较小的场合，如自动控制仪器、仪表；后者多用于驱动功率较大的场合。

一、永磁式直线直流电动机

永磁式直线直流电动机的磁极由永久磁铁做成，按其结构特征可分为动圈型和动铁型两种。动圈型在实际中用得较多。如图 9－11 所示，在铁架两端装有极性同向的两块永久磁铁，当移动绕组中通直流电流时，便产生电磁力。只要电磁力大于滑轨上的静摩擦阻力，绕组就沿着滑轨作直线运动，运动的方向由左手定则确定。改变绕组中直流电流的大小和方向，即可改变电磁力的大小和方向。电磁力的大小为

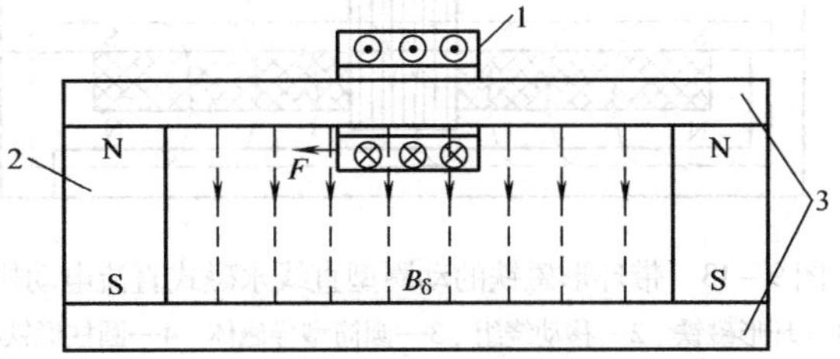

图 9－11 动圈式直线直流电动机结构示意图
1—移动绕组 2—永久磁铁 3—软铁

$$F = B_{\delta}LNI_{a}$$

式中 B_{δ}——绕组所在空间的磁通密度；
L——绕组导体每匝处在磁场中的平均有效长度；
N——绕组匝数；
I_{a}——绕组中的电流。

在上述基本结构的基础上，动圈型永磁直线直流电动机还有其他的实用结构。按结构特性可分为两类，第一类是带有平面矩形磁铁的动圈型直线永磁式直流电动机，如图 9－12 所示。它的结构简单，但绕组总体没有得到充分利用；在小气隙中，活动系统的定位较困难；漏磁通大，即磁铁未得到充分利用。第二类是带有环形磁铁的动圈型直线永磁式直流电动机，如图 9－13 所示。其结构主要是圆筒型的，绕组的有效长度能得到充分利用。

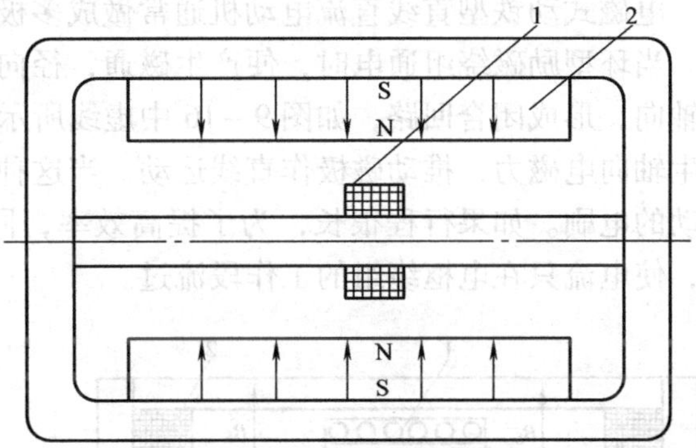

图 9－12 带平面矩形磁铁的动圈型直线永磁式直流电动机
1—移动绕组 2—永久磁铁

动铁型直线永磁式直流电动机如图 9－14 所示。在一个软铁框架上套有绕组，该绕组的长度要包括整个行程。为了降低电能的消耗，利用安装在磁极上的电刷把电流引入绕组中。这样，当磁铁移动时，电刷跟着滑动，只让绕组的工作部分通电，其余不工作的部分没有电流流过。由于电刷的存在，降低了运行的可靠性和寿命，另外由于电枢较长，电枢绕组用铜量较大。其优点是电动机行程可做得很长，还可做成无接触式直线直流电动机。

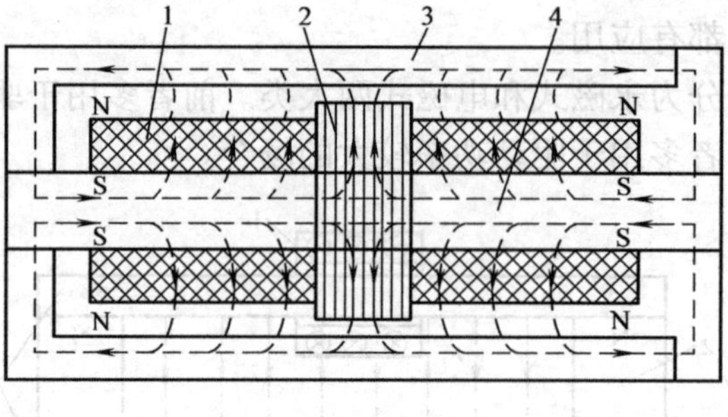

图 9-13 带环形磁铁的动圈型直线永磁式直流电动机

1—环形磁铁 2—移动绕组 3—圆筒型导磁体 4—圆柱形铁心

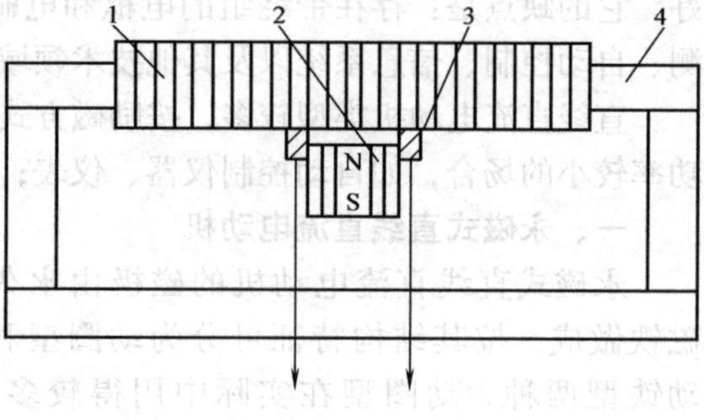

图 9-14 动铁型直线永磁式直流电动机

1—固定绕组 2—移动磁铁 3—电刷 4—软铁

二、电磁式直线直流电动机

任一种永磁式直线直流电动机，只要把永久磁铁改成电磁铁，就成为电磁式直线直流电动机，它同样也有动圈型和动铁型两种。图 9-15 所示为电磁式动圈型直线直流电动机的结构。当励磁绕组通电后产生磁通并与移动绕组的通电导体相互作用产生电磁力，克服滑轨上的静摩擦力，移动绕组便作直线运动。

对于动圈型直线直流电动机，电磁式的成本要比永磁式低。这是因为永磁所用的永磁材料在整个行程上都存在，而电磁式只用一般材料的励磁绕组即可；永磁材料质硬，机械加工费用大；电磁式可通过串、并联励磁绕组和附加补偿绕组等方式改善电动机的性能，灵活性较强。但电磁式比永磁式多了一项励磁损耗。

电磁式动铁型直线直流电动机通常做成多极式。图 9-16 所示为三磁极式直线直流电动机。当环型励磁绕组通电时，便产生磁通，径向穿过气隙和电枢绕组，在铁心中由径向过渡到轴向，形成闭合回路，如图 9-16 中虚线所示。径向气隙磁场与通电的电枢绕组相互作用产生轴向电磁力，推动磁极作直线运动。当这种电动机用于短行程和低速移动时，可以省掉滑动的电刷。如果行程很长，为了提高效率，同永磁式直线电动机一样，在磁极上装上电刷，使电流只在电枢绕组的工作段流过。

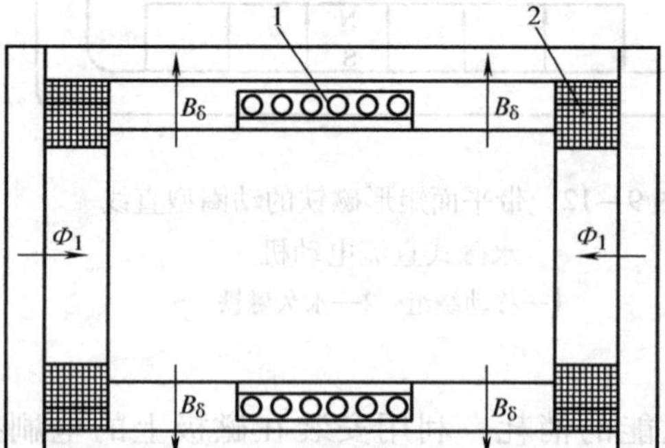

图 9-15 电磁式动圈型直线直流电动机结构

1—移动绕组 2—励磁绕组

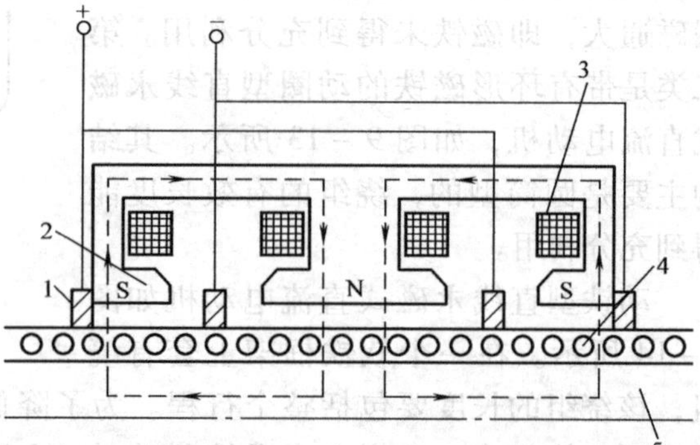

图 9-16 三磁极式直线直流电动机

1—电刷 2—极靴 3—励磁绕组

4—电枢绕组 5—电枢铁心

第三节 直线和平面步进电动机

旋转式步进电动机由于有很多优点，已成为除直流伺服电动机和交流伺服电动机外的第三大类执行电动机。但在许多自动装置中，要求某些机构能够快速地作直线或平面运动，而且要保证精确的定位，在这种情况下，使用直线步进电动机或平面步进电动机最合适。

一、直线步进电动机

直线步进电动机有多种结构类型，按其电磁推力产生的原理可分为反应式和混合式两种。

1. 反应式直线步进电动机

图 9-17 所示为一台三相反应式直线步进电动机的结构原理。它的定子和动子铁心都由硅钢片叠成，定子上、下表面都有均匀的齿，动子极上装有三相控制绕组，每个极面也有均匀的齿，动子与定子的齿距相同。反应式直线步进电动机的工作原理与旋转式步进电动机完全相同，当某一相控制绕组通电时，该相动子的齿与定子齿对齐，使磁路的磁阻最小，相邻相的动子齿轴线与定子齿轴线错开 1/3 齿距。显然，当控制绕组按 A-B-C-A 的顺序通电时，动子将以 1/3 齿距的步距移动。当通电顺序改为 A-C-B-A 时，动子则向相反方向步进移动。若为六拍则步距减小 1/2。

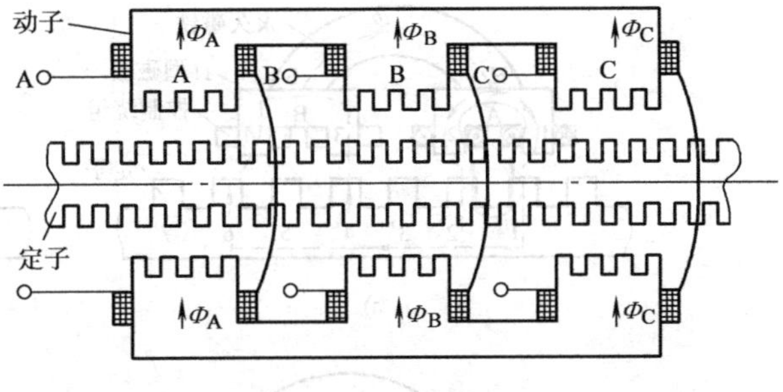

图 9-17 三相反应式直线步进电动机的结构原理

2. 混合式直线步进电动机

混合式直线步进电动机的磁场推力，不仅和各相控制绕组通入的脉冲电流大小有关，而且还和永久磁铁所产生磁场的大小有关。当各相控制绕组中的电流按某一规律变化时，使各极下磁场位置发生变化，从而产生磁场推力，使步进电动机的动子在某个方向上产生直线运动。图 9-18 所示为混合式直线步进电动机的结构和工作原理。它的定子和反应式直线步进电动机相同。动子由一块永久磁铁和两个“∏”型电磁铁组成，其上面装有 A 相和 B 相控制绕组，电磁铁的铁心由硅钢片叠成。磁极 1 与 2 或磁极 3 与 4 之间距离为定子齿距 t 的 $(K_1 \pm 1/2)$ 倍，其中 K_1 取正整数。图 9-18 中，$K_1=1$，即磁极 1 与 2 和磁极 3 与 4 之间的距离为定子齿距的 1.5 倍。这样，磁极 1（或磁极 3）和定子的齿对齐时、磁极 2（或磁极 4）正好对着定子槽。而磁极 2 和磁极 3 之间的距离应为定子齿距 t 的 $(K_2 \pm 1/4)$ 倍，其中 K_2 取整数。图9-18 中，$K_2=2$，即磁极 2 与磁极 3 之间的距离为定子齿距的 1.75 倍。当电磁铁绕组中没有通电时，永久磁铁向所有的磁极提供大致相等的磁通，即 $\Phi_m/2$（Φ_m 是永久磁铁的总磁通），其磁通的方向如图 9-18a 中的虚线所示。此时动子上没有水平推力，动子可以稳定在任何随机位置上。

当 A 相绕组中通入正向电流 I_A 时，电流方向和磁通的路径如图 9-18a 中的实线所示。这时在磁极 1 中的磁通和永久磁铁的磁通同方向，而在磁极 2 中的磁通和永久磁铁的磁通反方向，二者互相抵消，接近于零。显然，此时磁极 1 所受的电磁力最大，磁极 2 所受的电磁力几乎为零。由于B相绕组没有通过电流，磁极3和4在水平方向的力为大小相等，方向相反，相互抵消。动子的运动由磁极1所受的电磁力决定，磁极1必然要运动到和定子齿1′对齐的位置，如图9－18b所示。当A相绕组断电，B相绕组通入正向电流I_B，其方向如图9－18c所示。同理磁极4的磁通为最大，磁极3中的磁通接近于零，磁极4所受的电磁力最大，使磁极4对准定子齿6′，动子由图9－18b所示的位置移动到图9－18c所示的位置，即动子在水平电磁力的作用下向右移动了1/4齿距。

当B相绕组断电，给A相绕组通入反向电流I_A，如图9－18d所示。这时磁极2的磁通为最大，磁极1的磁通接近于零，磁极2所受的电磁力最大，使磁极2对准定子齿3′，动子沿水平方向向右又移动了1/4齿距。

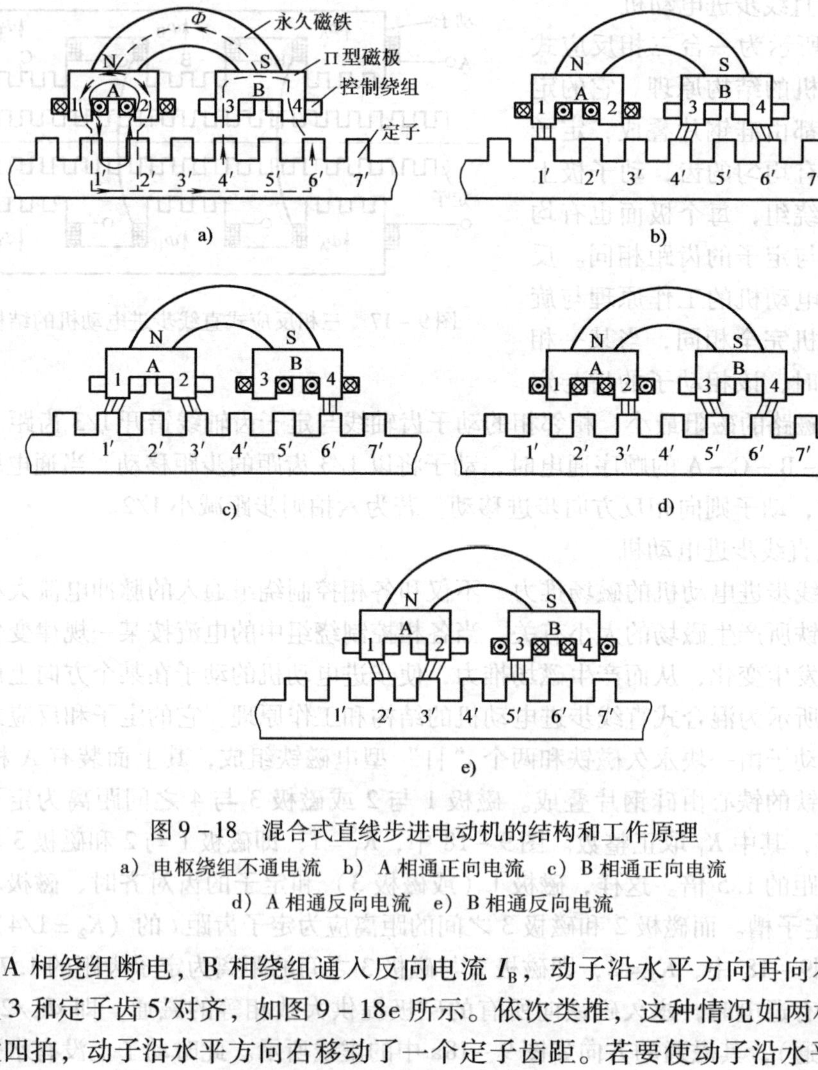

图9－18 混合式直线步进电动机的结构和工作原理

a）电枢绕组不通电流 b）A相通正向电流 c）B相通正向电流
d）A相通反向电流 e）B相通反向电流

同理，A相绕组断电，B相绕组通入反向电流I_B，动子沿水平方向再向右移动1/4齿距，使磁极3和定子齿5′对齐，如图9－18e所示。依次类推，这种情况如两相单四拍运行方式，经过四拍，动子沿水平方向右移动了一个定子齿距。若要使动子沿水平方向向左移动，只需将以上4个阶段的通电顺序倒过来即可。

在实际使用中，为减小步距，削弱振动和噪声，可采用类似细分电路的电源供电，使电动机实现微步距移动。也可以在A相和B相绕组中同时加入交流电，若A相绕组中通入正弦电流，则B相绕组中通入余弦电流。这种控制方式由于电流是连续变化的，电动机的电磁力也是逐渐变化的，既有利于电动机起动，又可使电动机的动子平滑移动，振动和噪声也很小。

二、平面步进电动机

平面步进电动机是由两台动子成正交排列的直线步进电动机构成。定子制成平面型，上面开有 X 轴和 Y 轴方向的齿槽，定子齿排成方格形。两个正交排列的动子安装在同一动子机架上，如图 9－19 所示。其中一台动子沿着 X 轴方向移动，另一台动子沿着 Y 轴方向移动，这样动子机架就可以在 XY 平面上作任意几何轨迹的运动，并能定位在平面的任何一点上。

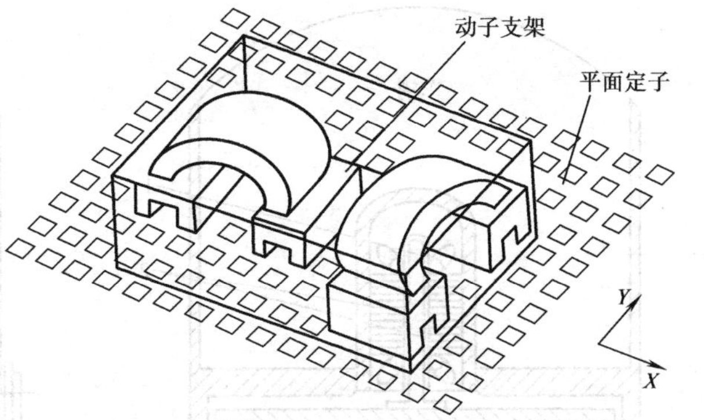

图 9－19 平面步进电动机

在实际使用时，还需在编制控制程序时采用适当的措施使动子能够加速或制动。

另外，平面步进电动机还可以采用气垫装置，将动子支承起来，使它不与定子间相互摩擦，实现快速移动。

第四节 直线电动机应用举例

直线电动机能直接产生直线运动，可省去中间的机械传动装置，在交通运输、机械工业和仪器仪表工业等技术领域得到广泛的应用。

一、高速列车

利用直线电动机驱动的高速列车——磁悬浮列车是直线电动机应用的典型一例。它的时速可达 400km/h 以上。磁悬浮列车就是采用磁力悬浮车体，应用直线电动机驱动技术，使列车在轨道上浮起滑行。其突出优点是速度快、舒适、安全、节能等。

磁悬浮列车按其机理可分两类：

1. 常导吸浮型

常导吸浮型是用一般的导电线圈，以异性磁极相吸的原理，使列车悬浮在轨道上，通常由感应或同步直线电动机驱动。图 9－20 所示为常导吸浮型直线电动机的组成。它的时速可设计为几百公里/小时，磁悬浮高度一般在 10mm 左右。它是将直线感应电动机的短一次侧安装在车辆上，由铁磁材料制成的轨道为长二次侧，同时在车上还装有悬浮电磁铁，产生电磁吸力将车辆从下面拉向轨道并保持一定的垂直距离。它是以车上的磁体与铁磁轨道之间产生的吸引力为基础，通过闭环控制系统调节电压和频率来控制车速，通过控制磁场作用力来改变推力的方向，使磁悬浮列车实现非接触的制动功能。此外它还装有由导向线圈组成的导向装置。

2. 超导斥浮型

超导斥浮型是用低温超导线圈，以同性磁极相斥的原理，使列车悬浮在轨道上，通常由感应或同步直线电动机驱动。图 9－21 所示为超导斥浮型直线电动机的组成。在车上装有直线感应电动机的一次侧超导磁体和超导电磁铁，而将直线感应电动机的二次侧和悬浮线圈都装在地面轨道内。它是以装在车上的磁体与轨道之间产生的推斥力为基础的。电动机只有在速度不为零时工作，推斥力随车速的增加而增加。另外，在高速运行中，除了上述推进和悬浮的特点外，也有导向装置。

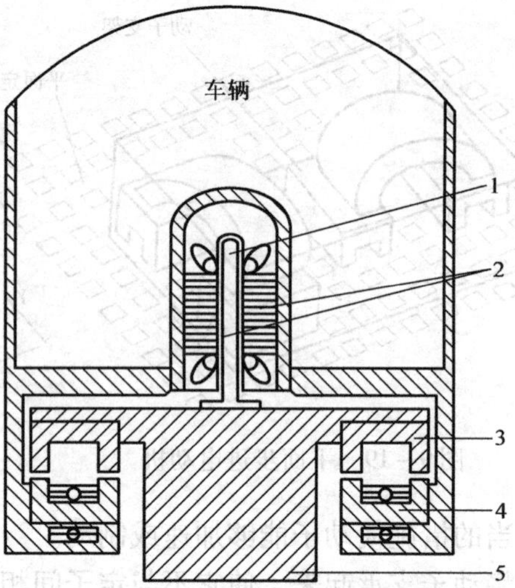

图 9－20　常导吸浮型直线电动机的组成

1—二次侧　2—一次侧　3—电磁铁二次侧

4—电磁铁一次侧　5—轨道底座

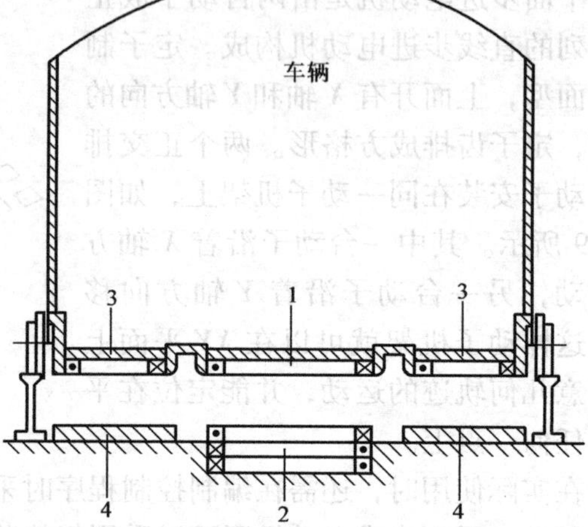

图 9－21　超导斥浮型直线电动机的组成

1—一次侧　2—二次侧　3—超导电磁铁

4—悬浮线圈

二、笔式记录仪

笔式记录仪由直线直流电动机、运算放大器和平衡电桥 3 个基本环节组成，如图 9－22 所示。

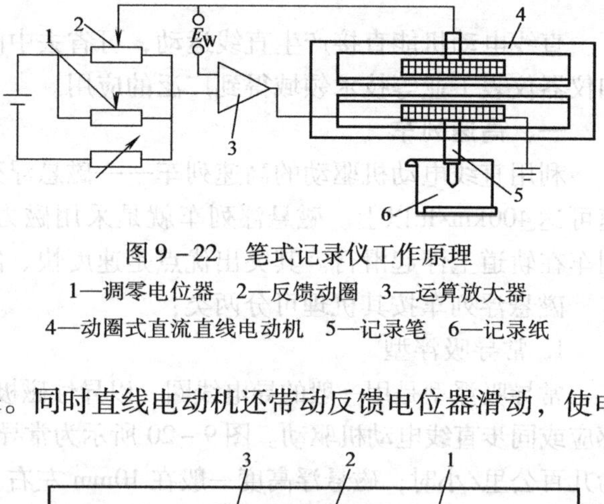

图 9－22　笔式记录仪工作原理

1—调零电位器　2—反馈动圈　3—运算放大器

4—动圈式直流直线电动机　5—记录笔　6—记录纸

电桥平衡时，没有电流输出，这时直线电动机所带的记录笔处在仪表的指零位置。当外来信号 E_W 不等于零时，电桥失去平衡产生一定的输出电压和电流，推动直线电动机的可动绕组作直线运动，从而带动记录笔在记录低上把信号记录下来。同时直线电动机还带动反馈电位器滑动，使电桥趋向新的平衡。

三、自动绘图机

自动绘图机由绘图台和控制器两部分组成。由平面步进电动机组成绘图台，电动机的动子直接作平面运动，带动绘图笔（或刻刀、光源等）作平面运动，实现高速度、高精度、高可靠性及耐久性的平面运动及定位。

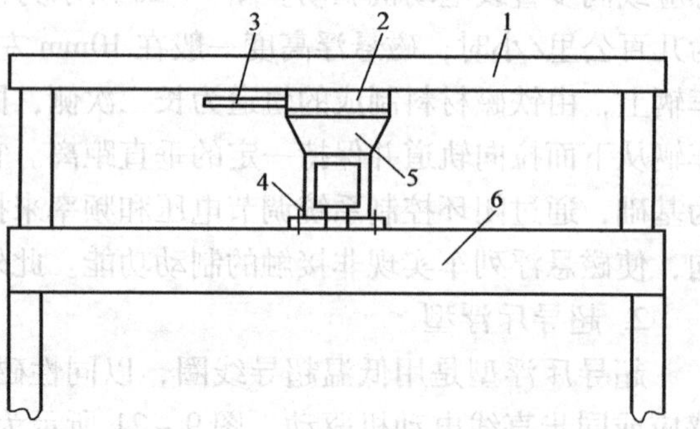

图 9－23　自动绘图机绘图台的结构

1—定子平板　2—动子　3—引线

4—绘图笔　5—笔架　6—平台

图 9－23 所示为自动绘图机绘图台的结构。图中笔架 5 直接固定在电动机的动子上，动子沿定子平板 1 运动，并带动绘图笔 4 在固定于平台 6 上面的绘图介质上绘制图形。

本章小结

直线电动机是一种直接产生直线运动的电动机，是由旋转电动机演变而来的，广泛应用于工业、民用、军事及其他各种直线运动的场合。

直线感应电动机主要有3种形式：扁平型、圆筒型、圆盘型。其中，扁平型是最基本的一种。它们有长一次侧和短一次侧之分，且均有单边型和双边型两种。直线感应电动机气隙磁场是行波磁场，它与二次侧导体相互作用产生切向电磁力，使动子顺着磁场方向作直线运动。改变一次绕组中通电电流的相序，可以改变运动方向；改变极距和电源频率可以改变运动的速度。直线感应电动机存在有纵向和横向边缘效应，它们会增加电动机的附加损耗，降低气隙磁通密度，使电动机的输出功率减小。

直线直流电动机按励磁方式分为永磁式和电磁式两类；按结构特征又分为动圈型和动铁型两种。动圈型是当移动绕组通电时产生电磁力，使绕组作直线运动；动铁型是在电磁力的作用下，推动磁极作直线运动。

直线步进电动机作直线步进运动，它有反应式和混合式两种。其中反应式与旋转式步进电动机的原理完全相同，依靠反应转矩作步进运动；混合式步进电动机的电磁推力是由控制绕组中的脉冲电流产生的磁场和永久磁铁产生的固定磁场的相互作用产生的。采用适当的驱动方式可实现微步距移动，平滑性好。改变绕组中的通电顺序可改变移动方向。

平面步进电动机由两台正交排列的直线步进电动机组成。其中一台的动子沿 X 轴方向移动，另一台的动子沿 Y 轴方向移动，两台电动机的动子装在同一机架上，这样机架就可以在 XY 平面上的任一点定位，也可按任意几何轨迹运动。

复习思考题

1. 直线电动机有哪些优缺点？有哪些主要用途？

2. 直线感应电动机与旋转感应电动机的主要差别是什么？

3. 试述直线感应电动机的工作原理，如何改变直线感应电动机运动的速度和方向？它有哪几种主要形式？各有什么特点？

4. 何为直线感应电动机的纵向边缘效应和横向边缘效应？它们对直线电动机的运行有哪些影响？

5. 永磁式直线直流电动机按结构特征可分为哪几种？各有什么特点？如何改变运动的速度和方向？

6. 电磁式直线直流电动机适用什么场合？为什么电磁式动圈型比永磁式成本低？

7. 动铁型直线直流电动机为了减小铜损耗，通常采用什么措施？

8. 混合式直线步进电动机的磁场推力与哪些因素有关？当固定磁场与电磁铁磁场的磁通不等时，还能实现正常的步进运动吗？

参考文献

[1] 王益全．电动机原理与实用技术［M］．北京：科学出版社，2005.
[2] 朱耀忠．电机与电力拖动［M］．北京：北京航空航天大学出版社，2005.
[3] 杨渝钦．控制电机［M］．北京：机械工业出版社，2001.
[4] 程明．微特电机及系统［M］．北京：中国电力出版社，2008.
[5] 孙建忠，白凤仙．特种电机及其控制［M］．北京：中国水利水电出版社，2005.
[6] 孙忠献．电机技术与应用［M］．福州：福建科学技术出版社，2004.
[7] 李德成，等．单相异步电动机原理、设计与试验［M］．北京：科学出版社，1993.
[8] 陈永校，等．小功率电动机［M］．北京：机械工业出版社，1992.
[9] 吴建华．开关磁阻电机设计与应用［M］．北京：机械工业出版社，2000.
[10] 王季铁，曲家骐．执行电动机［M］．北京：机械工业出版社，1997.
[11] 陈理璧．步进电动机及其应用［M］．上海：上海科学技术出版社，1985.
[12] 李鹏．控制电机及其应用［M］．北京：中国电力出版社，1998.
[13] 西安微电机研究所．控制微电机设计：第一册自整角机［M］．北京：机械工业出版社，1974.
[14] 西安微电机研究所．控制微电机设计：第二册旋转变压器［M］．北京：机械工业出版社，1974.

读者信息反馈表

感谢您购买《特种电机与控制》一书。为了更好地为您服务，有针对性地为您提供图书信息，方便您选购合适图书，我们希望了解您的需求和我们教材的意见和建议，愿这小小的表格为我们架起一座沟通的桥梁。

姓　名		所在单位名称		
性　别		所从事工作（或专业）		
通信地址			邮　编	
办公电话		移动电话		
E-mail				

1. 您选择图书时主要考虑的因素：（在相应项前面√）

（　　）出版社（　　）内容（　　）价格（　　）封面设计（　　）其他

2. 您选择我们图书的途径（在相应项前面√）

（　　）书目　（　　）书店（　　）网站（　　）朋友推介（　　）其他

希望我们与您经常保持联系的方式：

□　电子邮件信息　　□定期邮寄书目

□　通过编辑联络　　□定期电话咨询

您关注（或需要）哪些类图书和教材：

您对我社图书出版有哪些意见和建议（可从内容、质量、设计、需求等方面谈）：

您今后是否准备出版相应的教材、图书或专著（请写出出版的专业方向、准备出版的时间、出版社的选择等）：

非常感谢您能抽出宝贵的时间完成这张调查表的填写并回寄给我们，您的意见和建议一经采纳，我们将有礼品回赠。我们愿以真诚的服务回报您对机械工业出版社技能教育分社的关心和支持。

请联系我们——

地　　址　北京市西城区百万庄大街22号　机械工业出版社技能教育分社

邮　　编　100037

社长电话　010-88379080　88379083　68329397（带传真）

E-mail　jnfs@mail.machineinfo.gov.cn